多媒体设计

金属文字

图层叠加效果

图片合成效果

立体魔方

智能变形

模拟三维变形

模拟三维变形

颜色调整

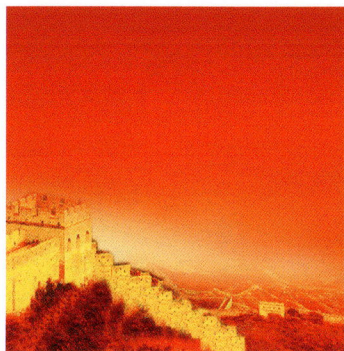

制作光盘盘贴

飞机迷彩涂装

图片文字

巧用图层混合模式抠图

婚纱抠图与合成

暴风雪效果

创意海报设计

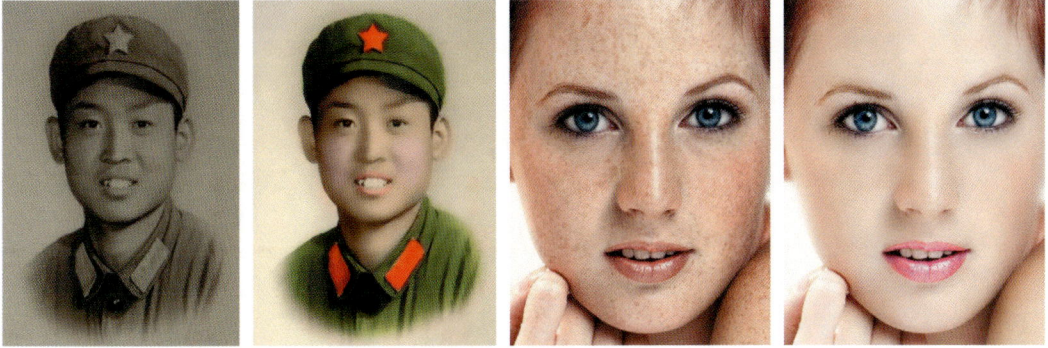

图像修复

利用二维地图制作三维地球

可口可乐易拉罐

手绘吉他

手绘中国心

手绘奥运五环

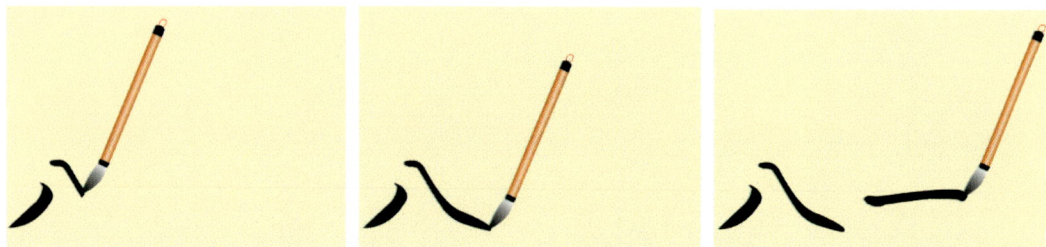

动态书写文字动画

飞机穿越云层动画

飞行特技动画

飞机投弹动画

飞机穿越山峰动画

地球旋转动画

卡通人奔跑动画

飞机从航母起飞动画

图文影片

画中画效果

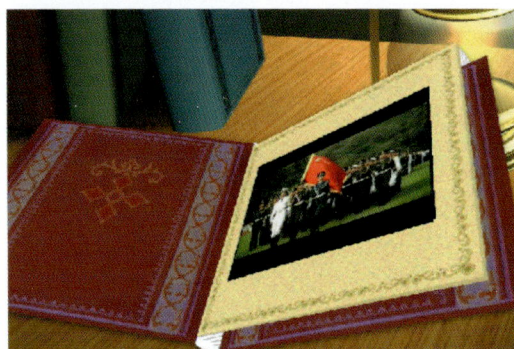

转场效果

视频滤镜效果

覆叠视频效果

抠像效果

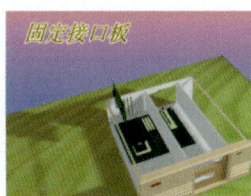

综合教学片设计

普通高等教育"计算机类专业"规划教材

# 多媒体设计
# 任务驱动教程

杨彦明　主　编

李艳敏
杨　浩　副主编
高万春

方　平
滕　曰　参　编
张　莉

清华大学出版社
北京

## 内 容 简 介

本书介绍了近 80 种多媒体设计与制作软件，包括文字、图形图像、动画、音频、视频以及多媒体集成等几大类，几乎囊括了目前各类主流多媒体软件，并以 Adobe Photoshop CS5、Adobe Flash CS 5.5、Adobe Audition 3.0、Ulead VideoStudio 11（会声会影）为典型代表，精心设计了有针对性的"学习案例"，采取"任务驱动"的方式分别对图像处理、动画制作、音频处理、视频处理与集成等方面的知识与技能进行了讲解。同时，本书有配套电子课件、案例素材等电子媒体，特别适合教师组织实施教学，也方便读者自学。

本书可作为高职高专、应用型本科院校以及军队任职教育院校的多媒体课程的教材，同时也可作为从事多媒体创作及相关工作人员的参考资料，以及多媒体设计与制作技术的培训教程。

**图书在版编目（CIP）数据**

多媒体设计任务驱动教程 / 杨彦明主编. —北京：清华大学出版社，2013.1（2020.1重印）
普通高等教育"计算机类专业"规划教材
ISBN 978-7-302-30809-6

Ⅰ. ①多…　Ⅱ. ①杨…　Ⅲ. ①多媒体技术–高等学校–教材　Ⅳ. ①TP37

中国版本图书馆 CIP 数据核字（2012）第 287425 号

责任编辑：白立军
封面设计：常雪影
责任校对：白　蕾
责任印制：沈　露

出版发行：清华大学出版社
　　　　　网　　　　　址：http://www.tup.com.cn, http://www.wqbook.com
　　　　　地　　　　　址：北京清华大学学研大厦 A 座　　　　邮编：100084
　　　　　社　总　机：010-62770175　　　　　邮购：010-62786544
　　　　　投稿与读者服务：010-62776969，c-service@tup.tsinghua.edu.cn
　　　　　质　量　反　馈：010-62772015，zhiliang@tup.tsinghua.edu.cn
　　　　　课　件　下　载：http://www.tup.com.cn,010-62795954
印　装　者：北京九州迅驰传媒文化有限公司
经　　销：全国新华书店
开　　本：185mm×260mm　　　印　张：18　　　彩插：4　　　字　数：427 千字
版　　次：2013 年 1 月第 1 版　　　　　　　　　　　印　次：2020 年 1 月第 4 次印刷
定　　价：33.00 元

产品编号：050344-01

# 前　言

多媒体技术是计算机领域实用性最强、应用最广泛的技术之一。随着计算机技术和信息技术的迅猛发展，多媒体的应用几乎渗透整个社会的各个领域。为了顺应时代发展的需要，作者在总结多年教学和研究成果的基础上，编写了这本《多媒体设计任务驱动教程》。

正如《论语》开篇所云："学而时习之，不亦说乎（《论语•学而》）？"学习计算机的最佳途径就是"把学到的书面知识适时地去练习、去实践，做到知行并重，达到学以致用，这当然是很快乐的事情"。又如朱熹所云："学之之博，未若知之之要；知之之要，未若行之之实（《朱文公文集》）"，故在全面了解多媒体软件的基础上，还要将其付诸实践和应用。多媒体设计作为操作性和实践性很强的一门课程，采用"任务驱动"的方式组织教材无疑是很好的做法。目前，大多数多媒体方面的教材还是"知识驱动"的，当然也有不少案例教程，但大都是以"知识驱动"的"举例式"教材。本书完全按照任务驱动教学方法的"提出任务—分析任务—讲解任务"基本思路，组织编写教材，特别适合教师组织实施教学，也方便读者自学。

本书共 6 章，第 1 章介绍多媒体技术的基本概念和基本知识，特别是介绍了很多新兴多媒体设备，如三维扫描仪、三维投影仪、三维打印机、数据手套、数据头盔等。第 2 章介绍了 76 种多媒体设计与制作软件，几乎涵盖了目前各类主流多媒体软件，堪称多媒体软件大全，并对每款软件的功能特点和适用场合做了独到的分析点评，以期抛砖引玉。第 3 章介绍图像编辑与处理技术，主要讲解了 Photoshop CS5 的文字效果、图层、选区、路径、蒙版、通道、滤镜、3D 功能等的使用方法。第 4 章介绍动画设计与制作技术，主要以 Flash CS 5.5 为例，讲解了逐帧动画、形状补间动画、传统补间动画、新型补间动画、引导线动画、遮罩动画、骨骼动画的制作方法。第 5 章介绍音频编辑与处理技术，主要以 Audition 3.0 为例，讲解了声音的采集、编辑和音频效果处理等。第 6 章介绍视频编辑与集成技术，主要讲解了 Ulead VideoStudio 11（会声会影）对视频的剪辑、转场、滤镜、覆叠、抠像、合成等处理技术。

本书特色主要体现在以下几个方面。

（1）在内容上注重与实际结合，实用性强。本书所选择的软件模块均与工作和生活有密切的关系，并以"任务"的方式组织各模块内容。书中的每一个"任务案例"都是精心设计的，从浅入深、由简及繁，尽可能多地涉及软件中必要的知识点，又尽可能具有实用性和代表性。

（2）在编写上突出"任务驱动"，操作性强。本书在讲解应用软件时不是从软件的知识点出发，而是从实用任务案例出发，通过具体的操作步骤、方法来说明各软件的功能，参照书中的操作步骤即可轻松入门，进而熟练掌握各种软件的用法。

（3）在结构上层次分明、图文并茂，阅读性强。本书每章前均列出了知识结构和能力目标，读者可以快速地浏览本章的知识点并了解对能力的要求。本书采用图解的方式讲解操作步骤，并列出相关提示和说明，版面美观大方、简洁明了。为了"学而时习之"，每章后都有一定数量的实践练习，通过练习巩固知识、提高能力，以期达到举一反三、触类旁通的效果。

另外，模块化的组织结构，使得本书可以根据教学对象的具体情况和要求，采取"点菜式"对知识内容进行摘选和进一步取舍，也能满足不同层次的读者课外复习和个性自学等要求。

本书是集体智慧的结晶，由杨彦明主编并统稿，李艳敏、杨浩、高万春任副主编，参加本书编写的还有方平、滕曰、张莉等老师。本书在编写过程中还参考了一些网上资料，并在书中列出了出处或作者，在此一并致以谢意。

囿于编者水平，书中疏漏及不妥之处在所难免，恳请读者批评指正，意见和建议可以通过 yymqd@126.com 反馈给作者。

杨彦明于青岛

2012 年 10 月

# 目　　录

学而时习之，不亦说乎？

IS IT NOT A PLEASURE, HAVING LEARNED SOMETHING ,
TO TRY IT OUT AT DUE INTERVALS?

——《论语·学而》

# 第1章　多媒体技术概论

21世纪是信息化社会，以信息技术为主要标志的高新技术产业在整个经济中的比重不断增长，多媒体技术及其产品是当今世界计算机产业发展的新领域。多媒体技术使计算机具有综合处理文字、图像、音频和视频的能力，它以形象丰富的文、图、声、像等信息和方便的交互性，极大地改善了人机界面，改变了使用计算机的方式，从而为计算机进入人类生活和生产的各个领域打开了方便之门，给人们的工作、生活、学习和娱乐带来深刻的变化。

## 本章能力目标

- 掌握多媒体技术的基本概念。
- 熟悉多媒体的关键技术。
- 了解多媒体技术的主要应用。
- 熟悉多媒体计算机系统的组成。

**本章知识结构**

```
多媒体技术概述
        ├── 多媒体技术及特点
        │       ├── 多媒体技术的基本概念
        │       └── 多媒体技术的主要特性
        ├── 多媒体的关键技术
        │       ├── 多媒体数据压缩技术
        │       ├── 多媒体专用芯片技术
        │       ├── 多媒体输入输出技术
        │       ├── 多媒体数据存储技术
        │       ├── 多媒体数据管理和检索技术
        │       ├── 多媒体网络通信技术
        │       └── 流媒体技术
        ├── 多媒体技术的应用领域
        │       ├── 教育培训领域
        │       ├── 电子出版领域
        │       ├── 商业展示领域
        │       ├── 公共服务领域
        │       ├── 娱乐领域
        │       ├── 通信领域
        │       └── 军事领域
        └── 多媒体计算机系统的组成
                ├── 多媒体计算机系统的组成结构
                ├── 多媒体硬件系统
                └── 多媒体软件系统
```

# 1.1 多媒体技术及特点

## 1.1.1 多媒体技术的基本概念

### 1. 媒体

媒体（Medium）是信息表示和传播的载体。媒体在计算机领域有两种含义：一是指存储信息的物理实体，如磁盘、磁带、光盘、半导体存储器等；二是指信息的表现形式或载体，如文字、图形、图像、声音、动画和视频等。多媒体技术中的媒体通常指后者。

按照国际电报电话咨询委员会（Consultative Committee for International Telegraph and Telephone，CCITT）对媒体的定义和分类标准，媒体有 5 种类型，如表 1-1 所示。

表 1-1 CCITT 对媒体的分类

| 名　称 | 说　明 |
|---|---|
| 感觉媒体<br>（Perception Medium） | 直接作用于人的感官，产生感觉（视、听、嗅、味和触觉）的媒体称为感觉媒体，例如，语言、音乐、音响、图形、动画及物体的质地、形状和温度等 |
| 表示媒体<br>（Representation Medium） | 为了对感觉媒体进行有效的传输，以便进行加工和处理，而人为构造出的媒体称为表示媒体，例如，语言编码、静止和活动图像编码及文本编码等 |
| 表现媒体<br>（Presentation Medium） | 表现媒体是指感觉媒体和用于通信的电信号之间转换用的一种媒体。它又分为两种：一种是输入表现媒体，如键盘、话筒、扫描仪、摄像机、数字化仪和光笔等；另一种是输出表现媒体，如扬声器、显示器、投影仪和打印机等 |
| 传输媒体<br>（Transmission Medium） | 传输信号的物理载体称为传输媒体，例如，同轴电缆、光纤、双绞线和电磁波等 |
| 存储媒体<br>（Storage Medium） | 用于存储表示媒体，即存放感觉媒体数字化后的代码的媒体称为存储媒体，例如，磁盘、光盘、磁带和纸张等 |

### 2. 多媒体

知道了什么是媒体，那么什么是多媒体呢？

多媒体一词译自英文 Multimedia，由 Multiple 和 Media 复合而成，简单理解就是多种媒体。"多"是其多种媒体表现，多种感官作用，多种设备，多学科交汇，多领域应用；"媒"是指人与客观事物之中介；"体"是言其综合、集成一体化。

严格来说，多媒体是指将文（文本）、图（图形图像）、画（动画）、声（声音）、像（视频影像）等多种孤立媒体集成起来的一种展现和传播信息的全新媒体。可见，多媒体是融合两种或者两种以上媒体信息的集合，媒体作为信息的表现或传播形式，可以是文字、声音、视频、图像、动画等多种形式的元素，常见媒体元素如表 1-2 所示。

**表 1-2  常见媒体元素**

| 名　　称 | 说　　明 |
|---|---|
| 文本 | 文本是最基本的素材，指各种文字和符号，包括各种字体、尺寸、格式及色彩的文本 |
| 图形图像 | 图形往往专指矢量图，是以数学方式来记录图片的，由软件制作而成，一般指用计算机绘制或编程得到的画面；图像通常专指位图，位图图像是以点或像素的方式来记录的，由许许多多的小点组成 |
| 动画 | 动画是指利用人的视觉暂留特性使连续播放的静态画面相互衔接而形成的动态效果 |
| 音频 | 音频包括声音和音乐，在多媒体设计中用于文字解说、语音帮助和提示、音效、背景音乐 |
| 视频 | 视频信息是由一连串连续变化的画面组成，将若干有联系的图像数据连续播放便形成了视频 |

**提　示**

如果仅从多媒体定义来看，电视似乎也可以算是一种多媒体，然而我们极少认为电视是多媒体，这是为什么呢？其实我们不应该着眼于多媒体的字面意思，现在的电视缺少多媒体的另一项重要特点——交互性。"多媒体"除了声音、图像、图片和文字外，更特别的是，由于以计算机为基础而使接收信息的方式更具有主动性和交互性。因此，谈论起多媒体，很自然地是指计算机上的多媒体。

**3. 多媒体技术**

多媒体技术是指利用计算机综合处理文本、图形、图像、声音、动画和视频等多种不同类型媒体信息，并集成为一个具有交互性的系统的技术。其实质是通过数字化采集、编码、编辑、存储等加工处理，再以单独或合成形式表现出来的一体化处理技术。简而言之，多媒体技术就是计算机综合处理文、图、声、像等媒体信息的技术。

计算机的数字化及交互式处理能力，极大地推动了多媒体技术的发展。通常可以把多媒体看做是先进的计算机技术与视频、音频和通信等技术融为一体而形成的新技术或新产品。正是由于计算机技术和数字信息处理技术的实质性进展，才使得多媒体成为一种现实，平时所说的多媒体常常不是指多种媒体本身，而主要是指处理和应用它的一整套技术，所以"多媒体"也常常被当做"多媒体技术"的同义语。

## 1.1.2　多媒体技术的主要特性

从多媒体的定义可以看出它有三个主要特性：多样性、集成性和交互性。

**1. 多样性**

多媒体技术的多样性体现在信息采集或生成、传输、存储、处理和显现的过程中，要涉及多种感知媒体、表示媒体、传输媒体、存储媒体或呈现媒体，或者多个信源或信宿的交互作用。这种多样性，当然不是指简单的数量或功能上的增加，而是质的变化。例如，多媒体计算机不但具备文字编辑、图像处理、动画制作等功能，而且有处理、存储、随机地读取包括伴音在内的电视图像的功能，能够将多种技术、多种业务集合在一起。

　　信息载体的多样性使计算机所能处理的信息空间范围扩展和放大，而不再局限于数值、文本或特殊对待的图形和图像，这是计算机变得更加人性化所必需的条件。人类对于信息的接收和产生主要在视觉、听觉、触觉、嗅觉和味觉 5 个感觉空间内，其中前 3 种占了 95% 的信息量。借助于这些多感觉形式的信息交流，人类对于信息的处理可以说是得心应手。然而计算机以及与之相类似的设备都远远没有达到人类的水平，在信息交互方面与人的感官空间就相差更远。多媒体就是要把机器处理的信息多维化，通过信息的捕获、处理与展现，使之在交互过程中具有更加广阔和更加自由的空间，以满足人类感官空间全方位的多媒体信息要求。

### 2. 集成性

　　集成性主要是指以计算机为中心，综合处理多种信息的媒体的特性。多媒体的集成性应该说是在系统上的一次飞跃，它包括信息媒体的集成以及处理这些媒体的设备和软件的集成。

　　（1）媒体信息的集成。媒体信息的集成即声音、文字、图像和视频等的集成。多媒体信息的集成处理把信息看成一个有机的整体，采用多种途径获取信息、统一格式存储信息及组织与合成信息等手段，对信息进行集成化处理。

　　（2）媒体设备的集成。多媒体系统不仅包括计算机本身，而且包括像电视、音响、摄像机及 DVD 播放机等设备，把不同功能、不同种类的设备集成在一起，使其共同完成信息处理工作。

　　（3）软件系统的集成。软件系统的集成是指集成一体的多媒体操作系统、适合多媒体信息管理的软件系统、创作工具及各类应用软件等。

### 3. 交互性

　　多媒体系统与传统媒体的最大区别就是它是人机交互媒体，这里的"机"，主要指计算机或其他由微处理器控制的终端设备。借助于交互活动，人们可以主动获得所关心的内容，获取更多的信息。多媒体系统将向用户提供交互使用、加工和控制信息的手段，增加对信息的注意力和理解力，延长了信息保留的时间。传统的电视之所以不能成为多媒体系统的原因就在于不能和用户交流，用户只能被动地收看。

　　交互性向用户提供更加有效的控制和使用信息的手段及方法，同时也为应用开辟了更加广阔的领域。多种媒体间的交互可自由地控制和干预信息的处理，增加对信息的注意力和理解，延长信息的保留时间。当交互性引入时，活动本身作为一种媒体便介入了信息转变为知识的过程。借助于活动，可以获得更多的信息。如在计算机辅助教学、模拟训练、虚拟现实等方面都取得了巨大的成功。媒体信息的简单检索与显示，是多媒体的初级交互应用；通过交互特性使用户介入到信息的活动过程中，才达到了交互应用的中级水平；当用户完全进入到一个与信息环境一体化的虚拟信息空间自由遨游时，才是交互应用的高级阶段，但这还有待于虚拟现实（Virtual Reality）技术的进一步研究和发展。

# 1.2 多媒体的关键技术

多媒体技术是高新技术应用发展的必然产物，它综合了计算机技术、通信技术和视听技术以及多种信息科学领域的技术成果。多媒体技术研究的主要内容有多媒体数据压缩技术、多媒体专用芯片技术、多媒体输入输出技术、多媒体数据存储技术、多媒体数据管理和检索技术、多媒体网络通信技术和流媒体技术等。

## 1.2.1 多媒体数据压缩技术

在多媒体信息中，数字化图片、音频、视频等信息的数据量非常大，尤其是要求较高的场合，数据量会更大。在多媒体技术发展的整个历程中，如何有效地保存和处理如此大量的数据一直是人们重点研究的课题。为了快速传输数据，提高运算处理速度和节省更多的存储空间，数据压缩成了关键技术之一。

多媒体数据压缩通常分为两大类：一类是无损（无失真）压缩，常用的无失真压缩编码技术有哈夫曼编码、算术编码、行程长度编码等；另一类是有损（有失真）压缩，常用的有失真压缩编码技术有预测编码、变换编码、模型编码、混合编码方法等。目前，最流行的关于压缩编码的国际标准有静止图像压缩编码标准（Joint Photographic Experts Group，JPEG）和运动图像压缩编码标准（Moving Picture Experts Group，MPEG）。近年来，基于知识的编码技术、分形编码技术、小波编码技术等压缩技术也有很好的应用前景。

## 1.2.2 多媒体专用芯片技术

多媒体专用芯片依赖于大规模集成电路（VLSI）技术，它是多媒体硬件系统体系结构的关键技术。因为要实现图像、音频和视频等信号的压缩、解压缩、编辑和播放处理，需要大量的快速计算，只有采用专用芯片，才能取得满意效果。

多媒体计算机的专用芯片可分为两类：一类是固定功能的芯片；另一类是可编程数字信号处理器 DSP 芯片。DSP 芯片是为完成某种特定信号处理设计的，在通用机上需要多条指令才能完成的处理，在 DSP 上可用一条指令完成。除专用处理器芯片外，多媒体系统还需要其他集成电路芯片的支持，如数/模（D/A）和模/数（A/D）转换器、音频芯片、视频芯片、彩色空间变换器以及时钟信号产生器等。

最早出现的固定功能专用芯片是基于图像处理的压缩处理芯片，即将实现静态图像的数据压缩/解压缩算法做在一个芯片上，从而大大提高其处理速度。以后，许多半导体厂商或公司又推出了执行国际标准压缩编码的专用芯片。例如，支持用于运动图像及其伴音压缩的 MPEG 标准芯片，芯片的设计还充分考虑 MPEG 标准的扩充和修改。由于压缩编码的国际标准较多，一些厂家和公司还推出了多功能视频压缩芯片。这些高档的专用多媒体处理器芯片，不仅大大提高了音频、视频信号处理速度，而且在音频、视频数据编码时可增加特技效果。

### 1.2.3　多媒体输入输出技术

多媒体输入输出技术包括媒体变换技术、识别技术、媒体理解技术和综合技术。目前，前两种技术相对比较成熟，应用较为广泛，后两种技术还不成熟，只能用于特定场合。输入和输出技术进一步发展的趋势是：人工智能输入和输出技术、外围设备控制技术和多媒体网络传输技术。

媒体变换技术是指改变媒体的表现形式。例如，当前广泛使用的视频卡、声卡都属于媒体变换技术。媒体识别技术是对信息进行一对一的映像过程。例如，语音识别是将语音映像为一串字、词或句子，触摸屏是根据触摸屏上的位置识别其操作。媒体理解技术是对信息进行更进一步地分析处理和理解信息内容。例如，自然语言理解、图像理解、模式识别这类技术。媒体综合技术则是把低维信息表示映像成高维的模式空间的过程，如语音合成器就可以把语音的内部表示综合为声音输出。

综合地利用这些输入输出技术实现用户和计算机之间更加自然的交互是人机界面设计的目标。人机界面设计的目的是通过对用户需求的解释达到一种人机之间较好的通信能力。为了达到这个目的，需要在以下几个方面进行研究。

（1）文件的语言处理模式，包括语音识别和自然语言理解。

（2）手势分析和理解模型的设计。

（3）上述两方面的通信模式的融合，因为两者之间在对用户需求的理解上是相互补充。

（4）多模式环境中的对话管理，这是保证一个连续的对话过程所必需的。

### 1.2.4　多媒体数据存储技术

多媒体数据有两个显著的特点：一是数据表现有多种形式，且数据量很大，尤其对动态的声音视频图像更为明显；二是多媒体数据传输具有实时性，声音和视频必须严格地同步。多媒体的这两个特点给存储系统提出了很高的要求，即存储设备的存储容量必须足够大，以满足多媒体信息的存储要求；存储设备速度要快，要有足够的带宽，以便高速传输数据，使得多媒体数据能够实时地传输和显示。

一方面，多媒体信息的保存依赖数据压缩技术；另一方面，则要仰仗存储技术。存储设备的变革一直没有停止，人们先后使用的存储介质和设备有纸带穿孔、磁心、磁带、磁盘、光盘、磁光盘等。随着多媒体技术的发展，光盘存储技术也逐步走向成熟，光盘存储器也从单一品种的 CD-ROM 存储器发展到 CD-RW、DVD-R、DVD-RW 存储器等。激光存储技术的进步，使多媒体信息的保存问题得到解决。与此同时，低成本、大容量的存储介质也对多媒体技术的发展起到了促进作用。

### 1.2.5　多媒体数据管理和检索技术

传统数据库对文本数据的管理、查询和检索可以精确地处理数据的概念和属性，应用比较典型、比较广泛的有关系型数据库和面向对象数据库系统。在多媒体数据库中，由于数据量巨大、种类繁多，数据关系非常复杂，对图形、图像、声音、动画等非格式化的多媒体信息进行管理、查询和检索，非精确匹配和相似性查询将占相当大的比重，我们较难确定和正确处理许多媒体内容（如图像、声音等）的语义信息。例如，对于纹理、颜色和形状等本身就是不易于精确描述的概念。由于多媒体数据库还处于研制发展阶段，在处理大批非格式数据时，比较现实的是采用现有的关系型数据库和面向对象数据库系统，对其中的数据模型进行扩充，使它不但能支持格式化数据，也能处理非格式化数据，并利用关系型数据库进行存储和管理，不同的数据类型存储在不同的库中，最终实现对大量数据的快速检索和浏览。

### 1.2.6　多媒体网络通信技术

多媒体网络通信技术是多媒体技术和网络技术相结合的综合技术。通过宽带高速网络系统将多个独立的多媒体计算机连接成为局域网，或者是跨地域的广域网，实现多媒体通信和多媒体数据及资源的共享。多媒体网络通信技术主要解决网络吞吐量、传输可靠性、传输实时性和提高服务质量 QoS 等问题。目前，多媒体网络通信技术已经取得许多新的进展，能够超越时空限制、实时快速地进行多媒体通信。例如，可视电话、多媒体会议系统、多媒体交互电视系统、远程教育与远程医疗、协同工作系统、公共信息检索查询系统等。随着信息高速公路的普及和性能的提高，网络多媒体技术将成为世界科技未来发展的一个重要方向。

### 1.2.7　流媒体技术

流媒体（Streaming Media）指在数据网络上按时间先后次序传输和播放的连续音/视频数据流。流媒体技术也称为流式媒体技术。流媒体技术就是把连续的影像和声音信息经过压缩处理后放在网站服务器上，让用户一边下载一边观看、收听，而不需要等整个压缩文件下载到自己的计算机上之后才可以观看、收听的网络传输技术。该技术先在用户一端的计算机上创建一个缓冲区，在播放前预先下载一段数据作为缓冲，在网络实际连线速度小于播放所耗的速度时，播放程序就会取用一小段缓冲区内的数据，这样可以避免播放的中断，也使得播放品质得以保证。

目前主流的流媒体技术有三种，分别是 RealNetworks 公司的 RealMedia、Microsoft 公司的 Windows Media 和 Apple 公司的 QuickTime。由于流媒体技术在一定程度上突破了网络带宽对多媒体信息传输的限制，因此被广泛运用于网上直播、网络广告、视频点播、远程教育、远程医疗、视频会议、企业培训、电子商务等多种领域。

## 1.3　多媒体技术的应用领域

多媒体技术已经日益渗透到不同行业的多个应用领域，影响人们工作、学习、生活及娱乐的各个方面，使社会发生了日新月异的变化。

### 1.3.1　教育培训领域

在多媒体的应用中，教育、培训占了很大比例，由文字、音频、图形、图像和视频组成的多媒体教学课件图、文、声、形并茂，给学生带来更多的学习体验，交互式的学习环境充分发挥了学生学习的主动性，提高了学习的兴趣和接受能力。随着网络技术的发展与普及，多媒体技术在远程教育中同样扮演着重要的角色。这种跨越时空的新的学习方式强烈地冲击着传统教育。多媒体课件、CAI 软件、网络课程、虚拟实验室等都是多媒体技术在教育培训领域的典型应用。如图 1-1 所示为"软件工程"网络课程界面。如图 1-2 所示为电子电工虚拟实验室界面。

图 1-1　"软件工程"网络课程界面

图 1-2　电工电子虚拟实验室界面

### 1.3.2　电子出版领域

电子出版是多媒体技术应用的一个重要方面。我国国家新闻出版署对电子出版物曾有过如下定义：电子出版物是指以数字代码方式将图、文、声、像等信息存储在磁、光、电介质上，通过计算机或类似设备阅读使用，并可复制发行的大众传播媒体。

电子出版物的内容可以是多种多样的，当 CD-ROM 光盘出现以后，由于 CD-ROM 存储量大，能将文字、图形、图像、声音等信息进行存储和播放，出现了多种电子出版物，如电子图书（E-book）、电子杂志（E-magazine）、电子报纸（E-newspaper）等。电子出版物可以将文字、声音、图像、动画、影像等种类繁多的信息集成为一体，将静止枯燥的读物转化为文字、声音、图像、动画和视频相结合的视听享受，同时使出版物的容量增大而体积大大缩小，这是纸质印刷品所不能比的。

### 1.3.3　商业展示领域

以多媒体技术制作的产品演示软件为商家提供了一种全新的广告形式，商家可以为客户展示新产品的造型、特点及功能等，对移动电话、新款汽车及大型机械设备等使用上较复杂的产品，运用多媒体动画能最直观、最有效地教会客户如何使用产品。

公司企业还可以利用多媒体的图像、声音及动画来充分表达自己的商业计划、年度报告和企业宣传等，具有较好的说服力。

### 1.3.4 公共服务领域

多媒体技术在公共服务领域的应用主要是使用触摸屏查询相应的多媒体信息，如宾馆饭店查询、展览信息查询、图书情报查询、导购信息查询等，查询信息的内容可以是文字、图形、图像、声音和视频等。查询系统信息存储量较大，使用非常方便。

另外，在需要进行信息展示的领域，如公共展览馆或博物馆展品的展示与介绍，产品的展示与宣传等方面，多媒体技术也发挥着越来越大的作用。例如，上海世博会中国馆的多媒体版"清明上河图"成为"镇馆之宝"，可谓是多媒体技术与古代艺术完美结合的经典之作，如图 1-3 所示。

图 1-3 动画版清明上河图

### 1.3.5 娱乐领域

多媒体技术在娱乐领域中应用广泛，给我们的日常生活带来了更多的乐趣，影视特技、多媒体游戏、在线视频播放、便携多媒体娱乐设备、家庭多媒休娱乐中心，从二维空间到三维的立体世界，从视觉到听觉，给我们带来了全新的娱乐体验。

《侏罗纪公园》、《金刚》、《阿凡达》等影视作品中饱含制作人员的多媒体技术，影片中的许多精彩镜头都是利用多媒体技术制作出来的，这些镜头不可能用通常的摄制方法获得，是人类想象利用多媒体技术的完美再现。游戏的种类也很多，有角色扮演类的、益智类的及棋牌休闲类的，都使用了很多多媒体技术。绚丽的画面和音效，方便、易懂的交互和提示帮助，使游戏者在精致的虚拟空间中体验游戏带来的快乐。如图 1-4 所示为电影《侏罗纪公园》剧照。如图 1-5 所示为电影《阿凡达》剧照。

图 1-4 电影《侏罗纪公园》剧照

图 1-5 电影《阿凡达》剧照

### 1.3.6　通信领域

多媒体技术应用于通信领域，能够将电话、电视、摄像机等电子产品与计算机融为一体，形成新一代的应用产品。通过网络实现图像、语音、动画和视频等多媒体信息的实时传输是多媒体时代用户的极大需求。这方面的应用非常多，如互联网直播、可视电话、视频会议、远程教学、远程医疗诊断、视频点播以用及各种多媒体信息在网络上的传输。远程教学是发展较为突出的一个多媒体网络传输应用。多媒体网络的另一目标是使用户可以通过现有的电话网络、有线电视网络实现交互式宽带多媒体传输。

**1. 互联网直播**

互联网直播是将摄像机拍摄的实时视频信息传输到专门的视频直播服务器上，视频直播服务器对活动现场的实时过程进行视频信息的采集和压缩，同时通过网络传输到用户的计算机上，实现现场实况的同步收看，就像电视台的现场直播一样。

互联网直播流媒体技术在互联网直播中充当着重要的角色，流媒体实现了在低带宽的环境下提供高质量的影音。

**2. 视频点播**

视频点播技术最初应用于卡拉 OK 点播，随着计算机技术的发展，视频点播技术逐渐应用于局域网及有线电视网中，由于音频、视频信息容量的庞大，阻碍了视频点播技术的发展。而流媒体由于其采用特殊的压缩编码，适合在网上传输。

视频点播服务器中存储的是大量压缩的音频、视频库，但不主动传输给任何用户。客户端采用浏览器方式进行按需点播收看所需的内容，可控制播放的过程。

**3. 远程教育**

远程教育一般由两部分组成：实时教学和交互教学，这实际上相当于上述的互联网直播和视频点播。目前，在互联网上进行多媒体交互教学的技术多为流媒体。

在远程教学过程中，要求将多媒体的信息从教师端传送到远程的学生端，这些信息可能是多元化的，包括视频、音频、文本、图片等。为了在网上实时、快速地传递这些信息，流式媒体是最佳选择。学生可以在家通过一条电话线、一个 Modem 来参加到远程教学中；教师只要通过摄像头和计算机就可以进行授课。除了实时教学外，使用流媒体中的视频点播技术，可以实现交互式教学。

**4. 视频会议系统**

计算机多媒体视频会议系统综合了视频、音频、图像、图形和文字等多种媒体信息的处理和传输，使异地与会者如同面对面坐在一起讨论，不仅可以借助多媒体形式充分交流信息、意见、思想与感情，还可以使用计算机提供的信息加工、存储、检索等功能。视频会议最常见的例子就是可视电话。只要有一台已接入互联网的计算机和一个摄像头，就可以与世界任何地点的人进行音频、视频的通信。此外，大型企业可以利用基于流媒体技术的视频会议系统组织跨地区的会议和讨论，从而节省大量的开支。

### 1.3.7　军事领域

多媒体技术在现代军事领域也产生了深远的影响。随着军事技术的不断发展，部队的组织指挥机构信息化程度越来越高，对如何有效地收集、处理、传输和表现战场环境、各方兵力的构成、武器性能、战场态势等信息资料，提出了更迫切的要求。而多媒体技术，凭借自身的特点，在解决上述问题中表现出了强大的作用。现代军事领域，多媒体产品在战场模拟、作战指挥、军事训练、武器装备研制与测试等方面都发挥着重要的作用。

例如，借助多媒体与虚拟仿真技术研制了大量虚拟仿真训练系统，如图 1-6 所示，显示了典型的桌面虚拟仿真训练系统与环境。再如"电子沙盘"、"兵棋推演"等，兵棋推演可以逼真地模拟出各种作战单位和地形，通过赋予虚拟作战单位各种战术指令，可以智能化地对整个战场形势进行判断和评估，最终对整个战役的结果做出各种可供参考的结论，没有硝烟的模拟战争，大大提高了作战演习的效率。

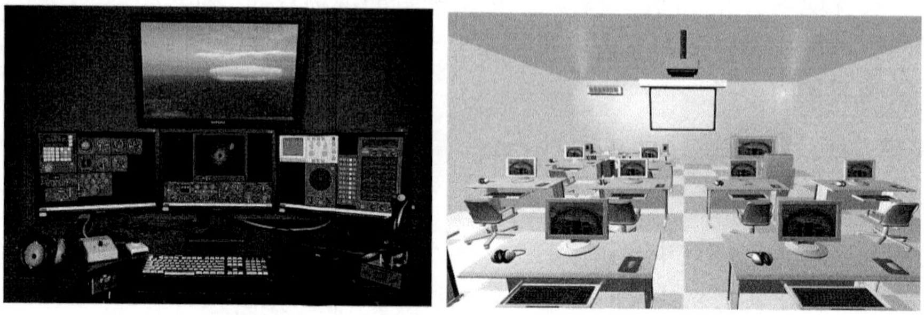

图 1-6　典型的桌面虚拟仿真训练系统与环境

## 1.4　多媒体计算机系统的组成

多媒体计算机系统是多种信息技术的集成，它把多种技术综合应用到一个计算机系统中，实现信息输入、信息处理及信息输出等多种功能，它是进行多媒体创作的物质基础。

### 1.4.1　多媒体计算机系统的组成结构

多媒体系统是一个能综合处理多种媒体信息的计算机系统，由多媒体硬件系统和多媒体软件系统两部分组成。多媒体计算机系统组成结构如表 1-3 所示。

表 1-3　多媒体计算机系统的组成结构

| 多媒体应用软件 | 第六层 | |
|---|---|---|
| 多媒体集成软件 | 第五层 | 多媒体软件系统 |
| 多媒体素材采集与制作软件 | 第四层 | |
| 多媒体系统软件 | 第三层 | |
| 多媒体计算机及接口卡 | 第二层 | 多媒体硬件系统 |
| 多媒体外围设备 | 第一层 | |

**1. 多媒体外围设备**

多媒体外围设备提供了人机对话的手段，分为输入设备和输出设备。输入设备负责采集外部世界的数据送入计算机，如扫描仪、数码相机、绘图板、数码摄像机、麦克风和数据手套等；输出设备负责把系统的处理结果以操作者需要的方式输出，如显示器、打印机、投影仪和音箱等。

**2. 多媒体计算机及接口卡**

多媒体计算机接口卡作为多媒体计算机与各种外部设备的控制接口，完成数据的转换，是建立多媒体工作环境必不可少的硬件设施。常用的接口卡有音频卡、显示卡及视频卡等。

**3. 多媒体系统软件**

多媒体系统软件包括驱动程序和操作系统。多媒体操作系统对多媒体计算机进行软硬件控制与管理，完成实时任务调度、多媒体数据转换及图形用户界面管理等功能。目前计算机大都采用多媒体操作系统，例如 Apple 公司为 Macintosh 计算机配置的操作系统 Mac OS、Microsoft 公司的 Windows 系列操作系统都属于多媒体操作系统。

**4. 多媒体素材采集与制作软件**

开发人员利用该层工具软件采集、加工多媒体数据。常用的有字处理软件，图形图像处理软件，二维、三维动画制作系统，音频采集与编辑系统，视频采集与编辑系统以及多媒体公用程序与数字剪辑艺术系统等。

**5. 多媒体集成软件**

该层是多媒体应用系统编辑和集成的环境，根据所用工具的类型分为幻灯片式集成软件、网页式集成软件、流程图式集成软件、时间线式集成软件、卡（页）式集成软件、电子杂志式集成软件等。多媒体集成软件通常除编辑功能外，还具有控制外设播放多媒体的功能。设计者可以利用这层的开发工具和编辑系统来创作集成各种教育、娱乐及商业等应用的多媒体作品。

**6. 多媒体应用软件**

多媒体应用软件是根据多媒体系统终端用户的要求而定制的应用软件或面向某一领域的用户应用软件系统，是面向大规模用户的系统产品，如交互式多媒体计算机辅助教学系统、多媒体电子交互手册、飞行员模拟训练系统、商场导购系统及多媒体广告系统等。

## 1.4.2 多媒体硬件系统

多媒体个人计算机（MPC）硬件系统中，除了必备的 CPU、内存、显示器和硬盘等硬件设备外，其他多媒体附属硬件分为适配卡类和外围设备类。

**1. 多媒体适配卡**

这些多媒体附属硬件基本上都是以适配卡的形式添加到计算机上的。这些适配卡的种类和型号很多，主要有声卡、显卡和视频卡等。

1）声卡

声卡是声音录制和播放的设备，处理的声音类型可以是数字波形声音、数字合成音乐（MIDI）和 CD 音频。现在的计算机主板基本上都把声卡作为一种标准接口集成在主板上，无须另外购买。但是如果对音频处理要求比较高，则需要配置独立声卡，如图 1-7 所示。

声卡性能指标包括采样位数、声道和接口种类等。采样位数越高，获得的音频就越精确，保真度越高。声卡的输入输出接口主要有 LINE IN（线路输入）、LINE OUT（线路输出）、MIC IN（麦克风输入）、SPK OUT（声音输出）及 JOY STICK/MIDI（游戏杆/MIDI）等。

2）显卡

显卡的基本作用就是控制计算机的图形输出，由显卡连接显示器才能够在显示屏幕上看到图像。根据总线不同，显卡可分为 ISA、PCA 和 AGP 类型，现在的显卡大都是 AGP 总线。有些主板集成了显卡的功能，但是考虑到创作多媒体作品的需要，应该配置独立的显卡，如图 1-8 所示。显卡由显示芯片、显示内存、数/模转换器、BIOS 芯片和显卡接口组成。显示芯片和显示内存专门用来处理图形图像绘制渲染工作，从而避免占用主机的 CPU 和内存资源。

图 1-7　声卡及接口

图 1-8　显卡及接口

3）视频卡

视频信号数据量大，需要配备专门的硬件来处理，根据功能不同，可以分为视频采集卡和视频转换卡。视频采集卡负责从摄像机、录像机等视频信息源中捕捉视频信息转存到计算机的硬盘中，以便进行后期编辑处理，如图 1-9 所示。视频转换卡用于将计算机的 VGA 信号与模拟电视信号相互转换。视频转换卡分为两类：VGA-TV 卡，一般在中高端显卡中有集成，通过该卡可以将计算机连到电视，在电视中显示计算机中的图像；TV-VGA 卡即电视卡，如图 1-10 所示，将有线电视信号接入该卡，即可在计算机中观看电视节目。

图 1-9　视频采集卡及接口

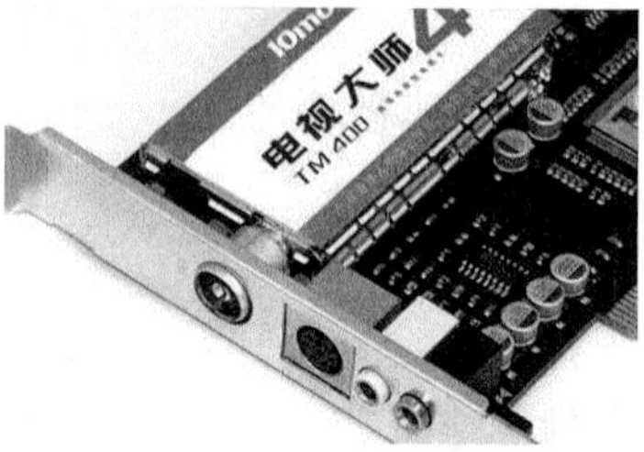

图 1-10　电视卡

**2. 多媒体外围设备**

多媒体外围设备用于向计算机提供媒体源和显示多媒体作品。这类设备常见的有手写板/绘图板、扫描仪、数码相机、数码摄像机、投影机和数码录音笔等。

1）绘图板

绘图板又叫数位板，是专门针对计算机绘图而设计的输入设备，主要面向美工、设计师或者绘图工作者。目前主流的绘图板技术是电磁感应板，通过绘图板表面的电路板通电后产生一定范围的磁场和笔尖的磁场的相互感应来定位，可以和桌面的分辨率进行绝对对应。绘图板可分为有压感和无压感两类，有压感的绘图板能精确感应笔划的粗细和颜色的浓淡。压感级别越高，绘制效果越好。如图 1-11 所示为典型绘图板。如图 1-12 所示为利用绘图板绘画。

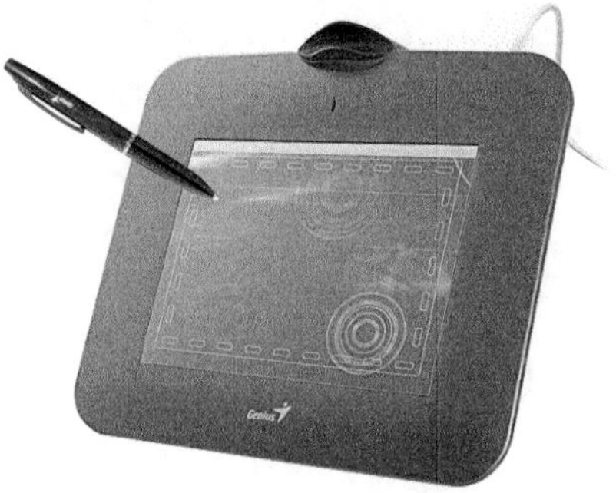

图 1-11　绘图板

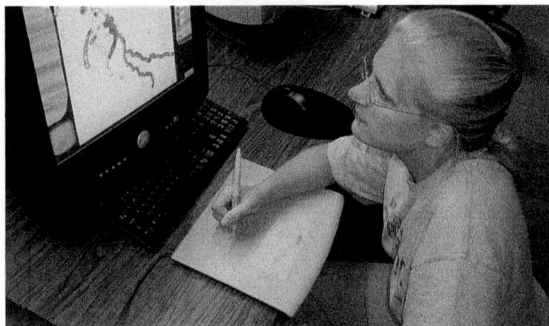

图 1-12　利用绘图板绘画

2）扫描仪

扫描仪是一种光、机、电一体化的图形输入设备，用于将黑白或彩色图片资料、文字资料等平面素材，扫描成图像文件。扫描仪获取图像的方式是先将光线照射到待扫描的材料上，光线反射回来后由 CCD 光敏元件接收并转换成数字信息送入计算机。扫描仪的主要性能指标有分辨率、色彩数、扫描速度和扫描幅面等。

按照基本构造，可以将扫描仪分为手持式、立式、平板式、台式和滚筒式 5 种。如图 1-13 所示为手持式扫描器。如图 1-14 所示为平板式扫描仪。

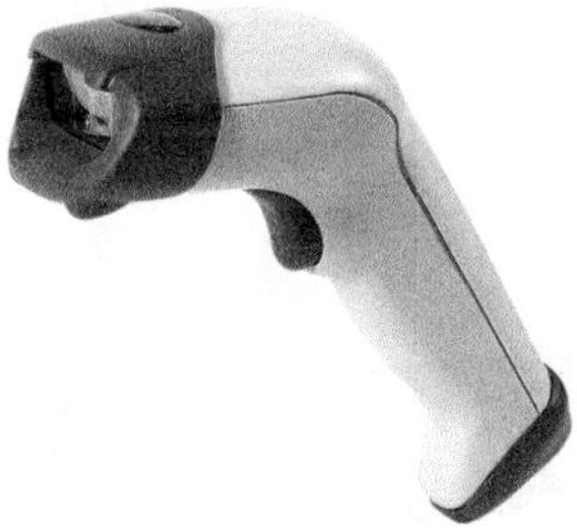

图 1-13　手持式扫描器

图 1-14　平板式扫描仪

3）数码相机

数码相机（Digital Camera，DC）可直接进行数码拍照，得到的图像信息已经数字化，可直接导入到计算机中进行处理。

目前数码相机种类很多，按照图像传感器来分，有电荷耦合器件（CCD）和互补金属氧化物半导体（CMOS），CCD 的感光比 CMOS 更为灵敏，在昏暗环境下有更好的效果，而 CMOS 的造价低，并且更为省电。按镜头来分，有单反数码相机和便携式数码相机，前者用传统单反取景器，其镜头可卸换，功能也较多，而后者用结构简单的光学取景器，镜头不可卸换，许多功能都自动化了，便于携带。如图 1-15 所示为一款单反数码相机。如图 1-16 所示为便携式家用数码相机。

图 1-15　单反数码相机　　　　　　　　图 1-16　便携式数码相机

4）数码摄像机

数码摄像机（Digital Video Recorder，DVR）可以直接生成数字视频信息，并保存到存储设备上，然后导入计算机中进行编辑，如图 1-17 所示。

数码摄像机按照使用领域可以分为家用机和专业机；按照存储介质可以分为磁带式、光盘式和硬盘式。数码摄像机的主要技术参数有影像感应器的有效像素、存储介质类型、视频压缩格式、镜头性能和输入输出接口等。

5）投影机

投影机将计算机送出的显示信息投影到大尺寸幕布上，可以用于商务演示、日常教学、会议和广告宣传等场合。作为计算机设备的延伸，投影机在数字化、小型化和高亮度显示等方面具有鲜明的特点。

投影机自问世以来发展至今已形成三大系列：阴极射线管投影机（Cathode Ray Tube，CRT）、数字光处理器投影机（Digital Lighting Process，DLP）和液晶投影机（Liquid Crystal Display，LCD）。目前市场的主流是 LCD 投影机，如图 1-18 所示。

图 1-17　数码摄像机　　　　　　　　　图 1-18　投影机

6）数码录音笔

数码录音笔作为录音设备可以方便地获取数字音频信息，直接送入计算机进行编辑，并且可以根据需要，灵活地设置录音质量。它利用闪存作为存储媒介，存储方便，连续记录的时间也比磁带要长许多，而且小巧、便于携带，因此已经逐渐取代了传统的磁带式录音机。大多数录音笔还附加了 FM 收音机和 MP3 音乐播放功能。如图 1-19 所示为几款不同型号的录音笔。

图 1-19　数码录音笔

**3. 新兴多媒体外围设备**

随着多媒体技术和虚拟现实技术的发展，出现了很多新兴多媒体设备，如三维扫描仪、三维投影机、三维打印机、数据手套、头盔显示器等。

1）三维扫描仪

目前，在许多领域，如机器视觉、面形检测、实物仿形、自动加工、产品质量控制、生物医学等，物体的三维信息是必不可少的。因此，如何迅速获取物体的立体彩色信息并将其转化为计算机能直接处理的三维数字模型变得越来越重要，而三维扫描仪的出现无疑解决了这一难题。如图 1-20 所示展示了手持式三维扫描仪的使用场景。如图 1-21 所示的三维扫描仪使用场景及其扫描生成的三维模型。

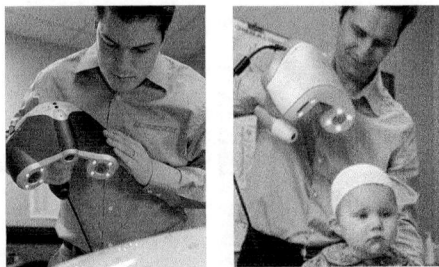

图 1-20　手持式三维激光扫描仪（图片来源 http://www.creaform3d.com）

图 1-21　三维扫描仪及其扫描生成的三维模型

由于三维激光扫描技术具有非接触式测量、扫描速度快、点位和精度分布均匀等特点，因此在工艺精细、形状复杂的单件文物保护领域也有很多应用和成功案例。国外最为著名的有斯坦福大学的"米开朗基罗项目"，该项目将包括著名的大卫雕像在内的 10 座雕塑数字化，其中大卫雕像模型包括 2 亿个面片和 7000 幅彩色照片，如图 1-22 所示，显示了大卫雕像的照片（图 1.22(a)）和扫描建模渲染图（图 1.22(b)）的对比，其逼真程度令人赞叹，堪称三维扫描的巅峰之作，其扫描现场如图 1-23 所示。

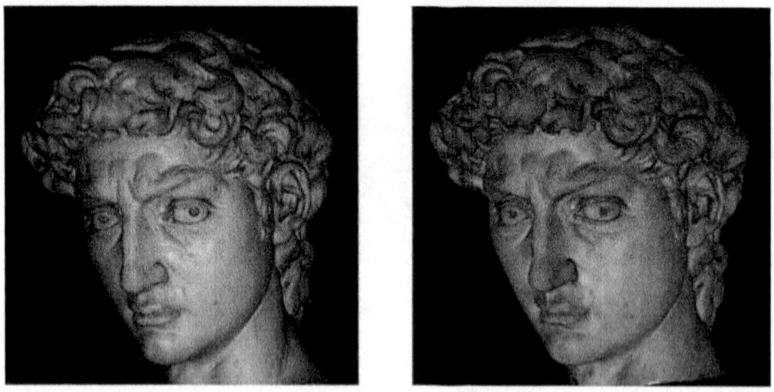

(a)　　　　　　　　　　(b)

图 1-22　大卫雕像照片和扫描建模渲染图（来自 SIGGRAPH'2000）　　图 1-23　大卫雕像的扫描现场

### 2）三维投影机

3D 投影机主要采用 TI 的 DLP Link 技术，其原理是通过 DMD 芯片输出 120MHz 刷新率的画面，左右眼交替使用，使人眼形成 3D 的"错觉"。其优点是简便易行，对硬件的要求比较低，但是在 3D 游戏的配合方面，NVIDIA 的 3D Vision 技术和 3D 套件支持的游戏会更广泛一些。观看时一般采用特制眼镜才能看到立体效果。如图 1-24 所示为三维投影机及特制眼镜。

图 1-24　三维投影机及特制眼镜

### 3）三维打印机

麻省理工学院媒体实验室出品的 Connex500 系统是第一台支持多种模型材料同时打印的 3D 打印系统，如图 1-25 所示。让用户有史以来第一次可以在单个建造工作中打印具有不同机械和物理特性材料组成的零部件。更富革命性的是，Connex500 还可以构建数码材料 Digital Materials 进行即时打印，让用户能够事先设置材料的机械性能，进而创建复合材料。

利用该 3D 打印机"打印"出了一个功能完善的长笛，如图 1-26 所示。据了解，该长笛在刚"出机"时只是四片薄片，随后由研究员手动组合而成。

图 1-25　Connex500 打印机

图 1-26　演奏 3D 打印机打印出的长笛

4）头盔显示器

头盔显示器（Head Mounted Display，HMD）是虚拟现实应用中的 3DVR 图形显示与观察设备，可单独与主机相连以接受来自主机的 3DVR 图形信号。使用方式为头戴式，辅以三个自由度的空间跟踪定位器可进行 VR 输出效果观察，同时观察者可做空间上的自由移动，如自由行走、旋转等，沉浸感极强，在 VR 效果的观察设备中，头盔显示器的沉浸感优于显示器的虚拟现实观察效果，逊于虚拟三维投影显示和观察效果，在投影式虚拟现实系统中，头盔显示器作为系统功能和设备的一种补充和辅助。图 1-27 显示了几种不同样式的头盔显示器。

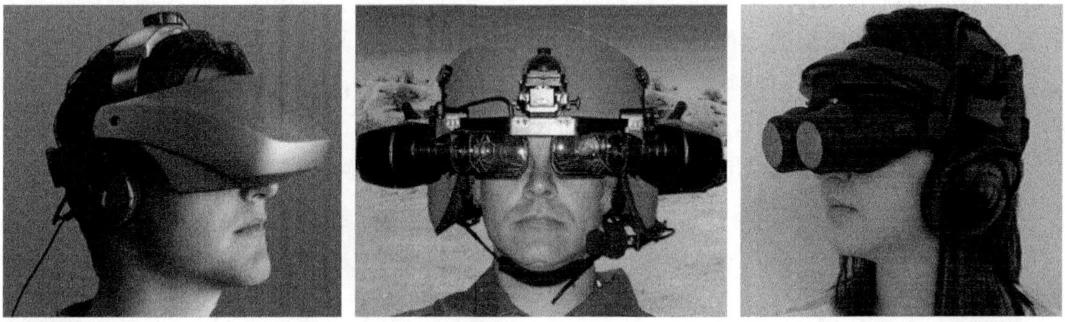

图 1-27　头盔显示器

5）数据手套

数据手套是虚拟仿真中最常用的交互工具，如图 1-28 所示。数据手套设有弯曲传感器，弯曲传感器由柔性电路板、力敏元件、弹性封装材料组成，通过导线连接至信号处理电路；在柔性电路板上设有至少两根导线，以力敏材料包覆于柔性电路板大部，再在力敏材料上包覆一层弹性封装材料，柔性电路板留一端在外，以导线与外电路连接。把人手姿态准确实时地传递给虚拟环境，而且能够把与虚拟物体的接触信息反馈给操作者。使操作者以更加直接、更加自然、更加有效的方式与虚拟世界进行交互，大大增强了互动性和沉浸感。并为操作者提供了一种通用、直接的人机交互方式，特别适用于需要多自由度手模型对虚拟物体进行复杂操作的虚拟现实系统。如图 1-29 显示了佩戴数据手套和头盔的操作者。

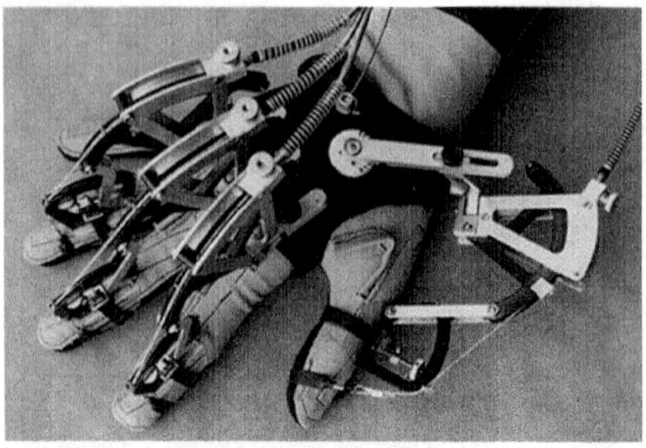

图 1-28　数据手套

图 1-29　佩戴数据手套和头盔的操作者

6）触摸屏

触摸屏作为一种最新的计算机输入设备，它是目前最简单、方便、自然的一种人机交互方式。它赋予了多媒体崭新的面貌，是极富吸引力的全新多媒体交互设备。触摸屏在我国的应用范围非常广阔，主要是公共信息的查询。此外，它还应用于领导办公、工业控制、军事指挥、电子游戏、点歌点菜、多媒体教学、房地产预售以及便携式终端产品等，如图 1-30 所示。

从技术原理来区别触摸屏，可分为 5 个基本种类：矢量压力传感技术触摸屏、电阻技术触摸屏、电容技术触摸屏、红外线技术触摸屏、表面声波技术触摸屏。其中矢量压力传感技术触摸屏已退出历史舞台；红外线技术触摸屏价格低廉，但其外框易碎，容易产生光干扰，曲面情况下失真；电容技术触摸屏设计构思合理，但其图像失真问题很难得到根本解决；电阻技术触摸屏的定位准确，但其价格颇高，且怕刮易损；表面声波触摸屏解决了以往触摸屏的各种缺陷，清晰不容易被损坏，适于各种场合，缺点是屏幕表面如果有水滴和尘土会使触摸屏变得迟钝，甚至不工作。

传统的触摸屏多为液晶屏，目前还出现了大屏幕等离子触摸屏，如图 1-31 所示。

图 1-30　触摸屏手机

图 1-31　大屏幕等离子触摸屏

7）Microsoft Surface

Microsoft Surface 是微软公司开发的第一款平面电脑，没有鼠标键盘，通过人的手势、触摸和其他外在物理物来和计算机进行交互，它改变了人和信息之间的交互方式，是对计算机进行了一次彻底革命，是触控技术彻底淘汰鼠标和键盘的先兆。

　　由于 Surface Computer 的大小和形状都酷似一个咖啡桌,因此它得到了一个亲昵的"咖啡桌电脑" 称号,如图 1-32 所示。相比触摸屏手机,它将多触点技术创造性地延伸到了许多新的领域。例如,除了提供 iPhone 所有的双指图像伸缩功能外,咖啡桌电脑还提供了一个很重要的物品识别功能。它将二维的平面与三维的物体识别结合在了一起,演绎出了许多有趣的应用。例如,要和同伴分享照片,用手指拖动即可,如图 1-33 所示。把一杯咖啡放到"桌上",屏幕上能马上显示一杯咖啡,还能显示出咖啡的温度等相关信息;你要买东西,直接把银行卡放到"桌上",大屏幕上就会显示出银行卡的存款余额,然后进入网上商店,只需用手将想要的商品直接"拖入"信用卡,即可完成所有支付过程。很显然,这样的计算机从个人消费者到企业用户,在各行各业都有着广泛的商业应用前景。

图 1-32　Microsoft Surface

图 1-33　操作 Microsoft Surface

### 1.4.3　多媒体软件系统

　　多媒体软件系统包括多媒体系统软件、多媒体素材采集与制作软件、多媒体集成软件、多媒体应用软件。多媒体设计与制作软件(多媒体素材采集与制作软件、多媒体集成软件)是基于多媒体操作系统基础上的多媒体软件开发平台,也是进行多媒体设计与制作需要掌握的软件,我们将在第 2 章专门介绍,此不赘述。

## 实 践 练 习

1. 什么是多媒体? 什么是多媒体技术?

2. 多媒体技术有什么特点?

3. 多媒体的关键技术有哪些?

4. 举例说明多媒体技术给人类生活带来的各种影响。

5. 多媒体计算机的系统组成是什么?

6. 常见的多媒体设备有哪些?

7. 常见的多媒体软件有哪些?

学而不思则罔，思而不学则殆。

IF ONE LEARNS FROM OTHERS BUT DOES NOT THINK, ONE WILL BE
BEWILDERED. IF, ON THE OTHER HAND, ONE THINKS BUT DOES NOT LEARN
FROM OTHERS, ONE WILL BE IMPERILLED.

——《论语·为政》

# 第 2 章　多媒体设计与制作软件

多媒体设计与制作软件是基于多媒体操作系统基础上的多媒体软件开发平台，可以帮助开发人员组织编排各种多媒体数据及创作多媒体应用软件。这些多媒体设计与制作软件综合了计算机信息处理的各种最新技术，如数据采集技术、图形图像处理技术，音频、视频数据处理技术，动画设计技术等，并且能够灵活地处理、调度和使用这些多媒体数据，使其能和谐工作，形象逼真地传播和描述要表达的信息，真正成为多媒体技术的灵魂。

目前，按照处理对象划分，常见的多媒体设计与制作软件主要有以下几大类：文字编辑处理软件、图形图像制作与处理软件、动画制作软件、音频处理软件、视频处理软件以及多媒体集成软件。

## 本章能力目标

- 掌握常见文字编辑处理软件。
- 掌握常见图形图像制作与处理软件。
- 掌握常见动画制作软件。
- 掌握常见音频处理软件。
- 掌握常见视频处理软件。
- 掌握常见多媒体集成软件。

本章知识结构

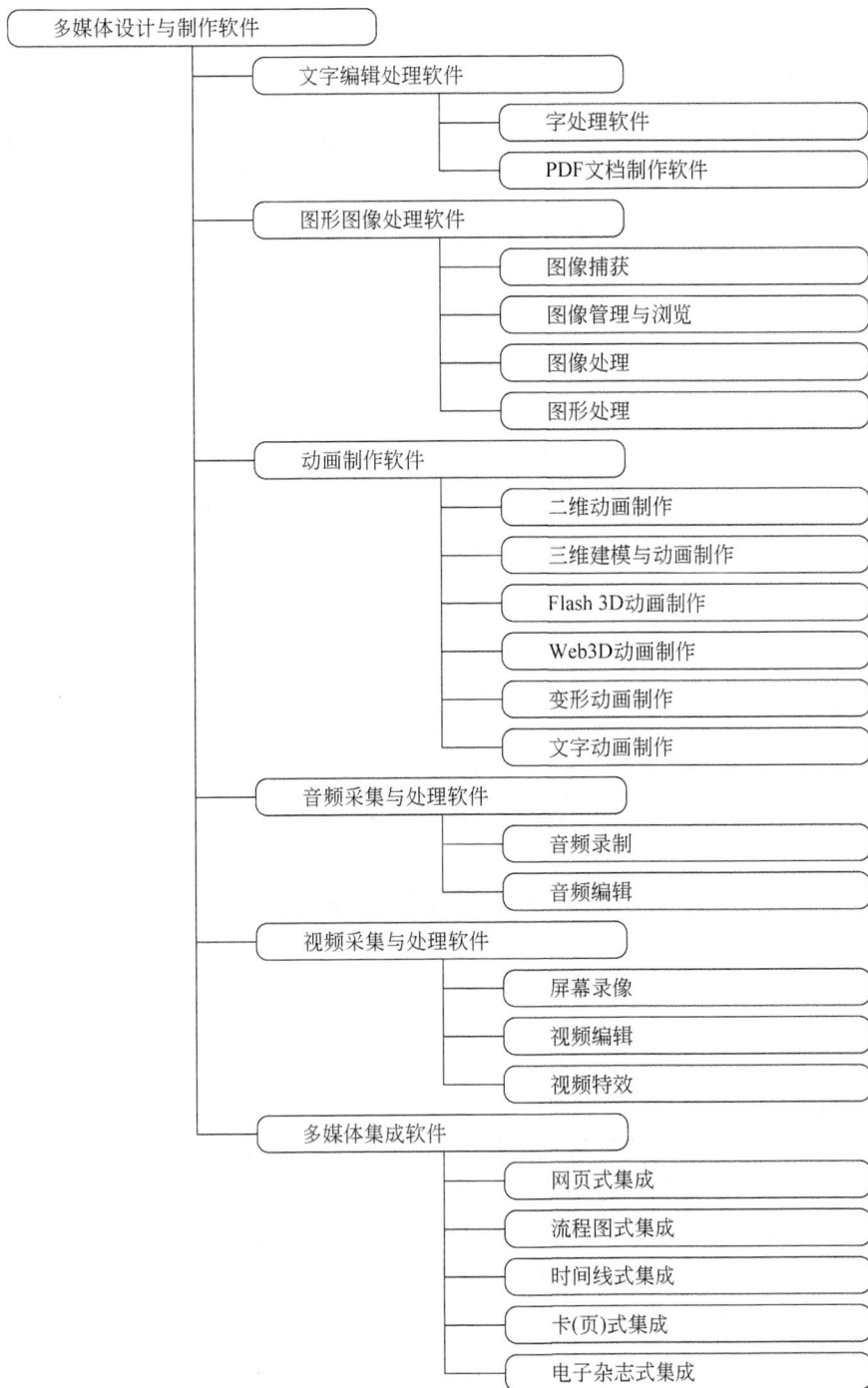

```
多媒体设计与制作软件
    ├─ 文字编辑处理软件
    │       ├─ 字处理软件
    │       └─ PDF文档制作软件
    ├─ 图形图像处理软件
    │       ├─ 图像捕获
    │       ├─ 图像管理与浏览
    │       ├─ 图像处理
    │       └─ 图形处理
    ├─ 动画制作软件
    │       ├─ 二维动画制作
    │       ├─ 三维建模与动画制作
    │       ├─ Flash 3D动画制作
    │       ├─ Web3D动画制作
    │       ├─ 变形动画制作
    │       └─ 文字动画制作
    ├─ 音频采集与处理软件
    │       ├─ 音频录制
    │       └─ 音频编辑
    ├─ 视频采集与处理软件
    │       ├─ 屏幕录像
    │       ├─ 视频编辑
    │       └─ 视频特效
    └─ 多媒体集成软件
            ├─ 网页式集成
            ├─ 流程图式集成
            ├─ 时间线式集成
            ├─ 卡(页)式集成
            └─ 电子杂志式集成
```

# 2.1  文字编辑处理软件

## 2.1.1  字处理软件

### 1. Microsoft Word

Word 是 Microsoft 公司的一个文字处理器应用程序。它最初是由 Richard Brodie 为了运行 DOS 的 IBM 计算机而在 1983 年编写的。随后的版本可运行于 Apple Macintosh、SCO UNIX 和 Microsoft Windows，并成为了 Microsoft Office 的一部分。

目前 Word 的常用版本是 Word 2003、Word 2007 和 Word 2010。特别是 Word 2007 以后版本的 SmartArt 图示和新的制图引擎可以方便地使用三维形状、透明度、投影以及其他效果创建外观精美的内容，大大增强了 Word 的表现力，如图 2-1 所示。

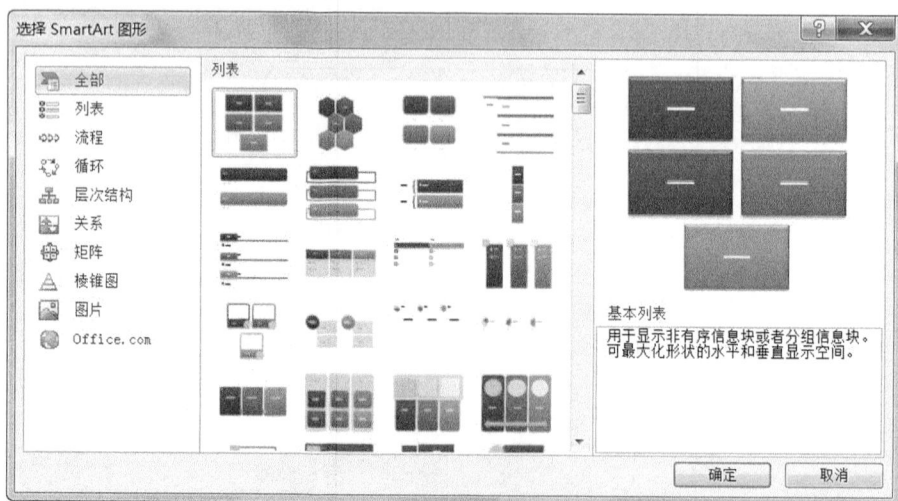

图 2-1  Word 2010 中 SmartArt 图形

### 2. WPS 文字

WPS 是 Word Processing System（文字处理系统）的英文缩写，是金山软件公司的一种办公软件。最初出现于 1989 年，在微软 Windows 系统出现以前，DOS 系统盛行的年代，WPS 曾是中国最流行的文字处理软件，它集编辑与打印为一体，具有丰富的全屏幕编辑功能，而且还提供了各种控制输出格式及打印功能，使打印出的文稿即美观又规范，基本上能满足各界文字工作者编辑、打印各种文件的需要和要求。该软件的主要特色是提供了大量的在线素材和在线模板，如图 2-2 所示，使用起来非常方便。

目前，最新版为 WPS Office 2012，WPS Office 2012 个人版可以从金山软件公司网站（http://www.kingsoft.com）上免费下载。

### 3. ScienceWord

ScienceWord，顾名思义，就是科技文档字处理软件。ScienceWord 以非线性技术为理论

图 2-2    WPS 2012 在线模板

基础，以复杂科技文档为主要处理对象，涵盖通用文字处理的新一代专业级文字处理软件。它能够一次性地完成从文字、公式、符号到图形、曲线的全部编排。专门用于编写教学讲义、试卷、科技论文、科技图书，建设数字图书馆等，是科研与教育信息化的基础软件。极大地方便了科技与教育工作者对复杂科技文档信息的处理，同时实现了科技文档在互联网上的交流与检索。其工作界面如图 2-3 所示。

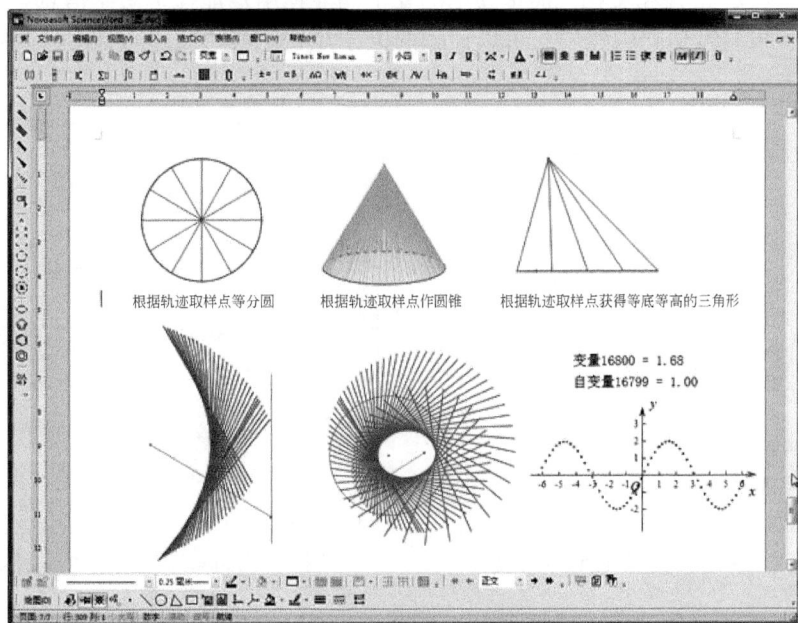

图 2-3    ScienceWord 工作界面

目前，最新版本为 ScienceWord 6.0，可以从北京星火燎原软件有限公司网站（http://www.novoasoft.com）上免费下载。

## 2.1.2 PDF 文档制作软件

便携文件格式（Portable Document Format，PDF）是由 Adobe 公司推出的一种全新的电子文档格式，已成为全世界各种标准组织用来进行更加安全可靠的电子文档分发和交换的出版规范。PDF 文件格式的优点在于能如实保留原来的面貌和内容，以及字体和图像；文件格式与操作系统平台无关，现在许多智能手机也可以阅读 PDF 文档。这些特点使它成为在 Internet 上进行电子文档发行和数字化信息传播的理想文档格式。越来越多的电子图书、产品说明、公司文告、网络资料、电子邮件开始使用 PDF 格式文件。PDF 格式文件目前已成为数字化信息事实上的一个工业标准。

### 1. Adobe Acrobat

利用 Acrobat 可以将任何文件转换为 PDF，提高文件导航、保密和注解能力，还有很多编辑 PDF 的功能，工作界面如图 2-4 所示。其主要具有以下功能。

（1）转换或扫描到 PDF：无论需要将哪种内容转换为或扫描至 PDF（纸质文档、电子邮件、照片、电子表格、网站等），Adobe Acrobat 软件都可以帮助用户快速、自信地实现。创建和共享可通过移动设备和智能手机查看的 PDF 文件。

（2）导出和编辑 PDF 文件：轻松编辑 PDF 文件，将 PDF 快速导出到 Word 或 Excel 文档，缩短重新输入信息的时间。使用 Acrobat 可以减少错误、提高工作效率、更快地完成项目。

（3）合并用多个应用程序创建的文件：无须将多个电子邮件和附件塞入他人的收件箱中。创建并交付具有专业外观的 PDF 文件，它们的发送、打开、查看和导航操作都很简单。

（4）保护 PDF 文件和文档：简单易用的安全功能使用户能保护敏感信息。使用 PDF 密码、数字签名和编辑功能构建用户可以信赖的电子流程。其"安全性-设置"界面如图 2-5 所示。

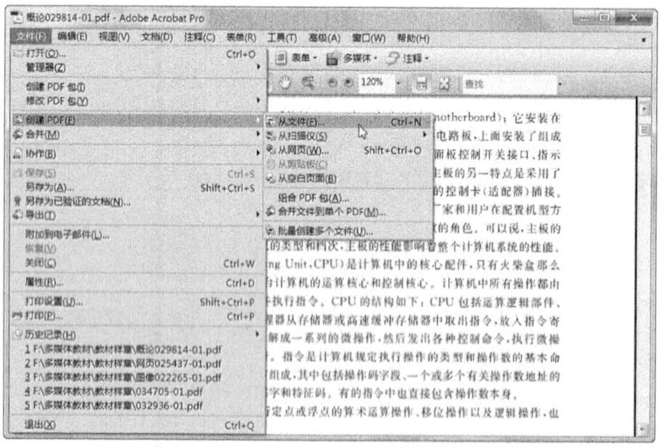

图 2-4　Adobe Acrobat Pro 工作界面 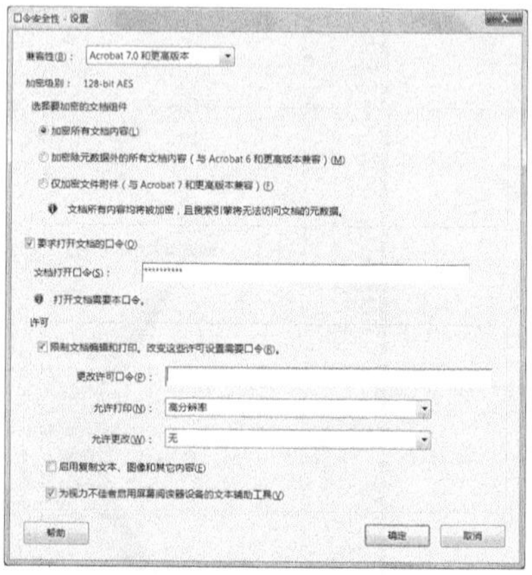　　　图 2-5　Adobe Acrobat "安全性-设置"对话框

**提　示**

PDF 阅读器（Adobe Reader）是免费软件，仅用于打开 PDF 格式的电子文档，如果要制作 PDF 文件，也就是将 Word 等文件转化为 PDF 格式的电子文档，则需要使用 Adobe Acrobat。PDF 文件本身无法编辑，一般是利用 Word、PowerPoint 等办公软件编辑之后，再利用 PDF 软件将文档转化为 PDF 格式即可。

### 2. Macromedia FlashPaper

FlashPaper 是 Macromedia 推出的一款电子文档类工具，通过使用本程序，可以将任何类型的可打印文档（如 Word、Excel、PowerPoint）通过简单的设置转换为 SWF 或 PDF 文档。并且转换后的文件具有很强的保密性，可以防止浏览者进行复制、粘贴，从而保护了作者的劳动成果。此软件最大的好处是使文档便于在网络上浏览和打印，而不用担心浏览者是否安装有打开原文档的专用软件。FlashPaper 的工作原理就是用 FlashPaper 虚拟打印机将可打印文档转换为 SWF 或 PDF 文档。FlashPaper 安装完后，实际上在操作系统中自动安装了一个虚拟打印机，叫做 Macromedia FlashPaper，使用控制面板打开"打印机和传真"窗口，就可以看到，如图 2-6 所示。这个虚拟打印机并不会真的将文档打印到纸介质上，而是将可打印的文档输出为 SWF 或 PDF 文档。

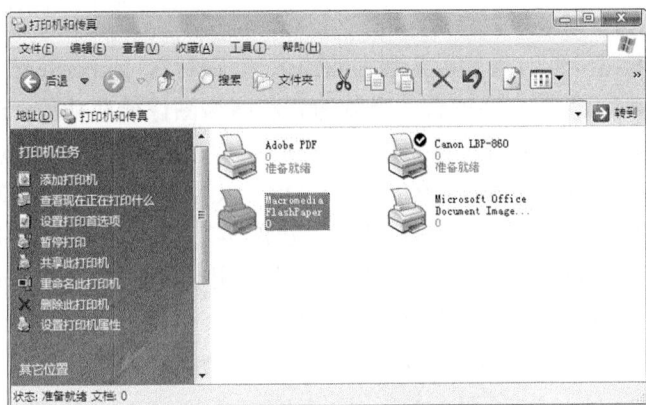

图 2-6　Macromedia FlashPaper 虚拟打印机

## 2.2　图形图像处理软件

### 2.2.1　图像捕获

最简单的方法是使用 Windows 内置的截屏功能，按 Print Screen 键可以截取全屏；按 Alt+Print Screen 组合键可以截取当前活动窗口。截取的图像自动置于系统剪贴板上，可粘贴到其他能功能处理位图的软件中。这种方法功能有限，要达到好的效果，提高效率，往往需要使用专门工具软件。

### 1. HyperSnap-DX

HyperSnap-DX 既可捕获屏幕画面，又可对捕获的图像进行编辑，并提供去背景功能（用户将抓取后的图形去除不必要的背景）。它能捕获全屏幕、虚拟桌面、窗口、对象、活动窗口、不带框架的活动窗口、自选区域、多区域，还具有特殊捕获（DirectX）功能，并能同时捕获鼠标，通过自动滚动屏幕捕获多个屏幕。本程序能以 20 多种图形格式保存并阅读图片，并能在所抓的图像中显示鼠标轨迹，还能选择从 TWAIN 装置中（扫描仪和数码相机）抓图。其工作界面如图 2-7 所示。

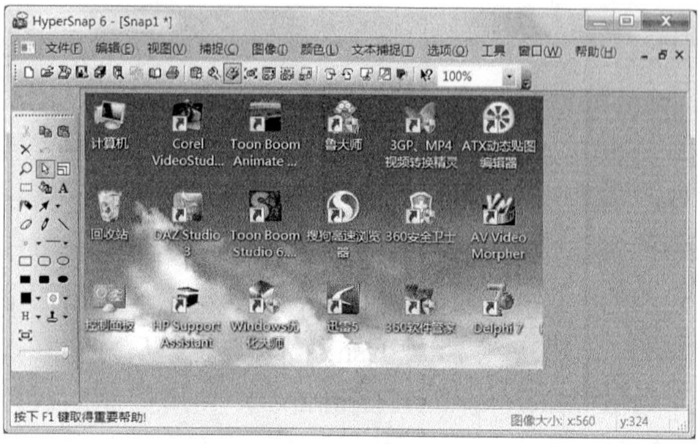

图 2-7　HyperSnap 6-[Snap1*]工作界面

**2. Snagit**

Snagit 是一款非常专业、功能极其强大的图像捕获软件，HyperSnap 支持的功能，它也支持。此外，Snagit 还支持文字捕获、视频捕获和网络图像捕获功能。Snagit 不仅能捕获 Windows 系统下的各种图像画面，而且能捕获 DOS 环境下的图像。Snagit 提供了基本的图像处理能力，能实现放大、缩小、旋转、柔化、锐化、浮雕等图像处理功能，还具有自动缩放、颜色减少、单色转换、抖动以及转换为灰度级等功能。Snagit 也可以选择自动将其送至 Snagit 打印机或 Windows 剪贴板中，也可以直接用 E-mail 发送。Snagit 具有将显示在 Windows 桌面上的文本块转换为机器可读文本的独特能力。新版还能嵌入 Word、PowerPoint 和 IE 浏览器中。其捕获界面如图 2-8 所示，编辑界面如图 2-9 所示。

图 2-8　Snagit 捕获界面

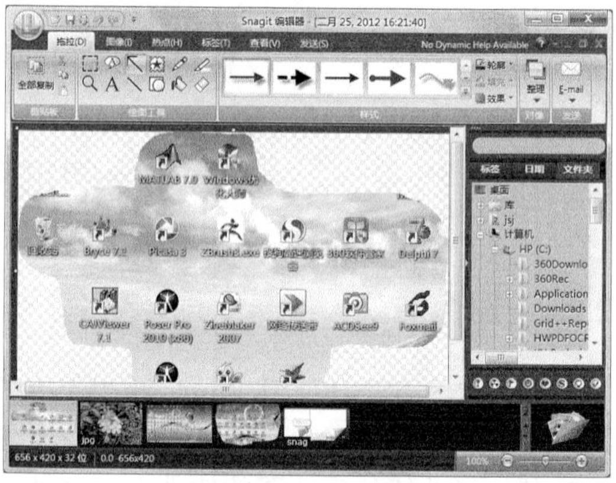

图 2-9　Snagit 编辑界面

## 2.2.2　图像管理与浏览

**1. ACDSee**

ACDSee 是目前最流行的图像浏览工具之一。它提供了良好的操作界面，人性化的操作方式，优质的快速图形解码方式，支持丰富的图形格式，强大的图形文件管理功能等。ACDSee 的特点是支持性强，能打开几乎所有常见图像格式，并能够高品质地快速显示它们，甚至近年在互联网上十分流行的动画图像文件都可以利用 ACDSee 来欣赏。

ACDSee 也可以支持 WAV 格式的音频文件播放,还能处理如 Mpeg 之类常用的视频文件,此外 ACDSee 还具有图片编辑功能,可以轻松处理数码影像。如对去除红眼、剪切图像、锐化、浮雕特效、曝光调整、旋转、镜像等,还能进行批量处理。其工作界面如图 2-10 所示。

图 2-10　ACDSee 9 工作界面

**2. Microsoft Office Picture Manager**

Microsoft Office Picture Manager 是一个基本的图片管理软件,是 Microsoft Office 2003 以上版本中的一个组件。使用 Picture Manager 可执行以下操作:一次性自动校正所有图片;在电子邮件中发送图片,或者在公司的 Intranet 上创建 Microsoft SharePoint 图片库;从多个独立的图片编辑工具中选择,执行更具体的操作;查看所有图片,不管它们存储在何处;在不确定图片位置的情况下查找图片。其工作界面如图 2-11 所示。

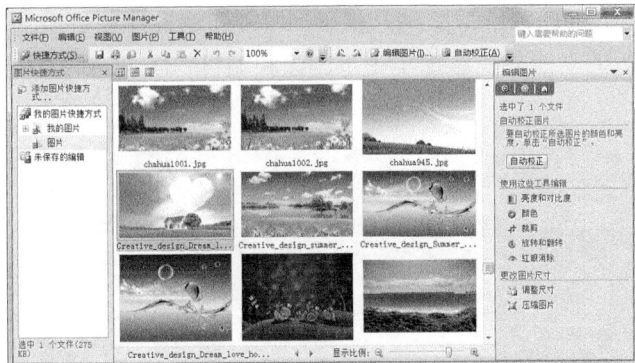

图 2-11　Microsoft Office Picture Manager 工作界面

**3. Picasa 图片处理软件**

Picasa 是 Google 推出的免费图片管理工具,其突出的优点是搜索硬盘中图片的速度很快。它可以立即查找、编辑或共享图片,并通过对图片进行快照的方式共享图片,还会自动定位计算机里面的所有图片,并根据日期进行组织分类生成一个可视化的相册,可以通过拖动方式整理相册并对它们加标签以便分组,还能对图片进行密码保护等。Picasa 也提供对图片的高级编辑功能,通过简单的操作就能实现强大的效果。其工作界面如图 2-12 所示。

图 2-12　Picasa 工作界面

### 2.2.3　图像处理

**1. Adobe Photoshop**

Adobe Photoshop 是目前最优秀的图像处理软件之一，是集图像扫描、编辑修改、图像制作、广告创意、图像输入与输出于一体的图形图像处理软件。作为首选的平面设计工具，Photoshop 可以制作出精彩的视觉效果，它的功能完善，性能稳定，使用方便。通过它可以对图像进行修饰、对图形进行编辑，以及对图像的色彩进行处理，另外，还有绘图和输出的功能等，深受广大平面设计人员和计算机美术爱好者的喜爱。

目前，最新版本是 Photoshop CS5，它有标准版和扩展版两个版本。其工作界面如图 2-13 所示。Photoshop CS5 标准版适合摄影师以及印刷设计人员使用，Photoshop CS5 扩展版除了包含标准版的功能外还添加了用于创建和编辑 3D 以及基于动画的内容的突破性工具。

图 2-13　Photoshop CS5 工作界面

## 2. GIMP

GIMP（GNU Image Manipulation Program）是一种免费开源的跨平台的图像处理软件。它包括几乎所有图像处理所需的功能，被业界称为是 Linux 下的 PhotoShop。GIMP 在 Linux 系统推出之时就得到了许许多多绘图爱好者的喜爱，其接口相当轻巧，但其功能并不输于专业的绘图软件，它提供了各种的影像处理工具、滤镜，还有许多的组件模块。值得一提的是 GIMP 提供了许多组件模块，只要对它们稍微修改一下，就可以制作各种网页按钮和网站 Logo。

GIMP 的优势在于它获取的多种来源和对大量操作系统广泛的可用性。许多 GNU/Linux 发行版本都将 GIMP 作为标准程序。GIMP 是当今支持最广泛的图像处理程序，能运行的平台有 GNU/Linux、Apple Mac、Microsoft Windows、OpenPSD、NetPSD、FreePSD、Solaris、SunOS、AIX、 HP-UX、Tru64、Digital UNIX、OS/2 等。GIMP 由于其开放的源代码，因此能够很容易移植到其他的操作系统。

目前，最新版本是 GIMP 2.6，其工作界面如图 2-14 所示。

图 2-14　GIMP 2.6 工作界面

## 3. Adobe Fireworks

Adobe Fireworks 是 Adobe 推出的一款编辑矢量图和位图的综合工具，该软件可以加速 Web 设计与开发，是一款创建与优化 Web 图像和快速构建网站与 Web 界面原型的理想工具。Fireworks 不仅具备编辑矢量图形与位图图像的灵活性，还提供了一个预先构建资源的公用库，并可与 Adobe Photoshop、Adobe Illustrator、Adobe Dreamweaver 和 Adobe Flash 等软件方便集成。 在 Fireworks 中将设计迅速转变为模型，或利用来自 Illustrator、Photoshop 和 Flash 的其他资源，然后直接置入 Dreamweaver 中轻松地进行开发与部署。

Fireworks 与 Dreamweaver 和 Flash 合称为网页制作三剑客。目前，最新版本是 Fireworks CS5，其工作界面如图 2-15 所示。

图 2-15　Fireworks CS5 工作界面

### 4. PhotoImpact

PhotoImpact 是一套集图像处理和网页设计为一体的多媒体设计软体。PhotoImpact 在网页设计和图像编辑上提供了完整的方案。专业人员和初学者都可以使用 PhotoImpact 提供的工具创建绝佳的网页、图像文件等。PhotoImpact 与其他网页制作软件的最大区别是采用了图形化的直观操作方式，用户只需要将网页中想要添加的部件"放"到合适的位置即可，而不需要采用表格定位。软件还提供了大量精美的网页部件设计模板供用户选择，极大地减少了网页设计制作所需要的时间。同时，强大的图像编辑功能和模板，让网页美化变得轻而易举。

目前，最新版本是 PhotoImpact X3，其工作界面如图 2-16 所示。

图 2-16　PhotoImpact X3 工作界面

**5. Corel Painter——仿自然绘画软件**

Corel 公司开发的 Painter 系列软件是独一无二的计算机美术绘画软件，它以其特有的 Natural Media 仿自然绘画技术为代表，在计算机上首次将传统的绘画方法和计算机设计完整地结合起来，形成了其独特的绘画和造型效果。Corel Painter 已经成为了绘图软件的一个工业标准，它最为人称道的地方就是画刷功能，利用这个功能，艺术工作者可以调配出自己理想的颜色。此外，该软件提供的画布纹理功能也很出色。除了作为世界上首屈一指的自然绘画软件外，Corel Painter 在影像编辑、特技制作和二维动画方面也有突出的表现，对于专业设计师、出版社美编、摄影师、动画及多媒体制作人员和一般计算机美术爱好者，Painter 都是一个非常理想的图像编辑和绘画工具。

目前，最新版本为 Corel Painter 12，其工作界面如图 2-17 所示。其典型作品如图 2-18 所示。

图 2-17　Corel Painter 12 工作界面

图 2-18　Corel Painter 作品（选自 Corel 创意设计大赛获奖作品）

## 2.2.4　图形处理

**1. CorelDRAW**

CorelDRAW 是加拿大的 Corel 公司出品的矢量图形制作工具软件，这个图形工具给设计师提供了矢量动画、页面设计、网站制作、位图编辑和网页动画等多种功能。CorelDraw

广泛地应用于商标设计、标志制作、模型绘制、插图描画、排版及分色输出等诸多领域。它包含两个绘图应用程序：一个用于矢量图及页面设计；另一个用于图像编辑。这套绘图软件组合带给用户强大的交互式工具，使用户可创作出多种富于动感的特殊效果及点阵图像即时效果。

目前，最新版本是 CorelDRAW X5，其工作界面如图 2-19 所示。

图 2-19　CorelDRAW X5 工作界面

### 2. Adobe Illustrator

Adobe Illustrator 是 Adobe 公司推出的专业矢量绘图工具，它在处理各种二维方面的图形效果非常显著，具有操作方便，工具直观简单，处理图形生动、逼真、真实感强等特点。Adobe Illustrator 最大特征在于贝赛尔曲线的使用，使得操作简单、功能强大的矢量绘图成为可能，有绘画基础的读者非常容易掌握。现在它还集成文字处理、上色等功能，在插图制作、印刷制品设计制作、企业的 VI（企业形象设计）设计等方面广泛使用，事实上已经成为桌面出版（DTP）业界的默认标准。

目前，最新版本是 Adobe Illustrator CS5，其工作界面如图 2-20 所示。

图 2-20　Adobe Illustrator CS5 工作界面

# 2.3　动画制作软件

## 2.3.1　二维动画制作

### 1. Adobe Flash

Flash 最初是美国 Macromedia 公司（现在已被 Adobe 公司收购）所设计的一种矢量图形编辑和动画创作的软件，并成为事实上的交互式矢量动画标准。由于在 Flash 中采用了矢量作图技术，各元素均为矢量，因此只用少量的数据就可以描述一个复杂的对象，从而大大减少动画文件的大小。而且矢量图像还有一个优点，即可以真正做到无极放大和缩小，可以将一幅图像任意地缩放，而不会有任何失真。

目前，最新版本是 Adobe Flash CS5，其工作界面如图 2-21 所示。在新版本的 Flash 中，添加了一些实用的工具，包括自动绘图工具等。其中最精彩的功能就要属 ActionScript 代码编辑功能了。在 CS5 中提供了与 FLEX 相媲美的代码提示功能，使用户可以摆脱繁重的代码编写劳动。代码编辑器中可以识别用户自己定义的类文件，从而生成对应的代码提示。

图 2-21　Adobe Flash CS5 工作界面

### 2. Toon Boom 系列软件

Toon Boom 系列软件主要包括 Toon Boom Studio、Toon Boom Storyboard、Toon Boom Animate、Toon Boom Harmony 等软件。

（1）Toon Boom Studio。它是一款二维矢量动画设计软件，其优点难以尽数。广泛的系统支持，可用于所有 Windows 系统及 Mac 苹果系统；唯一具有唇型对位功能的 Flash 动画平台；引入镜头观念，控制大型动画场面游刃有余；灵动亲切的绘画手感；完全为动画艺术家所创，抛弃所有多余功能，不是功能不足，反而因此变得更为强大易用。目前，最新版本是 Toon Boom Studio 6.0，其工作界面如图 2-22 所示。设计的动画示意图如图 2-23

所示。

图 2-22　Toon Boom Studio 6.0 工作界面

图 2-23　Toon Boom Studio 设计的动画示意图

（2）Toon Boom Storyboard。它是一套全新概念的、传统与数字无纸绘画方法相结合的故事板工具软件。该故事板软件可广泛应用于分镜头故事板、广告故事板、动画故事板、电影故事板、剧情与故事板的创作等。借助真实而完整的结构，Storyboard 将给艺术家带来更多的设计创意，并将此创意转换成一个视觉故事，从而形成一个完整的作品。

目前，最新版本是 Toon Boom Storyboard PRO 2.0，其工作界面如图 2-24 所示。

图 2-24　Toon Boom Storyboard PRO 2.0 工作界面

（3）Toon Boom Animate。它是一个独特的基于矢量的动画协同设计（交互式设计）动画制作软件，包括内容动画制作、合成，是理想的完全数字动画软件。Toon Boom Animate 用户使用友好和先进的创新能力添加动画到库使它成为专用动画工具包。它的快捷方式设置适合用于 Adobe 产品和动画技术的循环使用。该软件汇集了最先进的动画功能，所有的元素都嵌在一个灵活的环境中：矢量、位图、元件、变形、反向运动学和先进的口形同步等。支持 SWF 文件输出，还有 3D 环境。最重要的是手绘功能好过 Flash，支持摄影机的移动，还有摄影表功能等。

目前，最新版本是 Toon Boom Animate 2，其工作界面如图 2-25 所示。

图 2-25　Toon Boom Animate 2 工作界面

（4）Toon Boom Harmony。Toon Boom Harmony 则相当于企业版的 Toon Boom Animate，或者可以把 Toon Boom Animate Pro 理解为"单机版的 Toon Boom Harmony"。利用 Harmony 制作出最高品质的数字和传统动画片，Harmony 提供的强大"变形"工具、"反向动力学"（IK）方式和"粘合特效功能，大大地提高了无纸动画制作效率。Harmony 提供的整体解决方案将改进的无纸动画生产方式、集成式工作流程和资产管理工具无缝地结合在一起，从而有效提升工作室的整体生产效率，进入到一个全新的领域。融合 Toon Boom Storyboard 的 Harmony，将提供更完整、更低成本的前期、中期作流程给卡通制作。

目前，最新版本是 Toon Boom Harmony 9，其工作界面如图 2-26 所示。

图 2-26　Toon Boom Harmony 9 工作界面

### 3. ANIMO 二维卡通动画制作系统

ANIMO 是英国 Cambridge Animation 公司开发的运行于 SGI 工作站和 Windows NT 平台上的二维卡通动画制作系统，它是世界上最受欢迎、使用最广泛的系统。它具有面向动画师设计的工作界面，扫描后的画稿保持了艺术家原始的线条，它的快速上色工具提供了自动上色和自动线条封闭功能，并和颜色模型编辑器集成在一起提供了不受数目限制的颜色和调色板，一个颜色模型可设置多个"色指定"。它具有多种特技效果处理，包括灯光、阴影、照相机镜头的推拉、背景虚化、水波等，并可与二维、三维和实拍镜头进行合成。它所提供的可视化场景图可使动画师只用几个简单的步骤就可完成复杂的操作，提高了工作效率和速度。众所周知的动画片《小倩》、《空中大灌篮》、《埃及王子》等都是应用 ANIMO 的成功典例，部分作品如图 2-27 所示。

图 2-27 ANIMO 作品——《空中大灌篮》、《埃及王子》

### 4. RETAS PRO

RETAS PRO（Revolutionary Engineering Total Animation System）是日本 Celsys 株式会社开发的一套应用于普通 PC 和苹果机的专业二维动画制作系统。它可广泛应用于电影、电视、游戏、光盘等多种领域。RETAS PRO 的英、日本版已在日、欧、美、东南亚地区享有盛誉，如今中文版的问世将为中国动画界带来计算机制作动画的新时代。代表作品有《青之六号》、《鲁宾三世》（Lupin The 3rd）、《蜘蛛人》（Spider-Man）等，部分作品如图 2-28 所示。

图 2-28 RETAS PRO 作品——动画片《青之六号》、《鲁宾三世》

RETAS PRO 主要由四大部分组成：TraceMan——通过扫描仪扫描大量动画入计算机，并进行扫线处理。PaintMan——高质量的上色软件，使得大批量上色更加简单和快速。CoreRETAS 和 RendDog——使用全新的数字化工具，实现了传统动画摄影能表现的所有特性，并且有极高的自由表现力，并且可使用多种文件格式和图形分辨率输出 CoreRETAS 中合成的每一场景。QuickChecker——灵活的线拍软件，确保最高质量的动画。其制作过程与传统的动画制作过程十分相近，替代了传统动画制作中描线、上色、制作摄影表、特效处理、拍摄合成的全部过程。同时 RETAS PRO 不仅可以制作二维动画，而且还可以合成实景以及计算机三维图像。

**5. Ulead GIF Animator**

Ulead GIF Animator 是一个简单、快速、灵活，功能强大的 GIF 动画编辑软件。同时，也是一款不错的网页设计辅助工具，还可以作为 Photoshop 的插件使用，丰富而强大的内制动画选项，让我们更方便地制作符合要求的 GIF 动画。内建的 Plugin 有许多现成的特效可以立即套用，可将 AVI 文件转成动画 GIF 文件，而且还能将动画 GIF 图片最佳化，能将网页上的动画 GIF 图档减肥，以便让人能够更快速地浏览网页，其工作界面如图 2-29 所示。

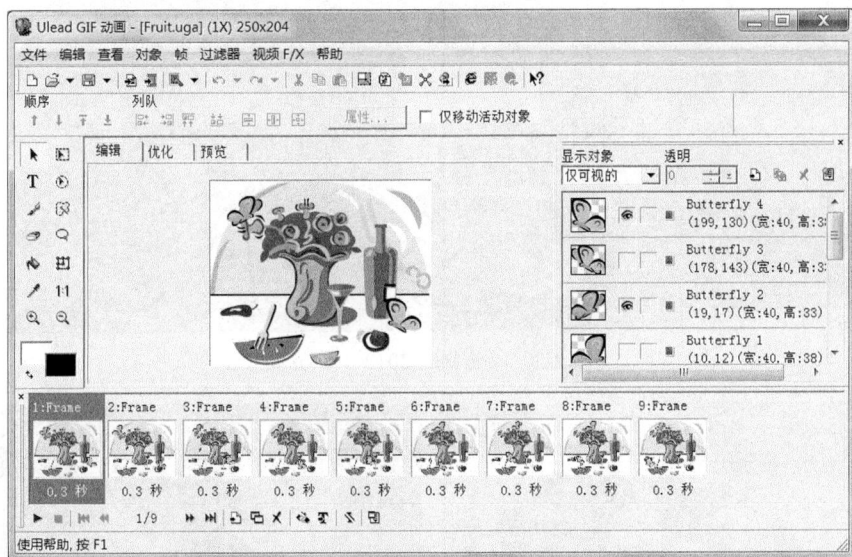

图 2-29　Ulead GIF Animator 工作界面

## 2.3.2　三维建模及动画制作

《侏罗纪公园》、《第五元素》、《泰坦尼克号》、《终结者》这些电影想必大家都看过了吧，我们为这些影片中令人惊叹的特技镜头所打动，当看着那些异常逼真的恐龙、巨大无比的泰坦尼克号时，可曾想到是什么创造了这些令人难以置信的视觉效果？其实幕后的英雄是众多的三维动画制作软件和视频特技制作软件。好莱坞的计算机特技艺术家们正是借助这些非凡的软件，把他们的想象发挥到极限，也带给了我们无比震撼和美妙的视觉享受。

### 1. Autodesk 3D Studio Max

3D Studio Max（简称为 3ds Max 或 Max）是 Autodesk 公司开发的基于 PC 系统的三维动画渲染和制作软件。3D Studio Max 的前身是基于 DOS 操作系统的 3D Studio 系列软件。在 Windows NT 出现以前，工业级的 CG 制作被 SGI 图形工作站所垄断。3D Studio Max + Windows NT 组合的出现一下子降低了 CG 制作的门槛，首先开始运用在计算机游戏中的动画制作，后来进一步开始参与影视片的特效制作，例如《X 战警 II》、《最后的武士》等。在应用范围方面，广泛应用于广告、影视、工业设计、建筑设计、多媒体制作、游戏、辅助教学以及工程可视化等领域。

目前，最新版本是 3D Studio Max 2012，其工作界面如图 2-30 所示。典型作品如图 2-31 所示。

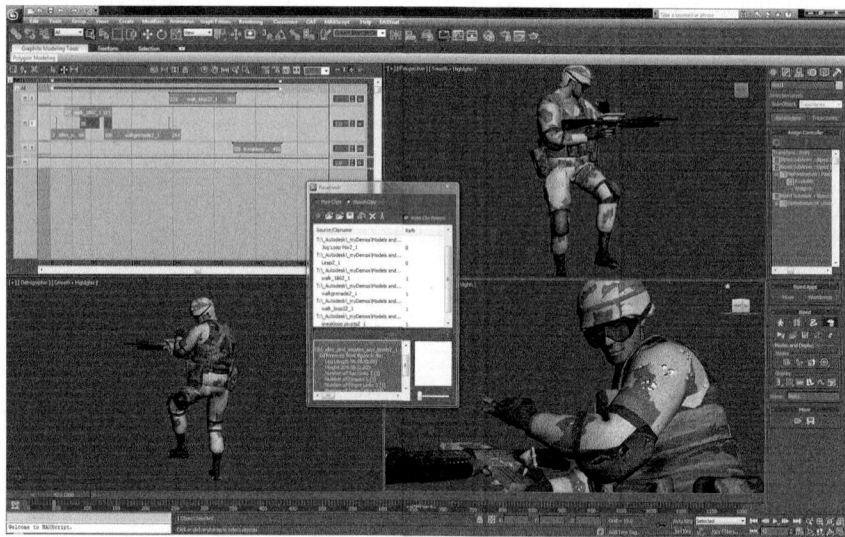

图 2-30　3ds Max 2012 工作界面

图 2-31　3ds Max 作品（来自 http://area.autodesk.com、http://www.hxsd.com）

### 2. Autodesk Maya

Maya 是美国 Autodesk 公司出品的世界顶级的三维动画软件，应用对象是专业的影视广告、角色动画、电影特技等。Maya 功能完善，工作灵活，易学易用，制作效率极高，渲染

真实感极强，是电影级别的高端制作软件。Maya 是 Alias|Wavefront 公司在 1998 年才推出的三维制作软件，被广泛用于电影、电视、广告、计算机游戏和电视游戏等的数位特效创作。曾获奥斯卡科学技术贡献奖等殊荣。2005 年，Autodesk 公司收购生产 Maya 的 Alias。所以 Maya 现在是 Autodesk 的软件产品。Maya 集成了最先进的动画及数字效果技术。它不仅包括一般三维和视觉效果制作的功能，而且还与最先进的建模、数字化布料模拟、毛发渲染、运动匹配技术相结合。Maya 更多地应用于电影特效方面。近年来 Maya 的代表作有《侏罗纪公园 III》、《指环王》、《黑客帝国》、《蜘蛛侠》、《星球大战》等。

目前，最新版本是 Maya 2012，其工作界面如图 2-32 所示。典型作品如图 2-33 所示。

图 2-32　Maya 2012 工作界面

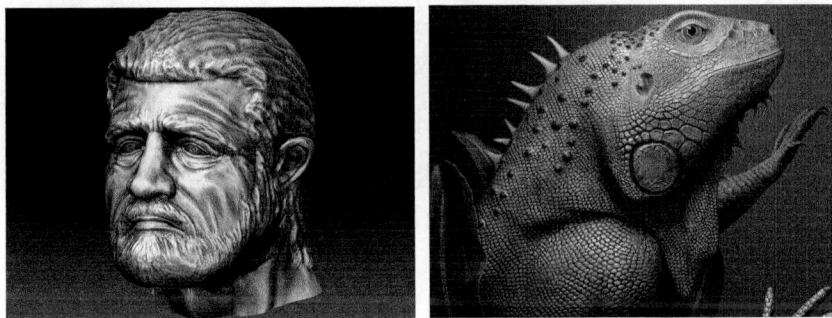

图 2-33　Maya 作品（来自 http://www.ricardomeixueiro.com、http://area.autodesk.com）

### 3. Autodesk Softimage 3D

Softimage 3D 是一个运行于 SGI 工作站和 Windows NT 平台的高端三维动画制作系统，它被世界级的动画师成功运用在电影、电视和交互制作的市场中。它具有由动画师亲自设计的方便高效的工作界面、加入的动画工具和快速高质量的图像生成，使艺术家有了非常自由的想象空间，能创造出完美逼真的艺术作品。用 Softimage 3D 创建和制作的作品占据了娱乐业和影视业的主要市场，如《泰坦尼克号》、《失落的世界》、《第五元素》等电影中的很多镜头都是由 Softimage 3D 制作完成的，创造了惊人的视觉效果。

2009 年，Autodesk 公司从 Avid Technology 公司收购的知名三维软件 SOFTIMAGE|XSI 正式更名为 Autodesk Softimage。目前，最新版本是 Softimage 3D 2012，其工作界面如图 2-34 所示。典型作品如图 2-35 所示。

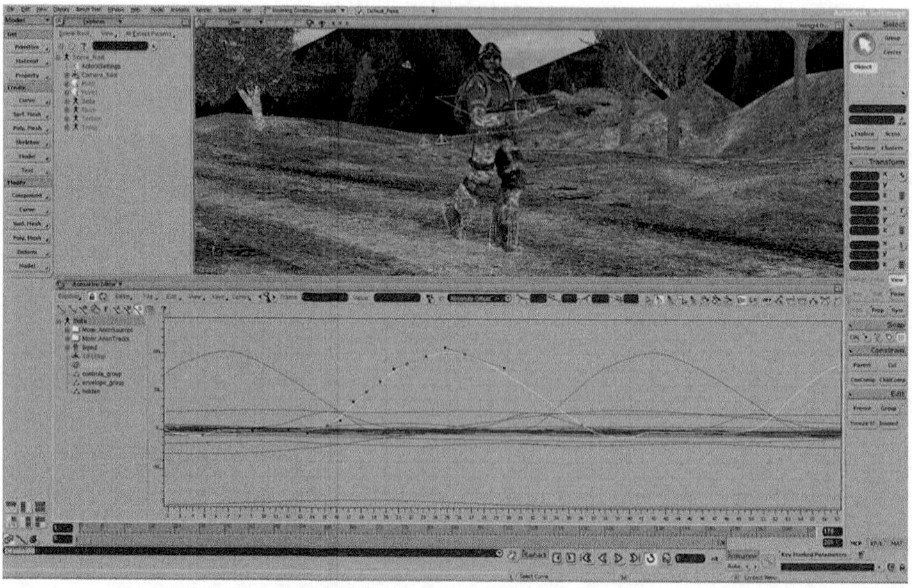

图 2-34　Softimage 3D 2012 工作界面

图 2-35　Softimage 3D 作品（来自 http://area.autodesk.com）

**4. Autodesk MotionBuilder**

MotionBuilder 是用于游戏、电影、广播和多媒体制作的最重要的三维角色动画制作套装软件之一。该软件利用实时的、以角色为中心的工具的集合，对于从传统的插入关键帧到运动捕捉编辑范围内的各种任务，为技术指导和艺术家提供了处理最苛刻的、高容量的动画功能。它集成了众多优秀的工具，如实时动画工具、创新的 HumanIK 角色技术、SDK 和 Python 脚本支持等，并为虚拟电影制作、表演动画、立体产品提供了全新的工具，为制作高质量的动画作品提供了保证。此外，MotionBuilder 中还包括了独特的实时架构、无损的动画层、非线性的故事板编辑环境和平滑的工作流程。该软件可在 Windows 和 Mac 操

作系统下运行，完美地支持平台不受限制的 FBX 三维制作与交换格式，使 MotionBuilder
能够与制作流水线中任何支持 FBX 的软件集成。

目前，最新版本是 MotionBuilder 2012，其工作界面如图 2-36 所示。典型作品如图 2-37
所示。

图 2-36　MotionBuilder 2012 工作界面

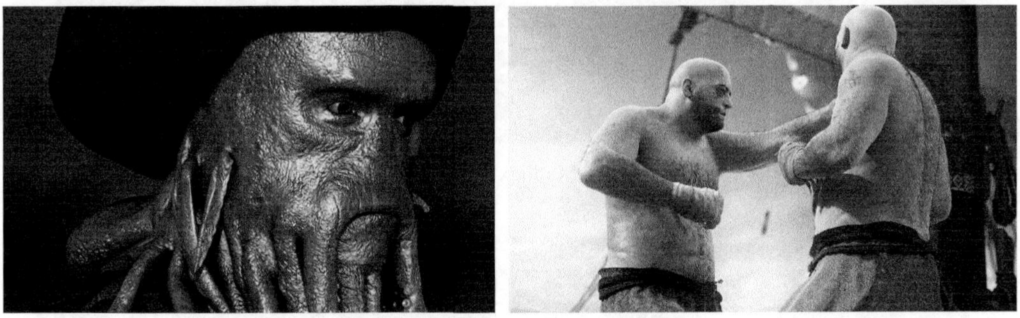

图 2-37　MotionBuilder 作品（来自 http://area.autodesk.com）

**5. Autodesk Mudbox——三维数字雕刻软件**

Autodesk Mudbox 是一款杰出的三维数字雕刻和纹理绘画软件，结合了高度直观的用户
界面和强大的创作工具集，可用于制作逼真的三维模型。Mudbox 打破了传统三维建模软件
的模型，提供了一种包括二维和三维层的基于笔刷的有机三维建模体验，可以轻松管理多
个网格和贴图上的雕刻与绘画迭代。Mudbox 可以对模型进行雕刻和细节的塑造，它就像是
在一块泥土上进行雕塑。当然，雕塑的物体并不是真正的泥土，而是一个多边形网格。

目前，最新版本是 Mudbox 2012，其工作界面如图 2-38 所示。典型作品如图 2-39 所示。
Mudbox 2012 对绘画工具集进行了显著增强，并提供了独立于 UV 和拓扑的全新工作流程、
实用的姿态工具以及更强的性能和大型数据集处理能力，能够帮助消除常见的制作挑战。

借助于 Maya 2012、3ds Max 2012 和 Softimage 2012 软件往返数据的全新功能,艺术家能够更高效地与欧特克娱乐创作套件 2012 中的其他产品进行协作。全新的工作流支持反复性数据往返:从内容创建应用中的一个场景开始,数据可以导出到 Mudbox 中以添加绘画或雕刻细节,然后合并回先前场景中,并在 Mudbox 中进行再次完善;每次数据转移只需一个步骤即可完成。此外,艺术家也可以在雕刻或绘画过程中加入拓扑变更:在内容创建应用中修改拓扑时,Mudbox 中的活动对象将可以得到更新。

Mudbox 2012 首次加入了对 Linux 操作系统的支持,提供了更强的互操作性能力和灵活的新特性集,能够更轻松地集成到工作室的工作流程中。此外,扩展的创意设计工具集能够在不影响艺术发挥自由度的情况下提高工作效率。

图 2-38　Mudbox 2012 工作界面

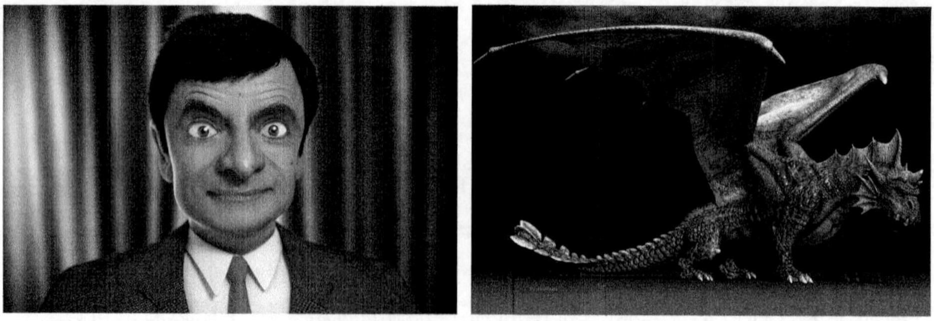

图 2-39　Mudbox 作品(来自 http://area.autodesk.com)

**6. ZBrush——三维数字雕刻软件**

ZBrush 是美国 Pixologic 公司一个数字雕刻和绘画软件,它以强大的功能和直观的工作流程改变了三维行业。在一个简洁的界面中,ZBrush 为当代数字艺术家提供了世界上最先进的工具。ZBrush 能够雕刻高达 10 亿多边形的模型,所以说限制只取决于艺术家自身的想象力。它将三维动画中间最复杂最耗费精力的角色建模和贴图工作,变得与小朋友玩泥巴一样简单有趣。设计师可以通过手写板或者鼠标来控制 ZBrush 的立体笔刷工具,自由自在地随意雕刻自己头脑中的形象。至于拓扑结构、网格分布一类的烦琐问题都交由 ZBrush 在后台自动完成。其细腻的笔刷可以轻易塑造出皱纹、发丝、雀斑之类的皮肤细节,包括这些微小细节的凹凸模型和材质。ZBursh 不但可以轻松塑造出各种数字生物的造型和肌理,还可以把这些复杂的细节导出成法线贴图和展好 UV 的低分辨率模型。这些法线贴图和低模可以被所有的大型三维软件 Maya、3ds Max、Softimage 3D、LightWave 等识别和应用。

由于这款软件是由艺术家为艺术家设计的,所以 ZBrush 得到了广泛的推广,并且在概念可视化方面、角色写实化以及在很多电影、游戏,如《阿凡达》、《指环王》、《加勒比海盗》、《战争机器》、《刺客信条》、《神秘海域》等的视觉特效方面都有了突破性的应用。

目前,最新版本是 ZBrush 4,其工作界面如图 2-40 所示。典型作品如图 2-41 所示。随着 ZBrush 4 的发布,Pixologic 已经实现了新的突破。通过添加全新的工具和扩展或扩大现有 ZBrush 的工具,ZBrush 4 建立了数位艺术软件的新标准。ZBrush 4 可以让用户在软件环境中自由探索和创造,将自己的艺术想法从概念开始,最终实现产品化。

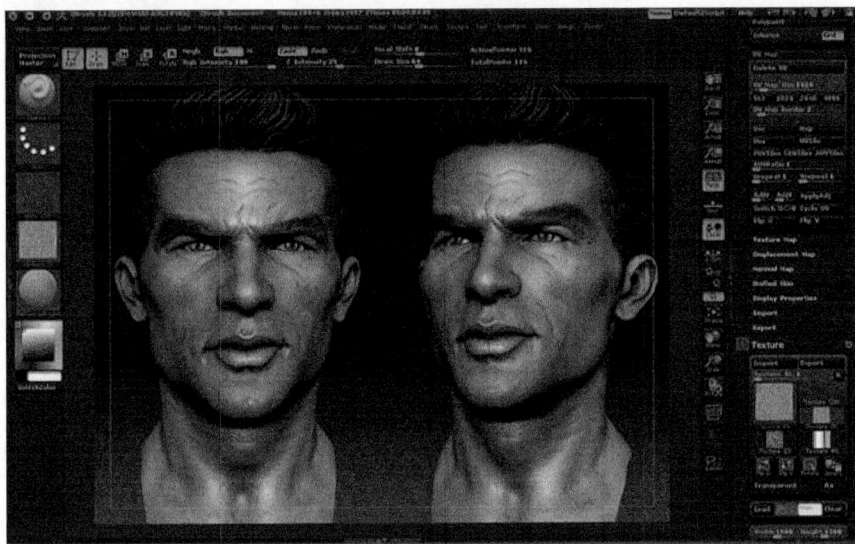

图 2-40　ZBrush 4 工作界面

图 2-41　ZBrush 作品——《阿凡达》、A. Baldasseroni's Sketchbook

### 7. LightWave 3D

LightWave 是由美国 NewTek 公司开发的一款高性价比的三维动画制作软件，具有出色性能且价格便宜，是业界为数不多的几款重量级三维动画软件之一。被广泛应用在电影、电视、游戏、网页、广告、印刷、动画、建筑景观、平面印刷绘图、工业产品设计等各领域。它的操作简便，易学易用，在生物建模和角色动画方面功能异常强大；基于光线跟踪、光能传递等技术的渲染模块，令它的渲染品质几尽完美。它以其优异性能倍受影视特效制作公司和游戏开发商的青睐。曾经使用 LightWave 制作过的最知名的作品就属影片《泰坦尼克号》，借助该软件设计出细致逼真的船体模型。另外，还有好莱坞大片《RED PLANET》、《300 壮士》、《海神号》、《达·芬奇密码》、《X-Man》、《刀锋战士》、《接触未来》、《后天》、《加菲猫》、《地狱怪客》中的电影特效以及《恐龙危机 2》、《生化危机-代号维洛尼卡》等许多经典游戏也由 LightWave 3D 开发制作完成。

目前，最新版本是 LightWave 10，其工作界面如图 2-42 所示。典型作品如图 2-43 所示。

图 2-42　LightWave 10 工作界面

图 2-43　LightWave 作品（来自：http://www.newtek.com）

**8. Rhino——犀牛软件**

Rhino（中文名称为犀牛）是美国 Robert McNeel & Assoc 推出的一款基于 NURBS 为主三维建模软件，它包含了所有的 NURBS 建模功能，并能导出高精度模型给其他三维软件使用。它可以广泛地应用于三维动画制作、工业制造、科学研究以及机械设计等领域。它能轻易整合 3ds Max 与 Softimage 的模型功能部分，对要求精细、弹性与复杂的 3D NURBS 模型，操作非常方便快捷。

NURBS（Non-Uniform Rational B-Splines，非统一有理 B 样条）是一种非常优秀的建模方式，这种建模方法是在 3D 建模的内部空间用曲线和曲面来表现轮廓和外形。NURBS 能够比传统的网格建模方式更好地控制物体表面的曲线度，从而能够创建出更逼真、生动的造型。它的最大好处是具有多边形建模方法及编辑的灵活性，但是不依赖复杂网格细化表面。NURBS 能够比传统的建模方式更好地控制物体表面的曲线度，使用 NURBS 建模可以得到任何想象得到的造型。

Rhino 4.0 工作界面如图 2-44 所示。典型作品如图 2-45 所示。

图 2-44　Rhino 4.0 工作界面

图 2-45　Rhino 作品（来自：http://gallery.rhino3d.com）

### 9. CINEMA 4D

CINEMA 4D 是德国 MAXON 公司的旗舰产品，是一套整合 3D 模型、动画与算图的高级三维绘图软件，一直以高速图形计算速度和强大的渲染插件著名，并有令人惊奇的渲染器和粒子系统，其渲染器在不影响速度的前提下，使图像品质有了很大提高，可以面向打印、出版、设计及创造产品视觉效果。包括 Advanced Render、MOCCA、Thinking Particles、Dynamics、BodyPaint 3D、NET Render、Sketch and Toon、Hair 和 MoGraph 九大模块，实现建模、实时 3D 纹理绘制、动画、渲染、角色、粒子、毛发、动力系统以及运动图形的完美结合。CINEMA 4D 应用广泛，在广告、电影、工业设计等方面都有出色的表现。例如，影片《阿凡达》中使用 CINEMA 4D 制作了部分场景，在其他动画电影中也使用到 CINEMA 4D 的有很多，如《毁灭战士》（Doom）、《范海辛》（Van Helsing）、《蜘蛛侠》，以及动画片《极地特快》、《丛林总动员》（Open Season）等。它正成为许多一流艺术家和电影公司的首选，CINEMA 4D 已经走向成熟，很多模块的功能在同类软件中是代表科技进步的成果。

目前，最新版本是 CINEMA 4D R13，其工作界面如图 2-46 所示。典型作品如图 2-47 所示。

图 2-46　CINEMA 4D R13 工作界面

图 2-47　CINEMA 4D 作品——动画电影《极地特快》、《丛林总动员》

**10. DAZ Studio——三维人物造型**

DAZ Studio 是 DAZ 出品的一款 3D 造型应用软件，使用 DAZ Studio，用户能轻易地创造美好的数字艺术。用户可以使用这个软件在人物、动物、车辆、建筑物、道具、配件和创造数字场景。DAZ3D 公司是为 Poser 开发的大量可编辑三维人物造型库开始的，在经过几年的造型库开发的技术积累，DAZ3D 推出了自己的三维人物动画软件——DAZ Studio。

DAZ Studio 拥有一个可以编辑的骨骼系统，大多数功能通过参数盘很容易操作。其材质编辑允许用户改变属性，编辑的材质属性有表面颜色、表面贴图、凹凸贴图、透明贴图、位移贴图等。不但支持本身的 DZ 格式并且支持 OBJ 和 PZ3 格式的输出。DAZ Studio 的渲染采用 DNASOFT 公司技术，并且支持业界著名的 Renderman 渲染器，渲染的质量、速度都不错。可以轻松地将创建出来的人物转换到其他软件的工具包当中，比如 Photoshop、Maya、Vue 和 ZBrush 等。

目前，最新版本是 DAZ Studio 4.0，其工作界面如图 2-48 所示。典型作品如图 2-49 所示。

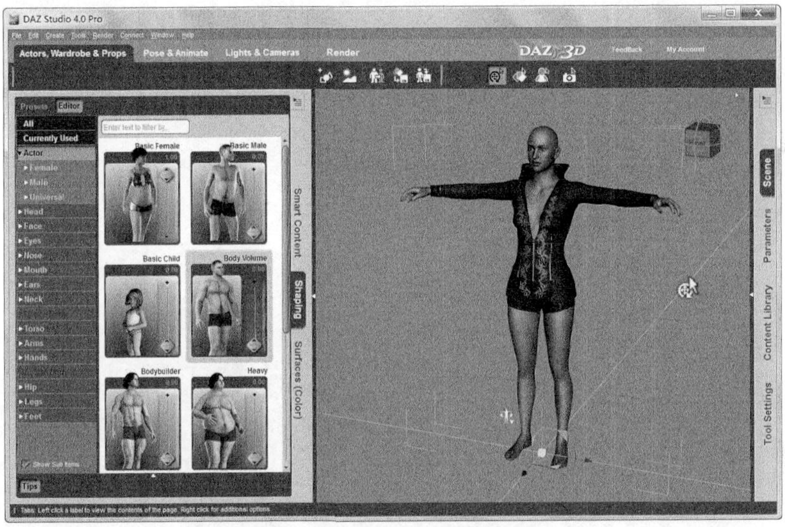

图 2-48　DAZ Studio 4.0 工作界面

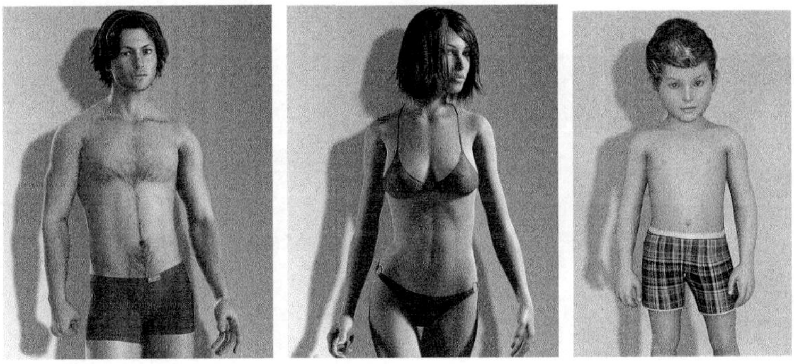

图 2-49　DAZ Studio 作品（来自 http://www.daz3d.com）

**11. DAZ Bryce——三维景观制作软件**

Bryce 是由 DAZ 推出的一款超强 3D 自然场景和动画创作软件，它包合了大量自然纹理和物质材质,通过设计与制作能产生极其独特的自然景观。在 Bryce 中,提供了多种预设气候、地面和地形,可以让设计者通过千变万化的组合创作出自己喜欢的自然景观。它的快速渲染模式和即时预览场景小窗口功能,可以让用户快速地观看到其成效和结果而不必像 3ds Max 等三维创作软体渲染时需要较长的等待。同时,它可以输入 DXF、3DS 等多种文件类型,能够让用户结合其他三维制作软体综合地制作出一项优秀的作品。

最新版本 Bryce 7.1 提供了全新的网络渲染,在网络中渲染一系列动画图像或是单张图片,大大节省时间;全新的树木造型库,把仿真的树木图像放在用户的场景中,明确指定树木的详细特征,如树木品种、枝子、密度、树叶密度、颜色等;增强的地形编辑器,通过浮动面板、可缩放的二维地形图及三维图像预览功能,充分利用了现今大型显示器的优点;新版本也支持 DAZ Studio 项目导入功能。

DAZ Bryce 7.1 工作界面如图 2-50 所示。典型作品如图 2-51 所示。

图 2-50　DAZ Bryce 7.1 工作界面

图 2-51　DAZ Bryce 作品(来自 http://www.daz3d.com)

## 12. DAZ Carrara

Carrara 是由 DAZ 推出的一款集建模、动画和渲染工具于一身的完整的 3D 软件。Carrara

为用户提供了完善的建模、动画和渲染工具，且用户界面非常友好，可以使有经验的艺术家和新手都感到十分舒服。整个软件支持模型以及材质、灯光控制和改进的渲染技术、动画路径、时间轴。还包含了网络渲染、矢量、3D 动画模糊、整合声音支持、LightWave/trueSpace 等文件的输出。

新版 Carrara 8 向用户提供空前数量的工具带来三维创作的新维度。可以进行三维角色动画、建模、环境制作及渲染。因其强大、先进、易用性，Carrara 8 已经成为了公认的功能全面的三维软件，适合各种媒介使用。Carrara 8 进行了广泛的增强，包括目标变形、装配和表面材质的转换，同时支持增强遥控控制（ERC）。可以允许用户同步控制多重转化位移。其他升级包括非线性动画、动力学毛发、笔刷建模，灯光散射也可以与新的海洋几何体配合生成逼真的海浪。

DAZ Carrara 8 工作界面如图 2-52 所示。典型作品如图 2-53 所示。

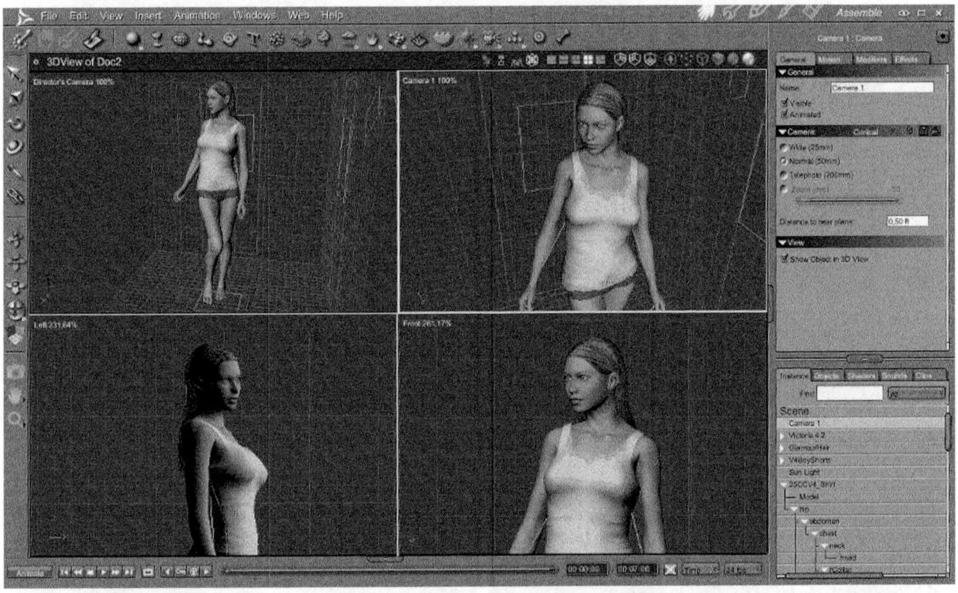

图 2-52　DAZ Carrara 8 工作界面

图 2-53　DAZ Carrara 作品（来自 http://www.daz3d.com）

### 13. DAZ Hexagon——三维建模

Hexagon 是 DAZ 出品的一款全新的 3D 多边形建模工具，专为 3D 艺术家和插画师设计，可以自由轻松地创建出 3D 模型，如真实生动的角色和精确逼真的工业造型。其 3D 建模模式使艺术家可以广泛地选择建模技巧，如多边形建模、细分表面建模等。

Hexagon 引入了高级工具，如几何置换笔刷、实时阴影显示等。置换建模为模型增加了非常丰富的细节，这意味着将产生密集的几何形状和大量的多边形，因此需要足够的内存来处理大量的多边形。高级的实时显示，包括"法线贴图"能够模拟细节非常丰富的浮雕，这都需要高性能的显卡和多纹理通道的支持。

目前，最新版本是 DAZ Hexagon 2.5，其工作界面如图 2-54 所示。典型作品如图 2-55 所示。

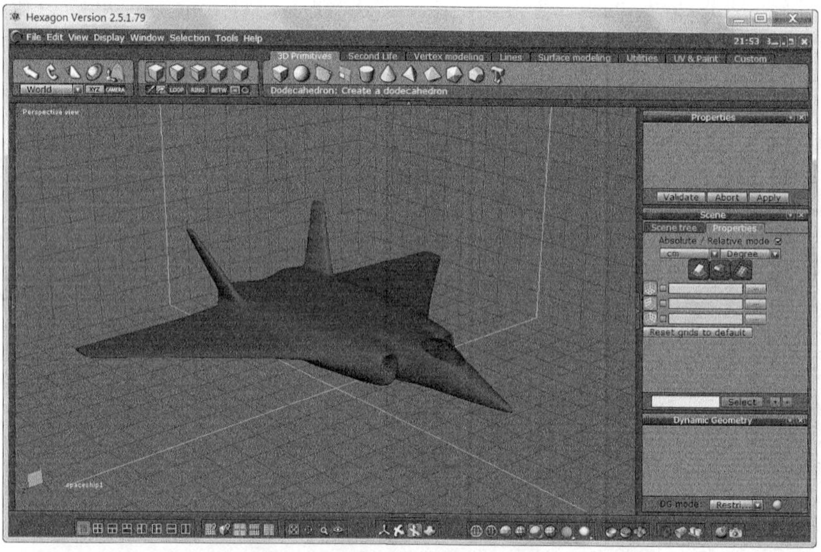

图 2-54　DAZ Hexagon 2.5 工作界面

图 2-55　DAZ Hexagon 作品（来自 http://www.daz3d.com）

### 14. Poser——人物造型大师

Poser 是 Smithmicro 公司推出的一款被称为"人物造型师"的人体三维动画制作软件。Poser 主要用于人体建模，其最大优点就是可以使用其特殊的工具来快速塑造出完整的任务姿态、清晰逼真的人体动作。其操作也很直观，只需鼠标就可实现人体模型的动作扭曲，并能随意观察各个侧面的制作效果。Poser 软件提供各种形象生动的人体三维模型供用户选择，可以轻松设计制作出各种富有个性化的人体任务造型和生动的动作，而无须任何烦琐的任务建模程序，同时能方便为三维人体造型增添发型、衣服、饰品等装饰，使设计与创意轻松展现。Poser 支持制作静帧效果，可以随意调用各种经典的影视广告以及特效中的角色模型。

Poser 三维动画制作软件的兼容性也相当不错，可以与其他三大三维软件互相导入使用。特别是借助无缝导入插件 PoserFusion Plug-ins，可以方便实现与主流三维建模与动画软件 3ds Max、Maya、CINEMA 4D、LightWave 之间模型共享。

目前，最新版本是 Poser Pro 2012，其工作界面如图 2-56 所示。典型作品如图 2-57 所示。

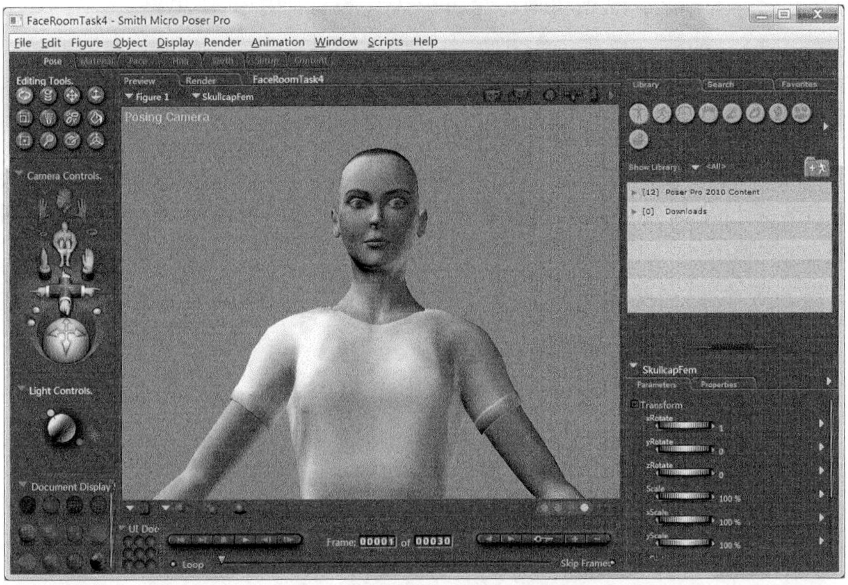

图 2-56　Poser Pro 2012 工作界面

图 2-57　Poser Pro 作品（来自 http://poser.smithmicro.com）

### 15. SketchUp——三维建筑建模软件

SketchUp 是一款操作简便的三维建筑设计方案创作的优秀工具，广泛应用在建筑、规划、园林、景观、室内以及工业设计等领域。官方网站将它比喻为电子设计中的"铅笔"，也称为"建筑草图大师"。该软件具有以下特点。

（1）方便的推拉功能，通过一个图形就可以方便地生成 3D 几何体，无须进行复杂的三维建模。

（2）快速生成任何位置的剖面，使设计者清楚地了解建筑的内部结构，可以随意生成二维剖面图并快速导入 AutoCAD 进行处理。

（3）具有很好的软件兼容性，与 AutoCAD、Revit、3ds Max、Piranesi 等软件能够很好地配合使用。可以导入和导出 DWG、DXF、JPG、3ds 等格式文件，实现方案构思、效果图与施工图绘制的完美结合，并提供与 AutoCAD 和 ARCHICAD 等设计工具的插件。

（4）自带大量门、窗、柱、家具等组件库和建筑肌理边线需要的材质库。

（5）轻松制作方案演示视频动画，全方位表达设计师的创作思路。

（6）具有草稿、线稿、透视、渲染等不同显示模式。

（7）准确定位阴影和日照，设计师可以根据建筑物所在地区和时间实时进行阴影和日照分析。

（8）创建的 3D 模型可直接输出至 Google Earth。同时 Google 公司还建立了庞大的 3D 模型库，集合了来自全球各个国家的模型资源，在设计中可以直接调用，并可以利用 Google 账户来上传创建的模型。

目前，最新版本是 SketchUp 8.0，其工作界面如图 2-58 所示。典型作品如图 2-59 所示。

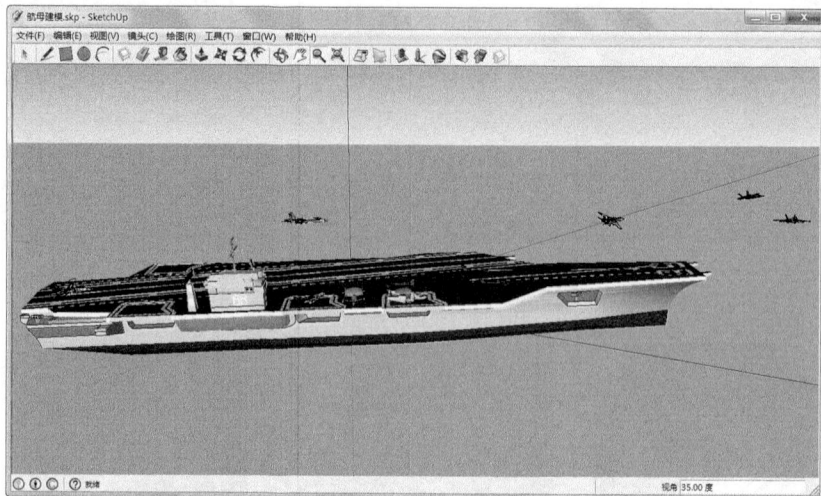

图 2-58　SketchUp 8.0 工作界面

图 2-59　SketchUp 作品

**16. Lumion（流明、渲影）——建筑可视化虚拟软件**

Lumion 是一个实时的 3D 可视化工具，用来制作视频和静帧作品，涉及的领域包括建筑、规划和设计等。Lumion 的强大就在于它能够提供优秀的图像，并将快速和高效工作流程结合在了一起。通过使用快如闪电的 GPU 渲染技术，能够实时编辑 3D 场景，创建虚拟现实。渲染高清电影比以前更快，大幅降低了制作时间，在短短几秒内就创造惊人的建筑可视化效果。使用内置的视频编辑器，创建非常有吸引力的视频，可以输出 HD MP4 文件、立体视频和打印高分辨率图像。从 Google SketchUp、Autodesk 产品和许多其他的 3D 软件包导入 3D 内容，并增加了 3D 模型和材质。Lumion 本身包含了一个庞大而丰富的内容库，里面有建筑、汽车、人物、动物、街道、街饰、地表、石头等。

目前，最新版本是 Lumion 4.2，利用 Lumion 实时渲染生成画面如图 2-60 所示。渲染生成的静态图片如图 2-61 所示。

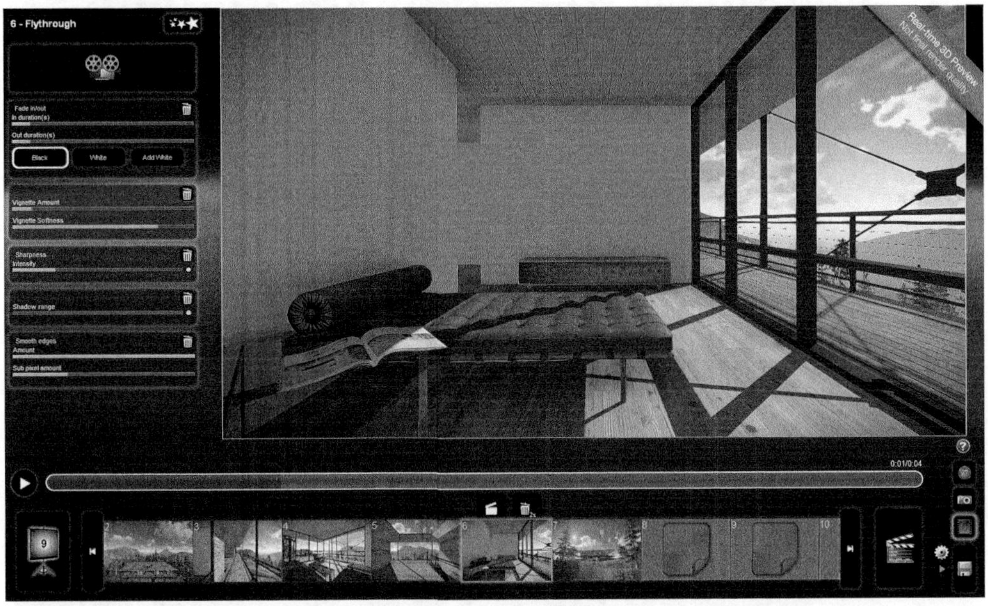

图 2-60　Lumion 实时渲染生成画面（来自 http://lumion3d.com）

图 2-61　Lumion 渲染生成的静态画面（来自 http://lumion3d.com）

### 17. Animatek World Builder——3D 景观设计软件

Animatek World Builder 是一个独立的 3D 景观创造系统，可以独立创造逼真的山水景色，只要画出山的脊线就可以轻易做出雄伟的高山峻岭，只要置放水、树木、石头、瀑布、彩虹、天空、水草、建筑物等物件就可以构筑一幅世界级的山光水色。配上 3ds Max 透过 Z-Buffer 合成，可创造媲美侏罗纪公园的震撼效果，程序语言化的参数物件编辑系统，提供使用者更进一步的发挥，适用在广告影片、游戏场景、建筑景观等方面。Animatek World Builder 还支持很多的三维动画软件，可以将 World Builder 场景直接调入 3ds Max、LightWave、Maya 等软件里去使用，并且可以将场景的材质也一同输出。

目前，最新版本是 Animatek World Builder 4.2，其工作界面如图 2-62 所示。典型作品如图 2-63 所示。

图 2-62　Animatek World Builder 4.2 工作界面

图 2-63　Animatek World Builder 作品（来自 http://www.digi-element.com）

### 18. E-on Vue——三维自然景观设计软件

E-on Vue 是一款专门用于制作三维自然景观设计软件，该软件提供了众多三维形体的预设库，对于初学者而言，只需要在其中选择自己喜欢的物体，通过简单的操作，就可以将它们添加到场景中，从而构成一幅赏心悦目的三维作品。Vue 制作的三维风景甚至比真实的自然风景还要壮观和漂亮，同时生成文件支持 3ds Max、Cinema 4D、LightWave、Maya、Softimage XSI 等三维制作软件。

目前，最新版本是 Vue 9，其工作界面如图 2-64 所示。利用 Vue 在电影《阿凡达》、《2012》中创建了奇异的外星球场景和壮观的灾难场景，如图 2-65 所示。

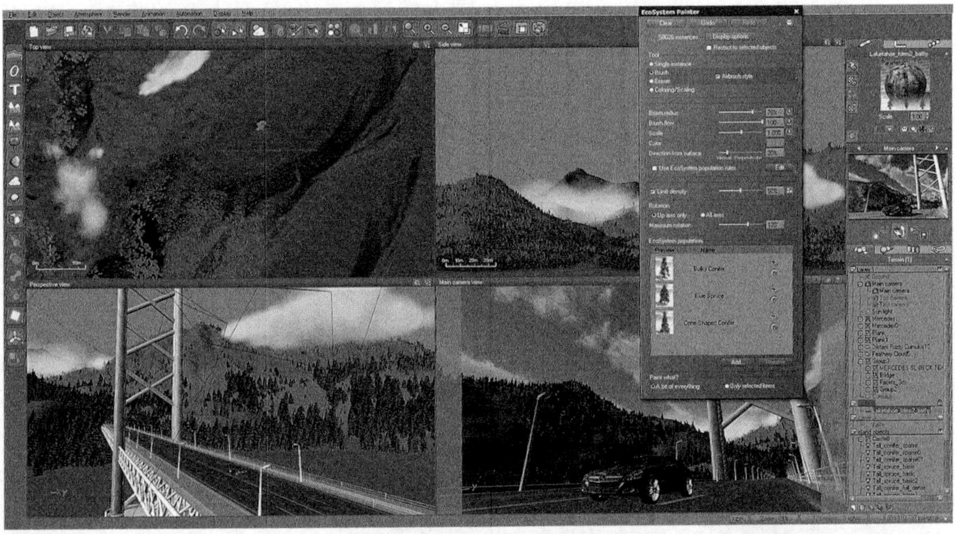

图 2-64　Vue 9 工作界面

图 2-65　Vue 作品——电影《阿凡达》、《2012》的场景

**19. Blender**

Blender 是全球首个自由开源的多平台三维动画制作软件，也是最成功和最受欢迎的 3D 动画制作软件之一。提供从建模、动画、材质、渲染到音频处理、视频剪辑的一系列动画短片制作解决方案。Blender 以 python 为内建脚本，支持 yafaray 渲染器，同时还内建游戏引擎。它具有跨平台的特性，支持 FreeBSD、IRIX、GNU/Linux、Microsoft Windows、Mac OS X、Solaris 及 SkyOS。Blender 支持 3D 建模有 polygon meshes、curves、NURBS、tex 以及 metaballs；支持的动画有 keyframes、motion curves、morphing、inverse kinematics。它也提供了 particle system（粒子系统）、deformation lattices（变形栅格）与 skeletons（骨架），以及 3D 可以任意角度观看的视野。其他值得注意的特点尚有 field rendering（区域的描绘）、several lighting modes（光源的形式）、animation curves（运动曲线）等。当然 Blender 也可以存取 Targa、Jpeg、 Iris、SGI movie、Amiga IFF 等格式的文件。

由于 Blender 的特殊开发背景,它在计算机图形学和物理模拟学等方面的技术,很快就以科研的方式引进到了国内,并被国内部分大学实验室用于相关领域的研究。而在实际应用中,Blender 和 SIO2 引擎(SIO2 是一个对应 iPhone 和 iPod Touch 的开源 3D 游戏引擎)之间结合得非常好,使用 Blender 制作的工程可以直接在 SIO2 中执行读取等操作,所以还在 iPhone 和 iPad 的 3D 游戏方兴未艾之时,国内就已经有很多个人开始将 Blender 用于开发 iPhone 手机游戏应用中。现在,国内的一些工作室也已经将 Blender 作为主要的制作工具,整合进了高清数字电影的创作流程当中。

目前,最新版本是 Blender 2.63,其工作界面如图 2-66 所示。典型作品如图 2-67 所示。

图 2-66 Blender 2.63 工作界面

图 2-67 Blender 作品——动画电影 Big Buck Bunny、Sintel(来自 http://www.blender.org)

### 20. modo

modo 是美国 Luxology 公司出品的一款高级边形细分曲面、建模、雕刻、3D 绘画、动画与渲染的综合性 3D 软件,以高级的多边形和细分表面建模以及快速高质的 GI 渲染见长。该软件具备许多高级技术,诸如 N-gons(允许存在边数为 4 以上的多边形),多层次的 3D 绘画与边权重工具,可以运行在苹果的 Mac OS X 与微软的 Microsoft Windows 操作平台。

modo 来自于原 LightWave 3D 的核心开发团队，他们离开 NewTek 后成立的公司就是 Luxology。modo 首次亮相于 Siggraph 计算机图形专业组织 2004 年会，并于该年度 9 月发行了第一个版本。modo 问世以来，被应用在很多著名的影视作品中，如《绝密飞行》（Stealth）、《别惹蚂蚁》（Ant Bully）、《机器人瓦里》（Wall-E）等；也包含有很多游戏作品，如《战斧》（Golden Axe）、《冲突世界》（World in Conflict）等。

目前，最新版本是 modo 601，其工作界面如图 2-68 所示。典型作品如图 2-69 所示。

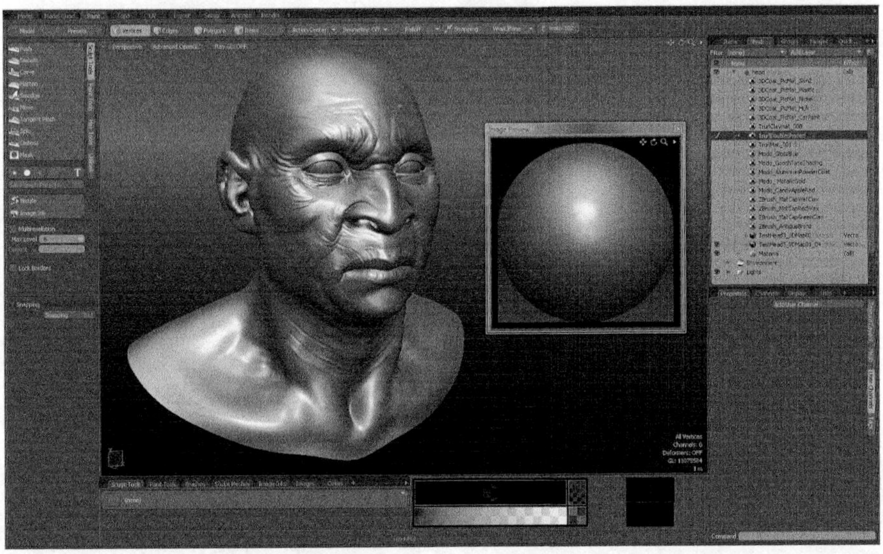

图 2-68　modo 601 工作界面

图 2-69　moto 作品（来自 http://www.luxology.com）

**21. Realflow——流体动力学模拟软件**

RealFlow 是由西班牙 Next Limit 公司出品的流体动力学模拟软件，可以创建出易于控制并且非常真实的高级流体模拟效果。RealFlow 提供给艺术家们一系列精心设计的工具，如流体模拟（液体和气体）、网格生成器、带有约束的刚体动力学、弹性、控制流体行为的工作平台和波动、浮力。可以将几何体或场景导入 RealFlow 来设置流体模拟。在模拟和调节完成后，将粒子或网格物体从 RealFlow 导出到其他主流 3D 软件中进行照明和渲染。目前 RealFlow 在广告、片头动画、游戏、影视流体设计中正被广泛地应用。应用 RealFlow 的电影有《机器人》、《冰河 2》、《X 战警 3》、《指环王III——王者归来》等大型国际电影。

目前，最新版本为 RealFlow 2012，其工作界面如图 2-70 所示。典型作品如图 2-71 所示。

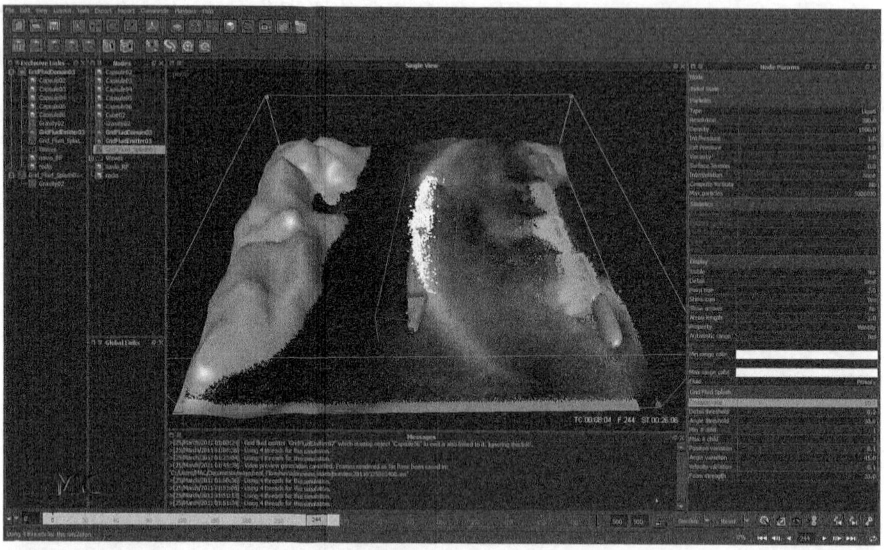

图 2-70　RealFlow 2012 工作界面

图 2-71　Realflow 作品（来自 http://www.realflow.com）

### 22. Endorphin——3D 角色动画软件

Endorphin 是由英国 Nature Motion 公司出品的角色动态生成软件。这套软件的核心技术不同于一般的动画资料库，而是让 3D 角色产生具有思想的互动行为，依照计算生物的复杂行为方式与运动方式，可以依据所设置的状况自行产生极为真实的动态资料。例如，可以在这款软件里将两个足球员拉近彼此的距离，其中一位球员会依照自身的行为方式自动拦截对方。

Endorphin 软件的运行原理是根据英国牛津大学长期在人工智能、人体生物力学的研究基础下，赋予虚拟角色最真实的生物动作模拟。传统上要做出动画中人物走路的画面，通常都需要仔细描述每个路径走法或是通过 Motion Capture 演员撷取输入动作资料，然而这种方式不仅烦琐也需要高昂的开发成本。Endorphin 首创运用基因演算法，把重力和人物的肌肉结构都设置好关联之后，通过类神经网络来控制肌肉的运动，教导人物角色自动演算出逼真的动作反应。Endorphin 的工作界面如图 2-72 所示。

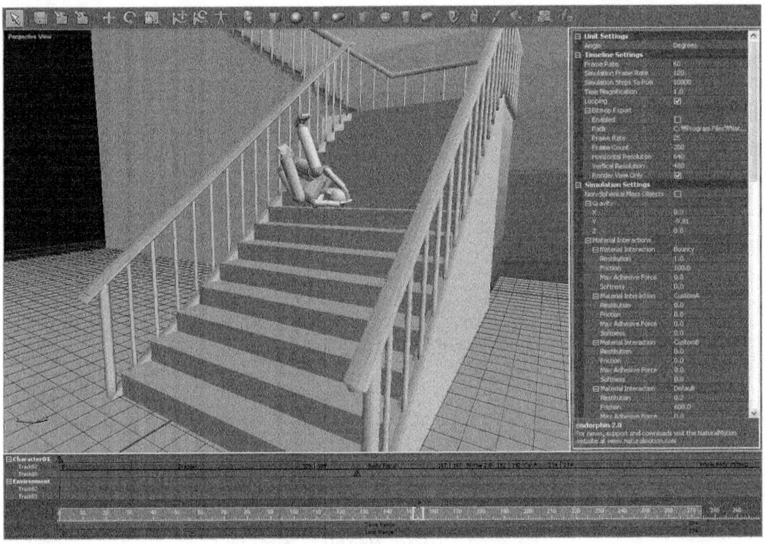

图 2-72　Endorphin 工作界面

### 2.3.3　Flash 3D 动画制作

为了解决 Flash 只能制作二维平面动画、不能制作三维动画的问题，出现一种称为 Flash 3D 的新技术。这种技术并不是要增强 Flash 的三维制作能力，也不依赖 Flash 软件，而是将三维对象或动画通过渲染输出为 SWF 文件格式。目前 Flash 3D 能够实现的动画能力有限，缺乏 Flash Action Script 所具有的强大交互能力，主要用于制作三维模型和简单的三维动画等素材。通常将 Flash 3D 技术与 Flash 软件结合起来使用，将这些模型和动画导入到 Flash 中再进行处理。目前支持 Flash 3D 技术的软件工具不少，下面介绍两款主流的解决方案。

#### 1. Swift 3D

Swift 3D 是一款由 Electric Rain 公司出品的非常优秀的三维 Flash 解决软件，能够构建模型并渲染 SWF 文件，充分弥补了 Flash 在三维动画效果制作上的不足。新版 Swift 3D 不再仅仅局限于制作简单三维效果的 Flash 动画，在文字、材质、建模、渲染等方面新增了很多功能，可以称得上是一个准专业级的 3D 设计软件。如果将它与 3ds Max 结合起来，可以制作专业水准的三维模型。

该软件具有以下特点。

（1）使用快速的矢量 3D 渲染引擎 RAVIX II1，允许矢量渲染（可再编辑）和位图渲染（高质量）。

（2）提供种类齐全的材质类型，支持位图贴图和自定义材质。

（3）除可以输出为 SWF 格式外，还支持一种新的格式——SWFT，此格式采用智能图层技术将渲染生成的文件按照 Flash 图层存放，当使用 Flash 导入此格式文件时，按照边线、阴影、高光等顺序分别存放，便于用户根据需要选择是否需要这些效果。

通常将 Swift 3D 与 Flash 结合起来使用，由 Swift 3D 提供三维动画素材。Flash 将由 Swift 3D 制作的三维动画导入到库中，作为电影剪辑来使用。

目前，最新版本是 Swift 3D 6.0，其工作界面如图 2-73 所示。

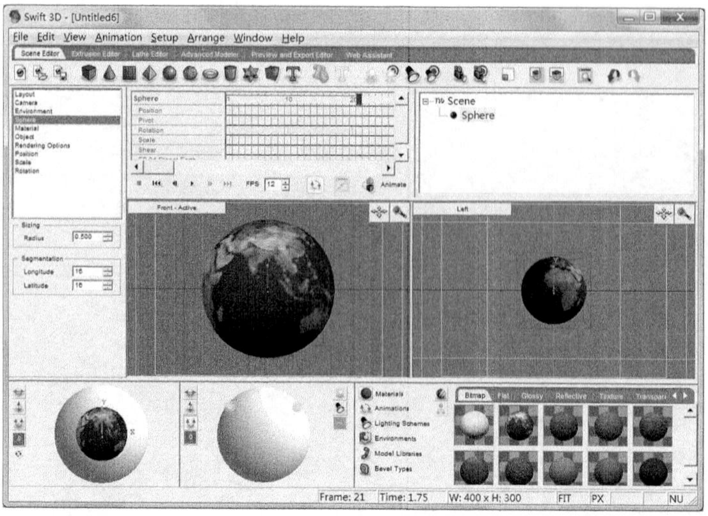

图 2-73　Swift 3D 6.0 工作界面

### 2. 3D Flash Animator

3D Flash Animator 是一种能够制作三维 Flash 动画、设计 Flash 3D 动画效果的软件，不需要安装 Flash，只用 3D Flash Animator 就能制作出完整的 Flash 动画来，它自身带有许多文字特效，可直接套用。该软件具有以下特性。

（1）轻松制作路径动画、关键帧动画、变形动画、运动动画，将动画输出为 SWF 格式。

（2）提供一套高级的绘画工具，支持 3D 效果和阴影，且能导入和创建 3D 模型。

（3）提供脚本控制电影，编程界面容易使用，适合用来制作交互动画和游戏。

（4）不像其他 Flash 工具，它支持矢量和加速等高级特性，以及背景滚动、键盘检测、碰撞检测等效果。

（5）自带了许多例子，通过实例演示，初学者能很快能掌握 3D Flash Animator 所有的功能和特点。

目前，最新版本为 3D Flash Animator 4.9，其工作界面如图 2-74 所示。

图 2-74　3D Flash Animator 4.9 工作界面

### 2.3.4　Web3D 动画制作

Web3D 是 VRML 技术进一步发展的结果，Web3D 是网络三维的简称，其本质就是在网络上表现 3D，提供虚拟现实的网络解决方案，它比传统的 VRML 具有更强的表现力。Web3D 技术在电子商务、教育培训、娱乐游戏以及虚拟社区等领域得到广泛应用。目前 Web3D 没有统一的标准，每种解决方案都使用不同的文件格式，采用不同的制作方法，但这并没有影响 Web3D 的应用和推广。当然，在应用 Web3D 时，还是要结合自己的需要选择成熟的解决方案。下面介绍两种主流的 Web3D 解决方案。

**1. Cult3D Designer**

Cult3D 是瑞典 Cycore 公司的流式三维技术，用于在网页或其他文档格式中建立互动的三维模型，能够将高质量的三维图像快速地在网络上发布，并且支持实时交互。总的来说，在表观和交互方面，Cult3D 与 Viewpoint 非常相似，不过与 Viewpoint 相比，基于 Java 的内核（甚至可嵌入 Java 类）便于利用 Java 来增强交互和扩展能力，开发环境更好，开发效率更高。Cult3D 能达到较高的真实度，可使用数码相片贴图，主要用于电子商务（如产品推介）。Cult3D Designer 是 Cult3D 制作工具，用于对三维对象进行处理、设计，制作成 Cult3D 播放文件。利用 Cult3D Exporter pulg-in 插件，可以将 3ds Max、Maya 等三维软件设计的 3D 模型输出成 Cult3D Design 软件的专用 C3D 格式。安装 Cult3D Viewer Pulgin 插件，就可以在浏览器中浏览查看 Cult3D 作品。

目前，最新版本是 Cult3D Designer 5.3，其工作界面如图 2-75 所示。

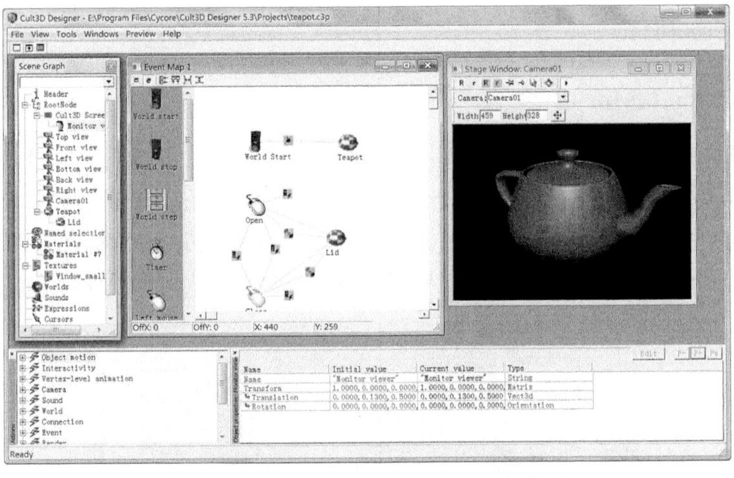

图 2-75　Cult3D Designer 5.3 工作界面

**2. CopperCube**

CopperCube 是由 Ambiera 提供的一款交互式 Web3D 编辑工具，能够使用 Flash 或者 WebGL 在网络上发布 3D 场景，还能够创建独立的 Windows 和 Mac OS X 应用程序。该软件具有以下功能。

（1）为网站建立交互式的 3D 场景。借助 CopperCube 无须编写代码即可创建交互式的 3D 场景。创建场景或导入 3D 模型到 CopperCube 编辑器，设置相机控制器、材质，然后利用发布功能，CopperCube 就能够创建一个 Flash 文件或者一个 WebGL JavaScript/HTML 文件，以在站点上发布。CopperCube 支持多种主流 3D 模型文件格式，包括 3ds Max、Maya、LightWave 等。

（2）制作从最简单三维全景图片到复杂的完整的三维游戏。CopperCube 使用内置的全景照片编辑器，可以创建 360°的全景照片或者自由的 3D 场景模式，以用来设计可视化甚至是全功能游戏。可以利用 ActionScript 3 或 JavaScript 编写脚本，进行更灵活的控制。

目前，最新版本是 CopperCube 3，其工作界面如图 2-76 所示。

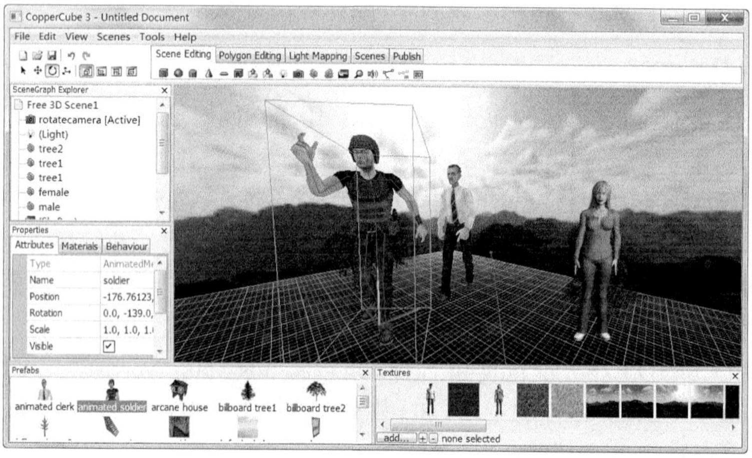

图 2-76　CopperCube 3 工作界面

### 2.3.5　变形动画制作

#### 1. Abrosoft FantaMorph

Abrosoft FantaMorph 是一款用于实时创建变形特效影片的软件。由于采用了全新高速渲染引擎和支持换肤功能的精美界面，任何普通用户都能轻松快捷地创作出这种在影视作品中大量采用的专业视觉特效，并通过标准的 AVI、GIF、Flash 等格式方便作品发布。

Abrosoft FantaMorph 工作界面如图 2-77 所示。作品示意图如 2-78 所示。

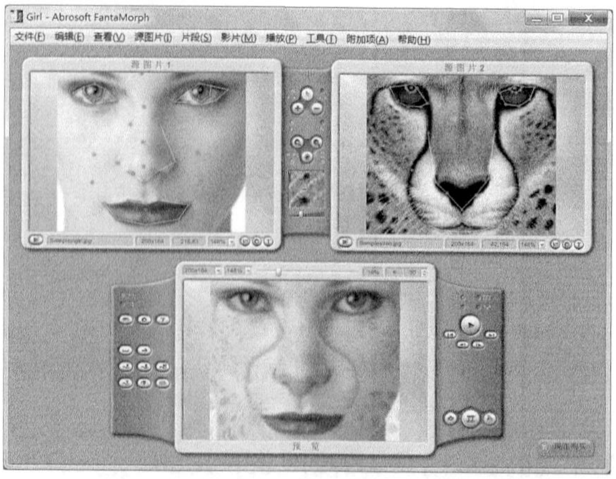

图 2-77　Abrosoft FantaMorph 工作界面

图 2-78　Abrosoft FantaMorph 作品示意图

**2. Zeallsoft Fun Morph**

Fun Morph 是款有趣的且简单好用的图片变形扭曲软件。能变形扭曲人的脸部表情，还可以改变成猫、猪或其他可笑的头像表情。并以主流格式保存所制作的动画，包括多媒体视频、Web 页面、电子邮件、贺卡、GIF 动画、图片序列等。

Fun Morph 工作界面如图 2-79 所示。作品示意图如 2-80 所示。

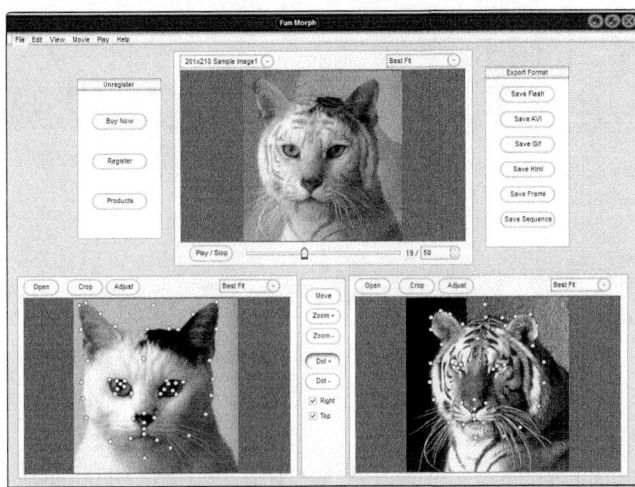

图 2-79　Fun Morph 工作界面

图 2-80　Fun Morph 作品示意图

## 2.3.6　文字动画制作

### 1. COOL 3D

COOL 3D 是 Ulead 公司开发的三维文字动画制作软件。它具有直接套用模板就可以做出丰富多彩而且专业的三维动画效果来，内建完整的矢量绘图工具组，可以让用户自由发挥创意，制作成果与专业级动画软件相比毫不逊色。COOL 3D 的常用版本有 3.0、3.5，从4.0 版本改名为 Ulead COOL 3D Production Studio 1.0（工作界面如图 2-81 所示）。COOL 3D Studio 1.0 较前期版本一大改进是突破了不能使用视频素材的限制。其主要功能如下。

（1）强大的图形与标题设计：使用直觉式工具，设计精致的 3D 文字和物件。可使用预设或轻松建立自己的形状和风格,并可导入常见的 2D 和 3D 文件格式。

(2)丰富的动画特效:拖放上百种可自订的背景和动画效果;将影像背景和音效套用在影片中;使用将神奇、自然材质和分子效果套用在动态的动画上。

(3)多样的整合输出:可将文件汇出多种格式——影片文档、**Alpha** 通道影像重叠文档、网络动画、影像和 3D 模型,也可将 COOL 3D Production Studio 文件导入会声会影编辑器的时间轴。

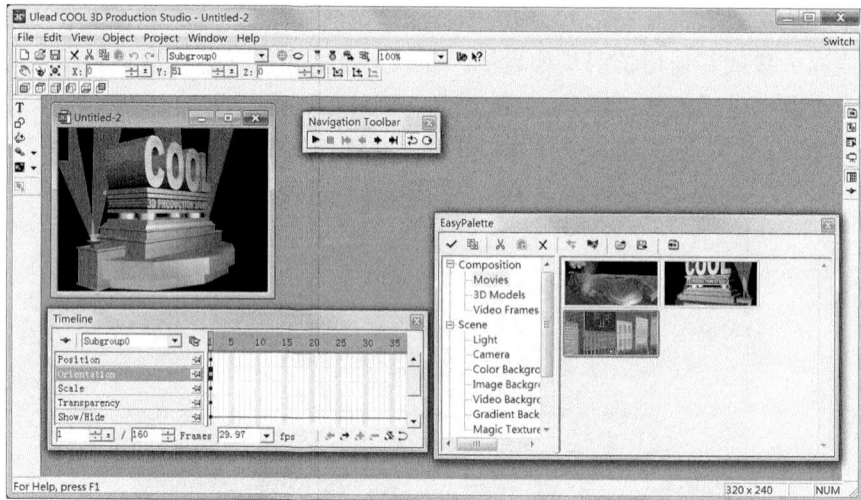

图 2-81　Ulead COOL 3D Production Studio 1.0 工作界面

## 2. Xara3D

Xara3D 是一个新的 3D 程序,可以方便地创作出用于网页的高品质的 3D 文字标题,所有的图片全都具有光滑平整的专业品质,也可以创建高品质的动画 GIF 和 AVI,可以导出为 Flash 文件,并能保存为屏幕保护文件,有不少有特色的模板。

目前,最新版本是 Xara3D 6.0,其工作界面如图 2-82 所示。

图 2-82　Xara 3D 6.0 工作界面

### 3. SWFText——Flash 文本特效动画

SWFText 是一款功能强大的 Flash 特效文字制作软件，可以制作超过 300 种不同的文字效果和 80 多种背景效果，可以完全自定义文字属性，包括字体、大小、颜色等。无须任何动画基础就能制作出动感十足的 Flash 特效文字。软件使用非常简单，只要根据软件导航栏中的项目顺序进行设置就可轻松地完成动画制作。另外，软件还允许用户将制作的特效随时保存起来，方便以后调用。

SWFText 工作界面如图 2-83 所示。

图 2-83　SWFText 工作界面

## 2.4　音频采集与处理软件

### 2.4.1　音频录制

#### 1. 录音机

对于波形文件，可以通过计算机中的声卡，从麦克风中采集语音生成 WAV 文件。使用数码录音笔也可直接录制数字化声音。对于 MIDI 文件，可通过计算机中声卡的 MIDI 接口，从带 MIDI 输出的乐器中采集音乐，形成 MIDI 文件，或用连接在计算机上的 MIDI 键盘创作音乐，形成 MIDI 文件。

录制声音最简单的方法是直接使用 Windows 自带的"录音机"进行录音，如图 2-84 所示，不过该工具只支持 60s 的录音。另外，利用"录音机"程序还可对 WAV 文件进行简单的编辑和特效处理，但其功能是很有限的，应当使用专门工具软件。下面介绍的几种音频编辑工具都内置录音功能。

#### 2. Audio Record Wizard

Audio Record Wizard（ARWizard）是一个实时录音软件，它几乎可以接近完美地录制经由声卡而发出来的声音。可以轻松地将来自麦克风、线性输入以及任何其他程序（如 Winamp、Realplay、Windows 媒体播放器等）发出的音频信号录制为波形文件；并且 ARW 对于录音的时间和长度都没有限制，只要硬盘空间够大的话，想录多久就录多久。另外，ARW 还内嵌了最好的 MP3 编码器——Lame 的 dll 版本，这样可以直接将声音转录为

MP3 格式，以利于节省空间和保证声音品质。ARW 还允许选择是否需要直接将声音录制成 MP3 格式（CPU 占用较高）；或者首先录制为 WAV 文件，当录音结束后再在后台自动将其转换为 MP3 文件（CPU 占用较低）。ARW 的操作界面极其容易上手，没有很复杂的选项设置，任何人都可以方便地用它来录音，如 2-85 所示。

图 2-84　录音机工作界面图

图 2-85　ARW 工作界面

## 2.4.2　音频编辑

### 1. Adobe Audition

Adobe Audition 是一个专业级的音频录制、混合、编辑和控制软件，原名为 Cool Edit，被 Adobe 公司收购后，改名为 Adobe Audition。Audition 提供了先进的音频混合、编辑、控制和效果处理功能。最多混合 128 个声道，可编辑单个音频文件，创建回路并可使用 45 种以上的数字信号处理效果。借助该软件，创建音乐，录制和混合项目，制作广播点，整理电影的制作音频或为视频游戏设计声音。

目前常用版本为 Adobe Audition 3.0，其工作界面如图 2-86 所示。Adobe Audition 3.0 改进的多声带编辑、增强的噪音减少和相位纠正工具以及 VSTi 虚拟仪器支持等。

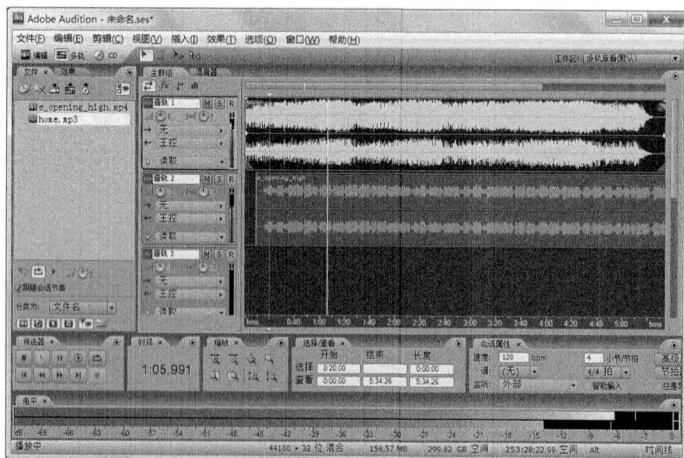

图 2-86　Adobe Audition 3.0 工作界面

### 2. GoldWave

GoldWave 是一个功能强大的数字音频编辑器，它可以对音频内容进行播放、录制、编辑以及转换格式等处理。可打开的音频文件相当多，包括 WAV、OGG、VOC、IFF、AIF、

AFC、AU、SND、MP3、MAT、DWD、SMP、VOX、SDS、AVI、MOV、APE 等音频文件格式，也可以从 CD、VCD、DVD 或其他视频文件中提取声音。内含丰富的音频处理特效，从一般特效如多普勒、回声、混响、降噪到高级的公式计算（利用公式在理论上可以产生任何想要的声音）等效果。GoldWave 支持以动态压缩保存 MP3 文件，给 MP3 去人声更是一绝，效果与那些专业软件相比毫不逊色。

目前，最新版本是 GoldWave 5，其工作界面如图 2-87 所示。

图 2-87　GoldWave 5 工作界面

### 3. Sound Forge

Sound Forge 是 Sonic Foundry 公司开发的一款功能极其强大的专业化数字音频处理软件。它能够非常方便、直观地实现对音频文件以及视频文件中的声音部分进行各种处理，满足从最普通用户到最专业的录音师的所有用户的各种要求，所以一直是多媒体开发人员首选的音频处理软件之一。除了音频编辑软件具有的功能外，它也可以处理大量的音频转换的工作，且具备了与 Real Player G2 结合的功能，能编辑 Real Player G2 格式的文件，当然也可以把其他的音频格式也转换成 Real Player G2 使用的格式。

目前，最新版本是 Sound Forge 9.0，其工作界面如图 2-88 所示。

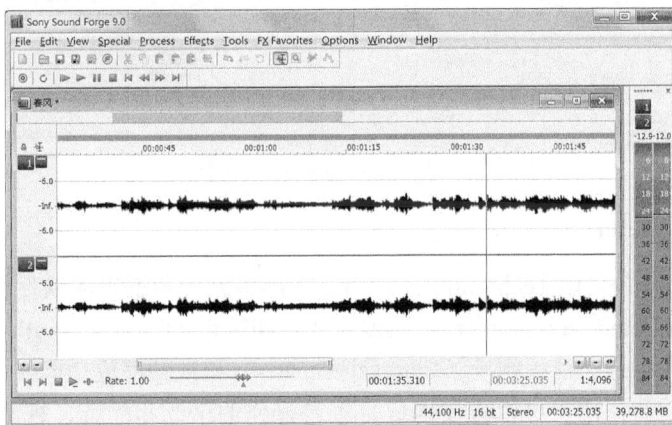

图 2-88　Sound Forge 9.0 工作界面

# 2.5  视频采集与处理软件

## 2.5.1  屏幕录像

### 1. Adobe Captivate

Adobe Captivate 是一款屏幕录制软件。软件使用方法简单，能够快速创建功能强大和引人入胜的软件演示和基于场景的培训内容。它可以自动生成 Flash 格式的交互式内容，而不需要用户学习 Flash。通过使用软件的交互性用户界面和自动化功能，学习软件的专业人员、教育工作者和商业与企用用户可以轻松记录屏幕操作、加入远距教学互动功能、添加电子学习交互、创建具有反馈选项的复杂分支场景，并包含丰富的媒体。Adobe Captivate 自动创建基于 Flash 的仿真或演示，使用文本字幕、可编辑的鼠标移动和突出显示来完成。无须任何编程或脚本编写，就可以包含具有计分和分支的测验、具有多个正确答案选项的文本输入字段、复选框、键盘快捷方式和按钮。或者在捕获完成后通过单击添加特定交互。并在捕获期间或捕获之后录制音频解说以增强电子化学习体验。

目前，最新版本为 Adobe Captivate 5.0，其工作界面如图 2-89 所示。

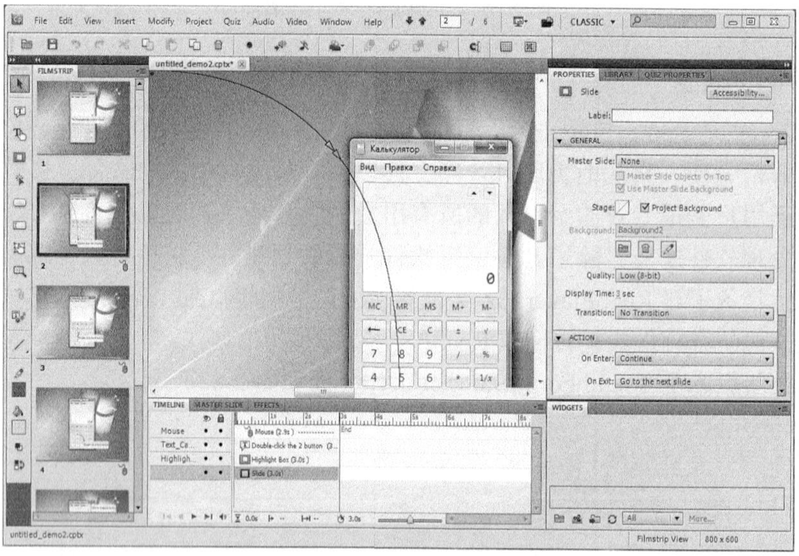

图 2-89  Adobe Captivate 5.0 工作界面

### 2. Camtasia Studio

Camtasia Studio 是美国 TechSmith 公司出品的屏幕录像和编辑的软件套装。软件提供了强大的屏幕录像（Camtasia Recorder）、视频的剪辑和编辑（Camtasi Studio）、视频菜单制作（Camtasia MenuMaker）、视频剧场（Camtasi Theater）和视频播放功能（Camtasia Player）等。使用本套装软件，用户可以方便地进行屏幕操作的录制和配音、视频的剪辑和过场动画、添加说明字幕和水印、制作视频封面和菜单、视频压缩和播放。

目前，最新版本是 Camtasia Studio 7.1，其工作界面如图 2-90 所示。

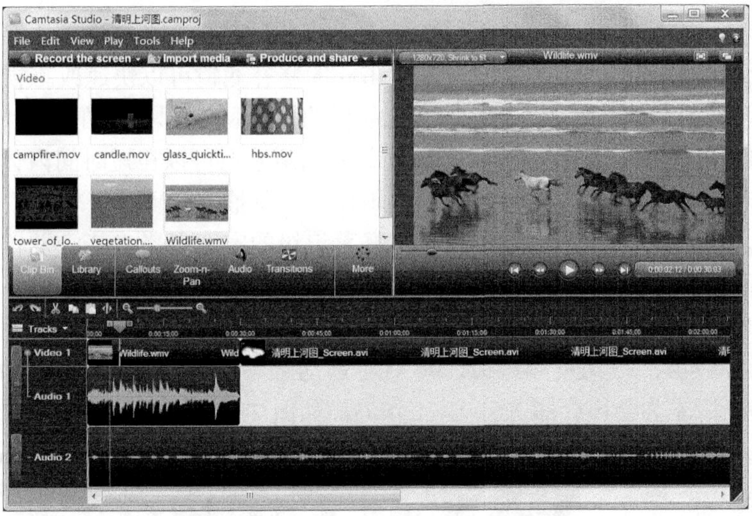

图 2-90　Camtasia Studio 7.1 工作界面

## 2.5.2　视频编辑

### 1. Adobe Premiere Pro

Adobe Premiere 是由 Adobe 公司推出的一种基于非线性编辑设备的视音频编辑软件，有较好的兼容性，且可以与 Adobe 公司推出的其他软件相互协作。可以在各种平台下和硬件配合使用，被广泛地应用于电视台、广告制作、电影剪辑等领域，成为 PC 和 MAC 平台上应用最为广泛的视频编辑软件。它是一款相当专业的视频编辑软件，专业人员结合专业的、系统的配合可以制作出广播级的视频作品。在普通的计算机上，配以比较廉价的压缩卡或输出卡也可制作出专业级的视频作品和 MPEG 压缩影视作品。

目前，最新版本为 Adobe Premiere Pro CS5，其工作界面如图 2-91 所示。

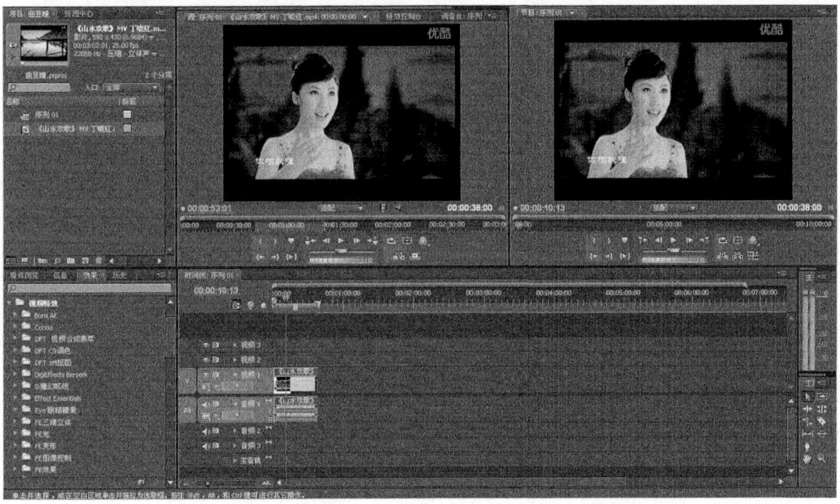

图 2-91　Adobe Premiere Pro CS5 工作界面

### 2. VideoStudio Pro——会声会影

会声会影是一套操作简单的 DV、HDV 影片剪辑软件。在该软件中，可以使用基于模板的向导进行快速处理来节省时间。一键单击式的修补滤镜可以快速改善视频质量，生成杜比数码 5.1 环绕立体声音轨，以及添加专业品质的标题和转场。创新的影片制作向导模式，只要三个步骤就可快速做出 DV 影片，即使是入门新手也可以在短时间内体验影片剪辑乐趣；同时操作简单、功能强大的会声会影编辑模式，从捕获、剪接、转场、特效、覆叠、字幕、配乐，到刻录，让用户全方位剪辑出好莱坞级的家庭电影。其成批转换功能与捕获格式完整支持，让剪辑影片更快、更有效率；画面特写镜头与对象创意覆叠，可随意制作出新奇百变的创意效果；配乐大师与杜比 AC3 支持，让影片配乐更精准、更立体；同时酷炫的 128 组影片转场、37 组视频滤镜、76 种标题动画等丰富效果，让影片精彩有趣。

目前，最新版本为会声会影 X5，其工作界面如图 2-92 所示。

图 2-92　会声会影 X5 工作界面

### 3. Windows Movie Maker

Windows Movie Maker 是由 Windows XP 附带，虽然简小，很多人都忽视了它，但却是相当实用，用来简单编辑录制下来的视频很方便，也可以将大量照片进行巧妙的编排，配上背景音乐。它能使用便宜的适配器从模拟型摄像机和 VCR 中导入录像连续镜头，可以直接从数字摄像机中导入录像连续镜头，按自己选择的顺序安排选择的剪辑；在剪辑之间淡出/淡入或叠化和加入幻灯片、背景音乐、音效和画外音解说等处理。

Windows Movie Maker 使制作家庭电影变得非常简单，并且充满乐趣，只需要做一些简单的拖放操作，就可以在计算机上制作、编辑和分享家庭电影，还可以利用它来添加效果、音乐和旁白，之后可以通过互联网、电子邮件，或 CD 来与更多的人分享快乐。其工作界面如图 2-93 所示。

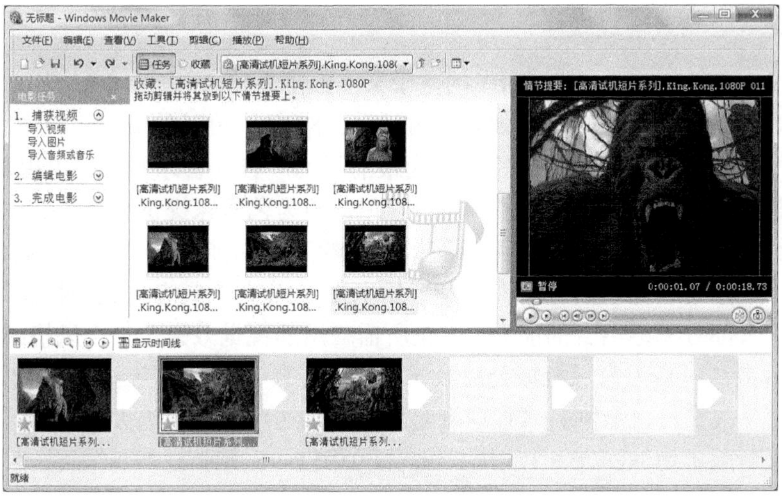

图 2-93　Windows Movie Maker 工作界面

### 2.5.3　视频特效

**1. After Effects——视频特效大师**

After Effects 是 Adobe 公司推出的一款专业非线性视频特效处理软件，是一个灵活的基于层的 2D 和 3D 后期合成软件，包含了上百种特效及预置动画效果，与同为 Adobe 公司出品的 Premiere、Photoshop、Illustrator 等软件可以无缝结合，创建无与伦比的效果。在影像合成、动画、视觉效果、非线性编辑、设计动画样稿、多媒体和网页动画方面都有其发挥余地。After Effects 主要是用于影视后期制作，适用于从事设计和视频特技的机构，包括电视台、动画制作公司、个人后期制作工作室以及多媒体工作室。而在新兴的用户群，如网页设计师和图形设计师中，也开始有越来越多的人在使用 After Effects。

目前，最新版本为 After Effects CS5，其工作界面如图 2-94 所示。

图 2-94　After Effects CS5 工作界面

### 2. NUKE——特效合成软件

NUKE 是由 The Foundry 公司研发的基于节点的后期特效软件，拥有强大开放的操作，广泛使用在电影工业中，是高端特效软件的代表。NUKE 灵活的节点式操作、独特的多频道制作流程，以及强劲的三维合成空间，为最前卫的广告、音乐影片、电视及电影导演带来创新的视野。NUKE 无须专门的硬件平台，但却能为艺术家提供组合和操作扫描的照片，视频板以及计算机生成的图像的灵活、有效、节约和全功能的工具。在数码领域，NUKE 已被用于近百部影片和数以百计的商业和音乐电视，NUKE 具有先进的将最终视觉效果与电影电视的其余部分无缝结合的能力，无论所需应用的视觉效果是什么风格或者有多复杂。

NUKE 曾参与《后天》、《机械公敌》、《极限特工》、《泰坦尼克号》、《阿波罗 13》、《真实的谎言》、《X 战警》、《金刚》、《猩球崛起》、《阿凡达》等好莱坞大片的特效制作。

目前，最新版本为 NUKE 6.3，其工作界面如图 2-95 所示。典型作品如图 2-96 所示。

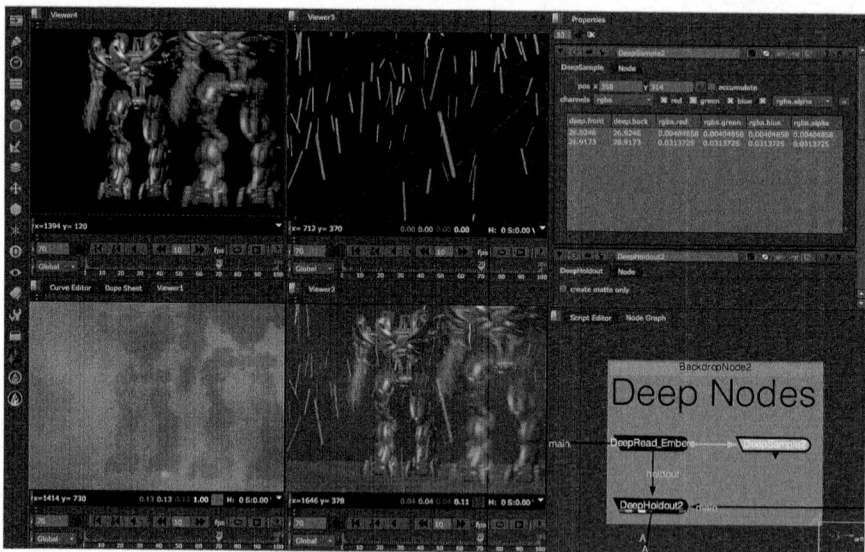

图 2-95　NUKE 6.3 工作界面

图 2-96　NUKE 特效处理的电影（《猩球崛起》、《阿凡达》）

### 3. Houdini——电影特效魔术师

Houdini 是 Side Effects Software 公司的旗舰级产品，是创建高级视觉效果的有效工具，主要面对的是电影工业的特效制作与合成。与其他如 3ds Max/After Effects 等三维动画、特效合成软件不同的是，Houdini 是一个节点软件，节点的操作具有非常强的逻辑性，同时它也是一个动态的建模软件，通过一个个节点和命令将各种对象组合在一起，在应对含有非常多的视觉元素的影视特效合成时通过节点的操作更加容易管理成千上万的视觉元素，而其他通过层来操作视觉元素的特效合成软件，如 After Effects 在面对成千上万个视觉元素时显然是不现实的。许多电影特效都是由它完成的，如《指环王》中"甘道夫"放的那些"魔法礼花"，还有"水马"冲垮"戒灵"的场面，《后天》中的龙卷风的场面等。

　　目前，最新版本为 Houdini 11，其工作界面如图 2-97 所示。典型作品如图 2-98 所示。

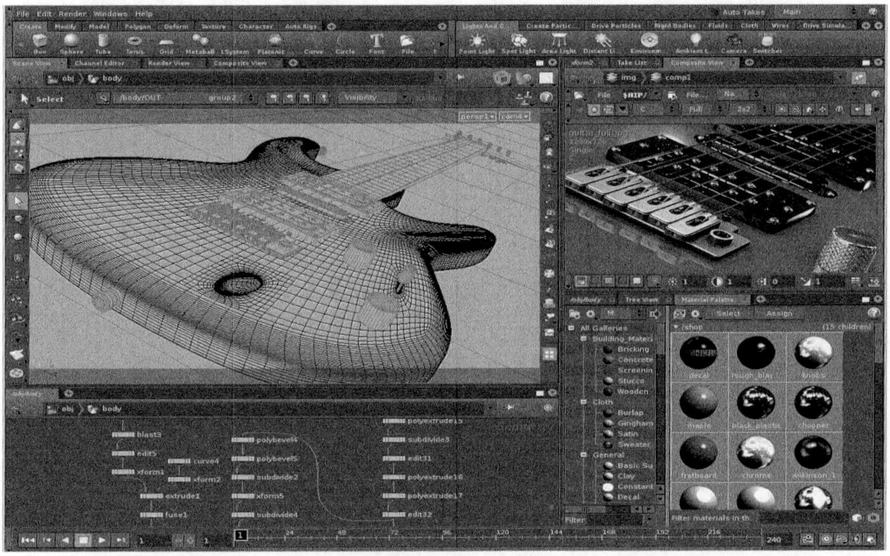

图 2-97　Houdini 11 工作界面

图 2-98　Houdini 作品（来自 http://www.sidefx.com）

**4. Adobe Ultra——视频抠像软件（虚拟演播室）**

　　Adobe Ultra 是 Adobe（最初是 Serious Magic 公司产品，后被 Adobe 收购）家族中一款实用强大的视频抠像软件，也被称为虚拟演播室软件。Adobe Ultra 功能非常的强大，以简单拖放的方式，就可得到高质量的抠像效果。可以用它把一段人物视频，置身于需要的场景中，同时也可以自定义虚拟背景以及人物的阴影和光反射等属性，使用它能得到高质量的抠像效果，并可以输出各种广播级质量的视频文件。

　　Adobe Ultra CS3 的矢量色键（Vector Keying）技术是具有细腻的抠像功能。在以前不可能抠像的画面，如不均匀的灯光、褶皱的背景、卷曲的头发等可以在几秒钟内就完成抠像。同时还可以保留主持人的身影和获得复杂的抠像，像烟雾、液体和透明物体等。

目前，最新版本是 Adobe Ultra CS3，其工作界面如图 2-99 所示。典型作品如图 2-100 所示。

图 2-99　Adobe Ultra CS3 工作界面

图 2-100　Adobe Ultra CS3 作品

## 2.6　多媒体集成软件

### 2.6.1　网页式集成

Dreamweaver 是著名网站开发工具。它使用所见即所得的接口，也有 HTML 编辑的功能，并支持 ActiveX、JavaScript、Java、Flash、ShockWave 等特性，而且它还能通过拖动从头到尾制作动态的 HTML 动画，支持动态 HTML（Dynamic HTML）的设计，使得页面没有 plug-in 也能够在浏览器中正确地显示页面的动画。Dreamweaver 最具挑战性和生命力的是它的开放式设计，这项设计使任何人都可以轻易扩展它的功能。

目前最新版本为 Adobe Dreamweaver CS5（工作界面如图 2-101 所示），功能特点如下。

（1）领先的 Web 开发环境。使用领先的 Web 创作工具构建基于标准的网站。以可视方式或直接在代码中工作，借助 CSS 检查工具实现高效设计，借助内容管理系统进行开发。

（2）Adobe Creative Suite 集成增强功能。借助 Adobe Flash、Fireworks、Photoshop 及 Adobe CS Live 在线服务之间的智能集成，节省时间并减少完成项目所需的步骤。

（3）集成 FLV 内容。可以方便地将 FLV 文件添加到任何网页中。借助"实时视图"中的 FLV 回放功能预览影片。

（4）全面的 CSS 支持。借助 CSS 工具设计和开发网站。无须另外提供实用程序就能以可视方式显示 CSS 框模型，即使在外部样式表中，也可以减少手动编辑 CSS 代码的需求。

（5）智能编码协助。以前所未有的速度编写简洁的代码。充分利用 Spry、jQuery 和 Prototype 等 HTML、JavaScript 和 Ajax 框架的代码提示功能。借助动态 PHP 代码提示直接洞悉核心 PHP 函数、方法和对象。

（6）支持领先技术。在支持大多数 Web 开发技术的环境中进行设计和开发，这些技术包括 HTML、XHTML、CSS、XML、JavaScript、Ajax、PHP、Adobe ColdFusion 软件和 ASP。

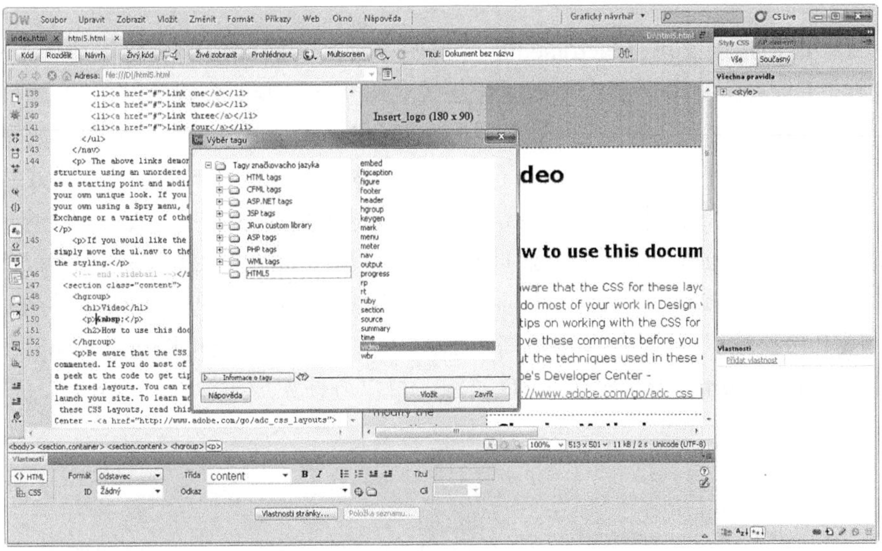

图 2-101　Adobe Dreamweaver CS5 工作界面

## 2.6.2　流程图式集成

Authorware 最初是由美国 Macromedia 开发的一种基于流程图的多媒体编著工具，后被 Adobe 收购。Authorware 特别适合制作多媒体课件，无须传统的计算机语言编程，只通过对图标的调用来编辑一些控制程序走向的活动流程图，将文字、图形、声音、动画、视频等各种多媒体元素集成在一起，达到多媒体软件集成的目的。Authorware 这种通过图标的调用来编辑流程图深受非专业人员欢迎。

Adobe 公司 2007 年公布停止 Authorware 的研发，这就意味着 Authorware 将不会有新的版本，2003 年推出 Authorware 7（工作界面如图 2-102 所示）就是最终版。虽然 Authorware 的开发已经终结，但 Authorware 的使用还会有更长的时间。

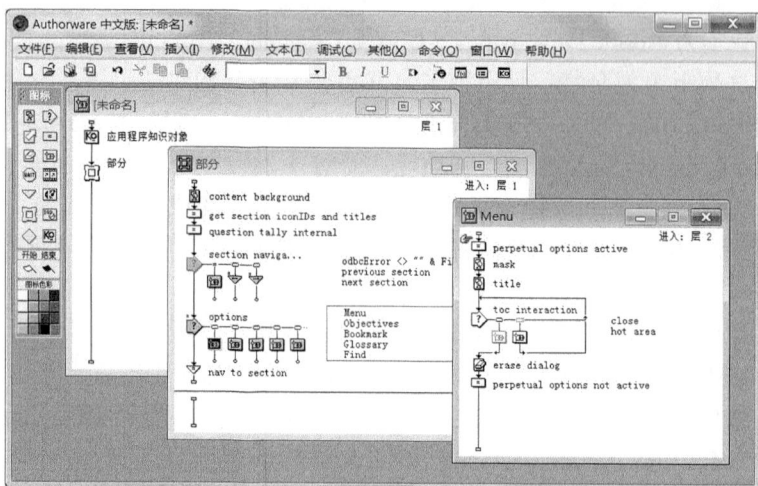

图 2-102　Authorware 7 工作界面

### 2.6.3　时间线式集成

Director 最初是由美国 Macromedia 开发的一种基于时间线的多媒体编著工具，后被 Adobe 收购。Director 是用于制作和播放交互式应用系统、专业多媒体演示和动画的一种工业级标准多媒体编著工具。被广泛应用于制作交互式多媒体教学演示、网络多媒体出版物、网络交互式多媒体查询系统、动画片、企业的多媒体形象展示和产品宣传、游戏等。另外，Director 还提供了强大的脚本语言 Lingo，使用户能够创建复杂的交互式应用程序。

目前，最新版本为 Adobe Director 11.5，其工作界面如图 2-103 所示。它引入了全新的音频引擎，支持 5.1 声道环绕音效，还可借助实时混频能力创建音频特效；支持 H.264 视频格式和 RTMP 协议流媒体，可借此创建高清视频内容；开发人员还可以通过 Google SketchUp 和 SketchUp 3-D Importer 创建和导入 3D 资源，可以方便集成主流文件格式。

图 2-103　Adobe Director 11.5 工作界面

### 2.6.4　卡（页）式集成

ToolBook 是美国 Asymetrix 教育系统公司（2004 年并入 SumTotal Systems 公司）开发的一种页式多媒体集成工具，现已成为多媒体创作的经典工具之一。特别适于制作交互式在线学习的多媒体课件。ToolBook 的动画能力介于 Authorware 与 Director 之间，较适合用于儿童教育软件。在 ToolBook 中通常把多媒体光盘称为书，而书中的每个窗口（或场景）称作一页。

ToolBook 在目前众多的多媒体应用开发工具中，以其易学易用最为突出，它对开发者的计算机专业知识要求较低，又提供了许多可以效仿甚至直接采用的样例和模板。另一方面，ToolBook 的许多功能都要通过函数的调用去实现，如何设置调用参数和根据函数返回值作相应的处理也不是一般用户所能轻易掌握的。

目前，最新版本为 ToolBook 10.5，其工作界面如图 2-104 所示。

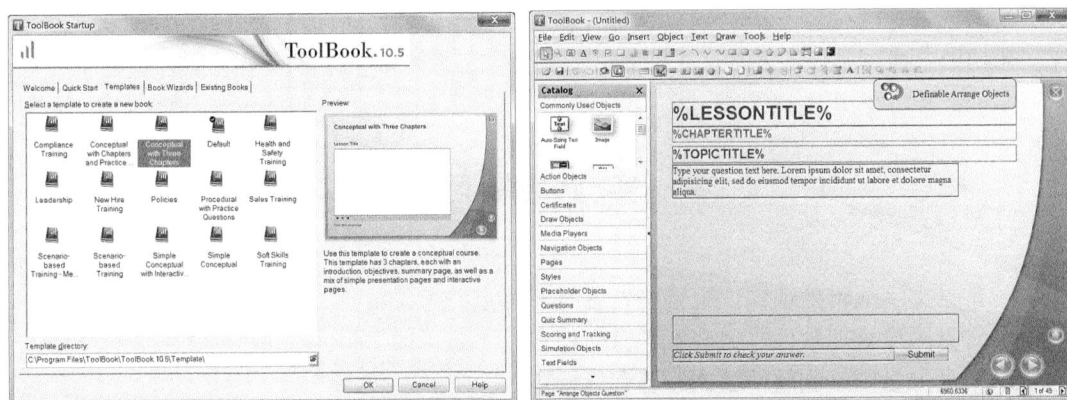

图 2-104　Toolbook 10.5 工作界面

### 2.6.5　电子杂志式集成

**1. iebook 超级精灵**

iebook 超级精灵是融入互联网终端、手机移动终端和数字电视终端三维整合传播体系的专业电子杂志制作推广系统。采用构件化设计理念，整合电子杂志的制作工序，将部分相似工序进行构件化设计，使得软件使用者可重复使用、高效率合成标准化的电子杂志；同时软件中建立构件化模版库，自带多套精美 Flash 动画模板及 Flash 页面特效，软件使用者通过更改图文、视频即可实现页面设计，自由组合、呈现良好制作效果；操作简单方便，可协助软件使用者轻松制作出集高清视频、音频、Flash 动画、图文等多媒体效果于一体的电子杂志。

目前，最新版本为 iebook 2011，其工作界面如图 2-105 所示。

**2. Zinemaker 杂志制作大师**

Zinemaker 是国内免费发布的专业电子杂志制作软件之一。适合专业的电子杂志制作公司或者个人使用。直接生成单独的 exe 文件或者直接上传在线杂志直接浏览。生成的杂志不需要任何阅读器就可直接观看。耳目一新的操作界面，简约设计风格，突出软件界面空间的利用。类似视窗系统的操作界面风格更切合用户习惯，让用户操作简单易学，迅速掌握使用。

目前，最新版本为 Zinemaker 2009，其工作界面如图 2-106 所示。

图 2-105　iebook 超级精灵 2011 工作界面 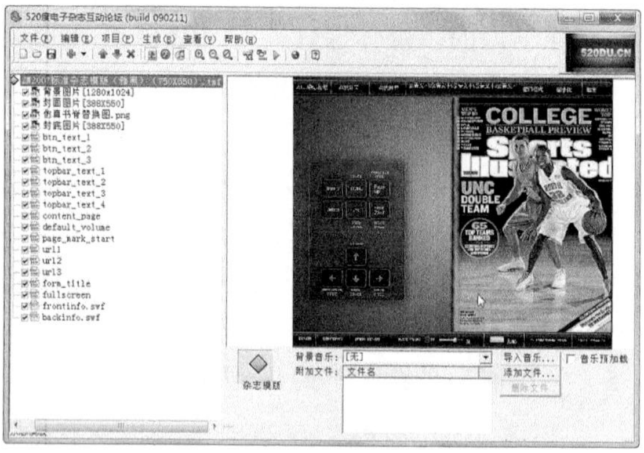　　　　图 2-106　Zinemaker 2009 工作界面

# 实 践 练 习

1. 常见文字编辑处理软件有哪些？各有何特点？

2. 常见图像处理软件有哪些？各有何特点？

3. 常见矢量图绘制软件哪些？各有何特点？

4. 常见动画制作软件有哪些？各有何特点？

5. 常见音频采集与处理软件有哪些？各有何特点？

6. 常见视频编辑与集成软件有哪些？各有何特点？

7. 常见多媒体集成软件有哪些？各有何特点？

8. 常见人体建模软件有哪些？比较其各自特点。

9. 常见自然景观设计软件有哪些？比较其各自特点。

10. 常见三维数字雕刻软件有哪些？比较其各自特点。

11. 常见三维建筑建模软件有哪些？比较其各自特点。

12. 从网上下载你感兴趣的软件，了解其主要功能。

13. 采用不同软件设计同一多媒体作品，比较其各自特色。

14. 从网上下载优秀多媒体作品，并简要对其进行评价。

计算机图像和动画的灵感源于自然。

NATURE IS THE ULTIMATE SOURCE OF INSPIRATION
FOR COMPUTER GRAPHICS AND ANIMATION.

——Craig W. Reynolds

# 第 3 章 图像编辑与处理

图像是多媒体作品中最重要的组成部分之一，一幅生动、直观的图像可以表达丰富的信息，具有文本、声音所无法比拟的优点。动画和视频其实也是图像，是连续播放的图像。合理使用图形图像素材能使多媒体作品更加直观、更便于理解。要处理好图形图像需要制作者掌握常用的图形图像处理软件的使用，能对图形图像进行采集、浏览、转换、编辑等操作。另外，制作者还应具备一定的美学基础，才能制作出更具表现力的图形图像素材。

本章主要介绍图形图像方面的基础知识，并以 Adobe Photoshop CS5 为例来介绍图像编辑与处理技能。

## 本章能力目标

- 了解图形图像的基础知识。
- 了解 Photoshop 的界面组成及功能特点。
- 掌握 Photoshop 的基本操作。
- 掌握选择、修饰、绘画、绘图、文字等工具的使用方法。
- 掌握图像变换、色彩调整等操作与应用。
- 掌握图层、选区、路径、通道、蒙版、滤镜、3D 功能的操作与应用。

**本章知识结构**

```
图像编辑与处理
        ├── 图形图像基础
        ├── Photoshop初识
        ├── 文字效果
        │        ├── 文字工具
        │        └── 图层样式
        ├── 图层
        │        ├── 图层操作
        │        └── 图层特效
        ├── 选区
        │        ├── 魔棒、磁性套索工具
        │        └── 选区自由变换、运算
        ├── 变换与变形
        │        ├── 图像变换
        │        └── 内容识别比例、操控变形
        ├── 颜色调整
        │        ├── 画笔涂色
        │        └── 图层混合模式
        ├── 钢笔与路径
        │        ├── 钢笔工具
        │        └── 路径、路径转换选区
        ├── 通道与蒙版
        │        ├── 图层蒙版
        │        └── Alpha通道
        ├── 滤镜
        │        ├── 常用滤镜
        │        └── 智能滤镜
        └── 3D功能
                 ├── 凸纹设置
                 └── 纹理设置
```

# 3.1　图形图像基础

## 3.1.1　图形和图像

在计算机领域中，图形（Graphics）和图像（Image 或 Picture）是两个不同的概念。图形一般指用计算机绘制的画面，如直线、圆、圆弧、矩形、任意曲线和图表等；图像则指由输入设备捕捉实际场景画面产生的数字图像。

### 1. 图形

图形往往专指矢量图（Vector-based Image），是以数学方式来记录图片的，由软件制作而成，一般指用计算机绘制或编程得到的画面，如直线、圆、圆弧、任意曲线和图表等。图形的优点是信息存储量小，分辨率完全独立，容易实现对图形对象的移动、缩放、旋转和扭曲等变化，且不损失精度，不影响质量，常用于表示线框型的图画、工程图、美术字等，绝大多数 CAD 和三维造型软件都使用矢量图。不过矢量图色彩显示比较单调，不够柔和逼真，而且在屏幕上显示的时候，由于监视器的特点，矢量图也是以像素方式来显示的。

### 2. 图像

图像通常专指位图（Bit-mapped Image），位图图像由数字阵列信息组成，用以描述图像中各像素点的强度与颜色。位图一般由扫描和拍摄获得，也可由图像处理软件绘制，优点是色彩显示自然柔和逼真，适用于具有复杂色彩、明度多变、虚实丰富的图片；缺点是图像在放大或缩小的转换过程中会产生失真，占用的存储空间较大，一般需要进行数据压缩。

图像有如下几个重要的参数。

（1）图像的尺寸：图像的宽和高。

（2）图像的分辨率：单位尺寸中所包含的像素数目，它和图像尺寸一起决定文件的大小及质量。若用于打印输出的图像，一般分辨率设为 300ppi 左右，对于多媒体设计来说，应主要考虑屏幕分辨率（72ppi 即可）。

（3）图像的位数：即颜色深度，位数决定了颜色的数目。目前使用较多的是 8～24 位。

（4）色彩模式：有多种，多媒体作品一般用 RGB 模式（真彩色）和索引模式（256 种颜色）。

（5）图像文件的大小：文件大小决定占据存储空间的多少，由图像分辨率和图像深度决定，可用下式计算：文件大小（字节数）=水平方向像素数×垂直方向像素数×图像深度÷8。

例如，一幅分辨率为 1024×1024，深度为 24 位的图像，其大小为 3MB。

### 3. 图形和图像的主要区别

矢量图形的颜色和它的分辨率无关，当放大或缩小图形时，它的清晰度和弯曲度不会改变，并且其填充颜色和形状也不会改变，如图 3-1 所示。位图图像与分辨率有关，即图像包含的一定数量的像素，当放大位图时，可以看到构成整个图像的无数小方块（即放大后的像素点），如图 3-2 所示。

图 3-1　放大后的矢量图形

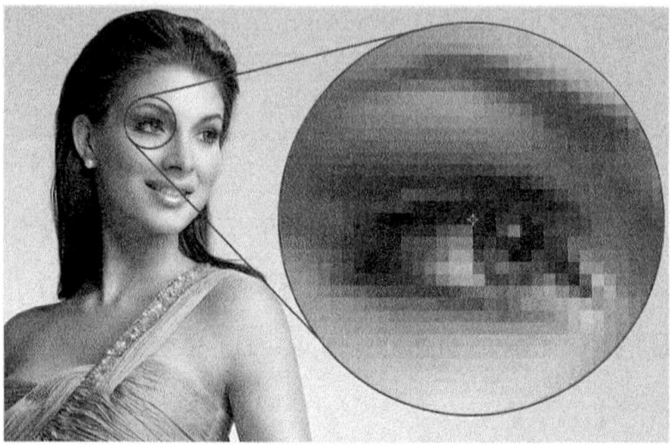

图 3-2　放大后的点阵图像

### 3.1.2　图形图像格式

图形图像格式包含图片种类、色彩位数和压缩方法等信息，一般图形图像处理软件都能支持多种图形图像文件格式，表 3-1 列举了常见的图形图像格式，其中 GIF、JPEG 和 PNG 等格式在多媒体设计中应用最广，也是目前较普遍使用的图形图像文件格式。

表 3-1　常用的图形图像格式

| 格式 | 扩展名 | 说　　明 |
|------|--------|----------|
| GIF | gif | 可在不同平台上交流使用，是重要的 Web 图像文件格式之一。GIF 图像最大不超过 64KB，颜色最多为 256 色（8 位），使用 LZW 方法压缩，压缩比较高。GIF 有 GIF87a 和 GIF89a 两个规格，由于具有交错、透明色和动画效果（GIF89a 支持），GIF 在 Web 上被广泛应用 |
| JPEG | jpg | 利用 JPEG 方法压缩的图像格式，压缩比高，可在压缩比和图像质量之间平衡，不过存储和显示速度都较慢。这种格式适用于处理大量图像的场合，如 WWW 应用 |
| PNG | png | 这种格式的特点是没有颜色制、无损压缩，支持交错和透明色，解决了 GIF 格式不能够表现超过 256 色图像的问题，适合对图像质量要求高的场合，也是一种适合网络的格式 |
| BMP | bmp | 一种与设备无关的图像文件格式，是 Windows 的标准位图格式。BMP 文件有压缩（RLE 方法）和非压缩之分，一般作为图像素材使用的都是不压缩的 BMP 文件 |
| TIFF | tif | 最早用于扫描仪和桌面出版业，该格式的图像文件分成压缩和非压缩两类，非压缩的文件独立于软硬件，有良好的兼容性。压缩文件的格式比较复杂，不过主流软件均支持 |
| PCD | pcd | Kodak 公司为专业摄影照片制定的格式，可选择多种分辨率，文件较大，一般存放在 CD-ROM 上，主要用于商业图像库。许多图像编辑软件都能接收转换 PCD 格式的图像文件 |

| 格式 | 扩展名 | 说　明 |
|------|--------|--------|
| WMF | wmf | 比较特殊的图元文件，属于位图和矢量图的混合体，Windows 中许多剪贴画图像就是以该格式存储的 |
| 矢量图格式 | | 矢量图形格式与图形处理软件直接相关，格式相当之多，除了 WMF 外，常用的格式有 AI（Adobe Illustrator）、CDR（Corel Draw）、EPS（一种被广泛支持的格式）等 |
| 其他专用格式 | | 许多图像处理软件都有自己的专用格式，此类格式保留许多特殊信息，一般只用于编辑。如 PSD 格式是 Photoshop 的专用格式，同时保存图像的图层、通道等信息 |

**提　示**

交错性指图像的某些部分先被显示，形成大致模样，然后图像逐渐变得清晰。透明性指将一种颜色设定为不可见，当浏览器显示这幅图像时，将忽略这一特定颜色，而以下层背景像素点代替该颜色的像素点。因为位图都是矩形图像，透明技术在处理不规则的图像时非常有用，将一个不规则图像放到另一背景上时，可将这一图像之外的部分变为透明，这样图像就内嵌在背景之中，整个画面显得更加美观。

### 3.1.3　图形图像格式转换

各种图形图像格式都有相应的应用场合，在多媒体设计时，经常要对图形图像格式进行转换，以导入到多媒体作品中进行编辑和合成。

Web 对矢量图基本不支持，这就需要将其转换为 GIF 或 JPEG 位图。Flash 本身就能绘制矢量图，也能导入各种主流格式的图形图像。

一般不将有损压缩格式转换为无损压缩格式，而是刚好反过来。对于多媒体设计来说，主要的转换包括 BMP/TIFF→GIF/JPEG/PNG 和 WMF→GIF/PNG。也可对同一种格式进一步压缩，设置特殊属性，如对 GIF 图像减少颜色数量，设置透明和交错属性。

通常用图形图像处理软件进行格式转换。先打开某种格式的图形图像文件，再以另一种格式保存即可。ACDSee 软件除了浏览图片外，用于格式转换也不错。

总的来说，将矢量格式转换为位图格式比较容易，甚至利用 Windows 的复制、粘贴功能就能实现；而将位图格式转换成矢量格式则比较麻烦，需要专门功能来实现，如 FreeHand 和 CorelDRAW 都提供了位图到矢量图的转换功能。

## 3.2　Phototshop 初识

Photoshop 是由 Adobe 公司开发的图形图像处理系列软件，以其强大的功能、高集成度、广适用面和操作简便而著称于世。它不仅提供强大的绘图工具，还可以直接绘制艺术图形，能直接从扫描仪、数码相机等设备采集图像，对它们自发进行修改、修复，并调整图像的色彩、亮度，改变图像的大小，能够对多幅图像进行合并增加特殊效果，十分逼真地展现现实生活中很难遇见的景象，具有改变图像颜色模式和在图像中制作艺术文字等功能。

### 3.2.1 Photoshop CS5 的功能特点

Photoshop 软件集图像编辑、设计、合成、网页制作以及高品质图片输出功能为一体。在 Photoshop CS5 版本中，软件的界面与功能的结合更加趋于完美，各种命令与功能不仅得到了很好的扩展，还最大限度地为用户的操作提供了简捷、有效的途径。在 Photoshop CS5 中增加了轻松完成精确选择、内容感知型填充、操控变形等功能外，还添加了用于创建和编辑 3D 和基于动画的内容的突破性工具。Photoshop CS5 主要功能特点如表 3-2 所示。

表 3-2 Photoshop CS5 的功能特点

| 功 能 | 描 述 |
| --- | --- |
| 建立选区的多种方式 | 工具箱各种选区工具 |
| 支持 20 多种图像文件格式 | PSD、BMP、GIF、JPEG、TIFF、PNG 等 |
| 功能全面的工具箱 | 可用于绘图、修饰照片以及复合图像 |
| 图层 | 用于可重复编辑的复合 |
| 强大的图像色彩调整 | 既能对图像也能对图层色彩进行调整 |
| 滤镜功能更强大 | 自带滤镜能很好地制作各种效果 |
| 智能修复画笔 | 在消除瑕疵的同时保留色彩纹理，具有内容识别功能 |
| 模拟三维操控变形 | 实现类似三维动作变形，用鼠标移动关节点，图像也随之进行变形 |
| 内容识别比例 | 该功能图形变换时可以对图片内容智能感知 |
| 全新笔刷系统 | 以画笔和染料的物理特性为依托，新增多个参数，实现较为强烈的真实感，包括墨水流量、笔刷形状以及混合效果 |
| 先进的选择工具 | 使用"魔棒"工具，再使用"调整边缘"命令，可以消除选区边缘周围的背景色，自动改变选区边缘并改进蒙版，使选择的图像更加的精确，甚至精确到细微的毛发部分 |

### 3.2.2 Photoshop CS5 的工作界面

Photoshop CS5 的中文版主界面如图 3-3 所示。位于顶部的是应用程序栏，包含了工作区切换器和其他应用程序控件。其下方是菜单栏，在菜单栏下方并不是常见的工具栏，而是工具选项栏。工具栏被命名为工具面板摆放在工具区中，不能自由关闭（可暂时隐藏），在菜单栏下的工具选项栏是对应工具的选择而改变的。工作界面所对应的内容如下。

（1）应用程序栏：包含工作区切换器和其他应用程序控件。

（2）菜单栏：包含按任务组织的菜单。例如，"图层"菜单中包含的是用于处理图层的命令。选择"编辑"→"菜单"命令（或按快捷键 Shift+Ctrl+Alt+M），可以通过显示、隐藏菜单项或向菜单项添加颜色来自定义菜单栏。

（3）工具选项栏：提供与所使用的某个工具有关的选项。

（4）工具箱：包括很多种常用工具，利用这些工具可以完成图像选取、图形绘制、颜色选择、文本输入等操作。要选择工具箱上的某个工具，将鼠标放在要选用的工具上单击，该工具即被选用。若某工具的右下角有个小三角形◢，说明它是一个工具组，还隐藏有其他工具。要选择隐藏工具，将鼠标放在有三角形的可见工具上面按住左键不放，当隐藏工具出现后，将鼠标移动到要选用的工具上，松开鼠标，该工具即出现在工具箱上。

（5）面板标题栏：单击面板标题栏可"展开面板"或"折叠为图标"。

（6）垂直停放的面板组：可以帮助使用者组织和管理面板，辅助查看和修改图像。可以帮助减少工作区的面板显示数量，可以对面板进行编组、堆叠或停放。

（7）选项卡式文档窗口：显示当前打开的图像文件，打开的图像文件窗口称为文档窗口。可通过 Tab 选择，并且在某些情况下可以进行分组和停放。

（8）状态栏：状态栏位于命令文档窗口的底部，用于显示诸如当前图像的放大率和文件大小、分辨率等有用的信息以及有关使用当前工具的简要说明。

（9）工作区切换器：可以通过从多个预设工作区中进行选择或创建自己的工作区来调整各个应用程序，以适合自己的工作方式。

图 3-3　Photoshop CS5 主界面

**技　巧**

要隐藏或显示面板、工具箱和控制面板，按 Tab 键；要隐藏或显示工具箱和控制面板以外的所有其他面板，按 Shift+Tab 组合键。可以执行下列操作以暂时显示通过上述方法隐藏的面板：将指针移到应用程序窗口边缘，然后将指针悬停在出现的条带上，工具箱或面板组将自动弹出。

# 3.3 文 字 效 果

## 任务 1 制作金属文字

### 任务描述

制作如图 3-4 所示的金属文字。具体要求如下所示。

（1）设置文字字体为黑体加粗、大小为 135 点、颜色为黄色。

（2）利用图层样式，设置文字具有金属效果。

（3）利用渐变工具，填充文字背景为"铬黄渐变"效果。

图 3-4　标题文字效果图

### 学习要点

（1）文字工具。

（2）渐变工具。

（3）图层样式。

### 操作实战

#### 1. 打开 Photoshop

在 Windows 中选择"开始"→"程序"→Adobe Photoshop CS5 命令，打开 Photoshop CS5 应用程序窗口。

#### 2. 新建文件

选择"文件"→"新建"命令，出现"新建"对话框，在"名称"文本框中输入文件名"金属文字"，其他参数设置如图 3-5 所示。设置好各选项

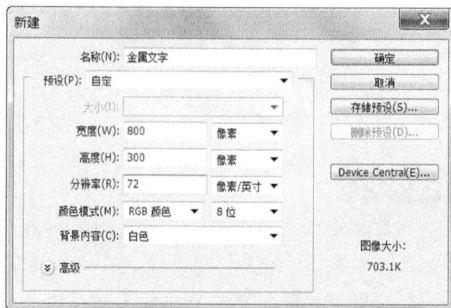

图 3-5　"新建"文件对话框

和参数之后，单击"确定"按钮后即可新建一个文件，如图 3-6 所示。

图 3-6　"新建"文件窗口

**技　巧**

文件操作常用快捷键如下所示。

新建图形文件：Ctrl+N　　　　　　　另存为…：Ctrl+Shift+S

用默认设置创建新文件：Ctrl+Alt+N　　存储副本：Ctrl+Alt+S

打开已有的图像：Ctrl+O　　　　　　关闭当前图像：Ctrl+W

打开为…：Ctrl+Alt+O　　　　　　　页面设置：Ctrl+Shift+P

保存当前图像：Ctrl+S　　　　　　　打印：Ctrl+P

### 3. 填充背景

（1）设置渐变工具：从工具箱中选择渐变工具 ，在渐变工具控制栏设置渐变颜色为"铬黄渐变"，如图 3-7 所示。

（2）创建渐变效果：将指针放在背景的上部作为渐变起点的位置，然后拖动到渐变终点背景底部位置，释放鼠标即可产生渐变效果图，如图 3-8 所示。

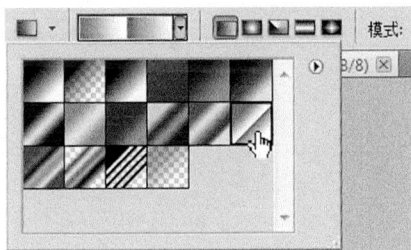

图 3-7　"渐变工具"控制栏

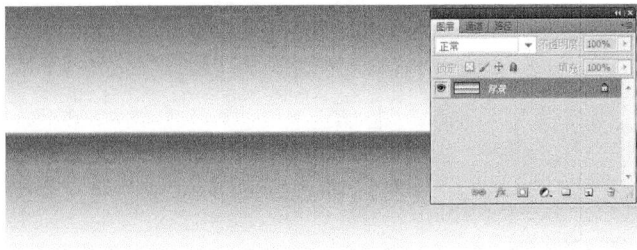

图 3-8　渐变效果

**技 巧**

按住 Shift 键拖动鼠标可以限制线条为水平、垂直或 45°角倾斜。

### 4. 输入文字

单击工具箱中"文字工具"按钮 <kbd>T</kbd>，在字符面板中设置字体为"黑体"，文字大小为 135 点，文字颜色为黄色 RGB（255,255,0），字体加粗，如图 3-9 所示。单击画布输入文字"多媒体设计"，如图 3-10 所示。注意观察"图层"面板中所增加的文本图层，如图 3-8 所示。

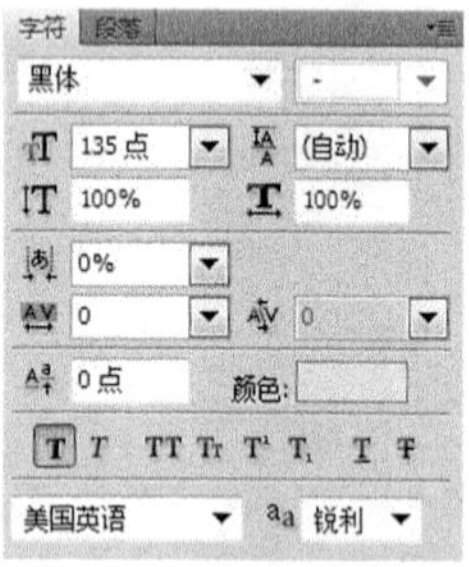

图 3-9　字符属性面板

图 3-10　输入文字

### 5. 应用图层样式

（1）设置斜面和浮雕：选中"多媒体设计"图层，选择"图层"→"图层样式"→"斜面和浮雕"命令，出现"图层样式"对话框，选择"斜面和浮雕"选项，其右侧的参数设置如图 3-11 所示，单击"确定"按钮，文字效果如图 3-12 所示。

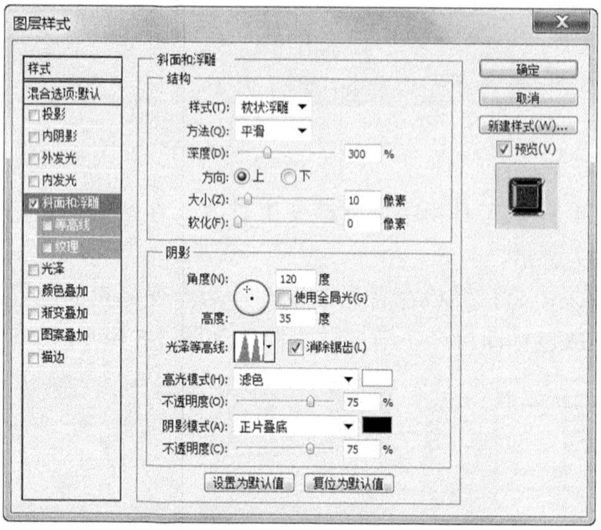

图 3-11　设置"斜面和浮雕"参数

**技 巧**

双击图层名空白处即可打开"图层样式"对话框。

图 3-12　设置"斜面和浮雕"后的文字效果

（2）设置投影：选择"图层"→"图层样式"→"投影"命令，出现"图层样式"对话框，选择"投影"选项，其右侧的参数设置如图 3-13 所示，单击"确定"按钮，文字效果如图 3-14 所示。

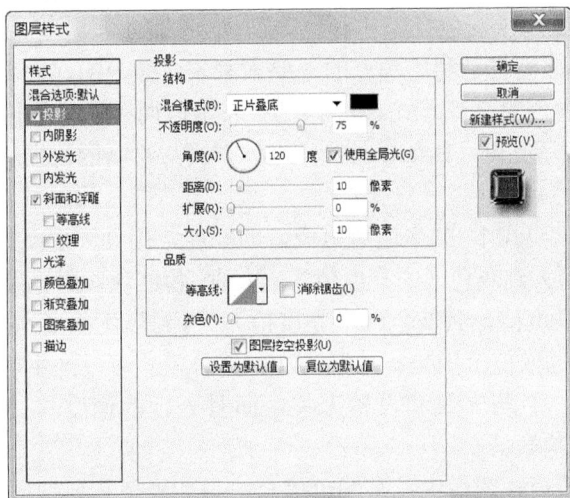

图 3-13　设置"投影"参数

图 3-14　设置"投影"后的文字效果

**6. 保存文件**

选择"文件"→"存储"命令（快捷键：Ctrl+S），保存文件（默认为 PSD 格式）。也可选择"文件"→"另存储"命令，根据需要保存为其他格式的文件。

　**相关知识**

**1. 色彩模式**

色彩模式是指计算机上显示或打印图像时定义颜色的不同方式。在不同的领域，人们采用的色彩模式往往不同，比如计算机显示其采用 RGB 模式，打印机输出彩色图像时采用 CMYK 模式，从事艺术绘画时采用 HSB 模式，彩色电视系统采用 YUV/YIQ 模式。

（1）RGB 模式：用红(R)、绿(G)、蓝(B)三基色来描述颜色的方式称为 RGB 模式。对于真彩色，R、G、B 三基色分别用 8 位二进制数来描述，共有 256 种。R、G、B 的取值范围在 0～255，可以表示的彩色数目为 256×256×256=16 777 216 种颜色。RGB 图像模式能够使用 Photoshop 软件中的所有功能和滤镜，是图像编辑中常用的颜色模式。

（2）CMYK 模式：该模式是一种基于四色印刷的印刷模式，是相减混色模式。C 表示青色，M 表示品红色，Y 表示黄色，K 表示黑色，对应印刷时所使用的 4 个色版。它是一种最佳的打印模式。虽然 RGB 模式可以表示的颜色较多，但打印机与显示器不同，打印纸不能创建色彩光源，只可以吸收一部分光线和反射一部分光线，它不能打印出这么多的颜色。CMYK 模式主要用于彩色打印和彩色印刷。

（3）HSB 模式：该模式是利用颜色的三要素来表示颜色的，它与人眼观察颜色的方式最接近，是一种定义颜色的直观方式。其中，H 表示色调（也叫色相，Hue），S 表示饱和度（Saturation），B 表示亮度（Brightness）。这种方式与绘画的习惯相一致，用来描述颜色比较自然。

（4）Lab 模式：该模式由 3 个通道组成，即亮度，用 L 表示；a 通道，包括的颜色，是从深绿色（低亮度值）到灰色（中亮度值），再到亮粉红色（高亮度值）；b 通道，包括的颜色是从亮蓝色（低亮度值）到灰色（中亮度值），再到焦黄色（高亮度值）。L 的取值范围是 0～100，a 和 b 的取值范围是−120～120。这种模式可以产生明亮的颜色。Lab 模式可以表示的颜色最多，且与光线和设备无关，而且处理的速度与 RGB 模式一样快，是 CMYK 模式处理速度的数倍。

（5）灰度模式：该模式图像中没有颜色信息，只能表现从黑到白 256 个色调，可以由彩色图像"去色"操作实现。

### 2. 图层样式设置

图层样式是应用于一个图层的一种或多种效果。在 Photoshop 软件中提供了许多图层样式命令，包括投影、阴影、发光、斜面和浮雕以及描边等，目的是为了在图像处理过程中达到更加理想的效果，但此功能只对普通层起作用，如果想为其他类型的图层设置效果，必须将其转换为普通层后再应用。

Phtoshop 通过对图层进行以下几种样式的设置，可以产生一种或多种叠加的图层效果，使图像的编辑工作变得简单和有趣，能实现无穷的创意。

（1）投影：在图层内容的后面添加阴影。

（2）内阴影：紧靠在图层内容的边缘添加阴影，使图层具有凹陷效果。

（3）外发光和内发光：添加从图层内容的外边缘或内边缘发光的效果。

（4）斜面和浮雕：对图层添加高光与阴影的各种组合。

（5）光泽：应用创建光滑光泽的内部阴影。

（6）颜色、渐变和图案叠加：用颜色、渐变或图案填充图层内容。

（7）描边：使用颜色、渐变或图案在当前图层上描画对象的轮廓。

## 3.4　图　　层

### 任务 2　制作"速度"招贴画

#### 任务描述

利用给定的图片素材（如图 3-15 和图 3-16 所示）制作一幅主题为"速度"的招贴画，效果如图 3-17 所示。具体要求如下所示。

（1）以"田径跑道"图片为背景，"运动员"图片为前景。

（2）利用复制图层功能，复制出 2 个"运动员"图像。

（3）适当地调整图层次序和不透明度，使"运动员"图像产生模糊效果。

图 3-15　田径跑道图片 　　　　图 3-16　运动员图片 　　　　图 3-17 效果图

#### 学习要点

（1）魔棒工具。

（2）图像复制、粘贴。

（3）图像自由变换。

（4）图层基本操作。

#### 操作实战

**1. 打开图像文件**

选择"文件"→"打开"命令（快捷键：Ctrl+O），分别打开图像文件"田径跑道.JPG"、"运动员.JPG"，如图 3-18 所示。

> **技　巧**
>
> 双击 Photoshop 的背景空白处（默认为灰色显示区域）即可打开选择文件的浏览窗口。

图 3-18　打开图像文件

## 2. 复制、粘贴图像

在"运动员"图像文件中，选择"选择"→"全部"命令（快捷键：Ctrl+A）选定整个图片，再选择"编辑"→"复制"命令（快捷键：Ctrl+C），复制；激活"田径跑道"图像，选择"编辑"→"粘贴"命令（快捷键：Ctrl+V），粘贴到图像中，如图 3-19 所示，图层面板如图 3-20 所示。

图 3-19　粘贴图像文件

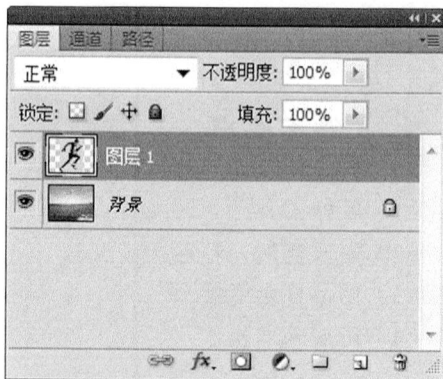

图 3-20　图层面板

### 技　巧

编辑操作常用快捷键：

| | |
|---|---|
| 还原/重做前一步操作：Ctrl+Z | 复制选取的图像或路径：Ctrl+C |
| 还原两步以上操作：Ctrl+Alt+Z | 合并拷贝：Ctrl+Shift+C |
| 重做两步以上操作：Ctrl+Shift+Z | 将剪贴板的内容粘贴到当前图形中：Ctrl+V 或 F4 |
| 剪切选取的图像或路径：Ctrl+X 或 F2 | 将剪贴板的内容粘贴到选框中：Ctrl+Shift+V |

### 3. 删除图像背景

选择工具箱中的"魔棒工具"，在"运动员"图像的背景上单击，选中整个图像的背景（按住 Shift 键，连续单击可以选择不连续区域），如图 3-21 所示；按 Delete 键，删除背景，选择"选择"→"取消选择"命令（快捷键：Ctrl+D）取消选区，如 3-22 所示。

图 3-21　选择图像文件　　　　　　　　图 3-22　删除图像背景后效果

**提　示**

魔棒工具在进行区域选取时，能一次性地选取颜色相近的区域，颜色的近似程度由选项设置工具栏中设置的容差值来确定，容差值越大，则选取的区域越大。

容差范围指色彩的包容度。

在使用魔棒工具时要特别注意容差值的设定和"连续"复选框的设置。

### 4. 调整图像大小和位置

选择"编辑"→"自由变换"命令（快捷键：Ctrl+T），在图片周围出现 8 个小方格控点，按住 Shift 键，用鼠标拖动 4 个角的控点，可以等比例调整图片图像大小，如图 3-23 所示，按 Enter 键确认；选择工具箱中的"移动工具"，在图像上按住鼠标左键拖动，可以移动图像位置，调整后的图像效果如图 3-24 所示。

图 3-23　调整图像大小　　　　　　　　图 3-24　调整后的效果

**5. 复制并重命名图层**

（1）复制两个图层：在图层面板中的"图层 1"缩览图上按住鼠标不放，拖动到"创建新图层"按钮 的位置，此时鼠标变成一个抓手形状，松开鼠标，重复两次，复制出 2 个图层，如图 3-25 所示。

（2）重命名图层：在复制的图层上双击图层名称，输入新名称，如图 3-26 所示；还可以在按下 Alt 键的同时双击图层缩览图，弹出"图层属性"对话框，在其中的"名称"文本框内输入新名称，还可以从"颜色"弹出式菜单中选取颜色，通过使用颜色对图层和组进行标记，以便在图层面板中区分不同类别图层，如图 3-27 所示。

| 图 3-25　复制图层 | 图 3-26　重命名图层 | 图 3-27　"图层属性"对话框 |
| --- | --- | --- |

**6. 调整图层对象**

（1）调整图层对象位置：选择工具箱中的"移动工具" ，在不同图层上分别拖动移动图层对象到合适的位置，如图 3-28 所示。

（2）选择连续图层：在图层面板中单击"前面"图层，然后按住 Shift 键单击"后面"图层，可以选择连续图层，如图 3-29 所示。

图 3-28　调整图像位置

图 3-29　选择图层

（3）对齐和均匀分布不同图层上的对象：选择"图层"→"对齐"→"底边"命令，如图 3-30 所示，将会对齐不同图层上的对象；选择"图层"→"分布"→"水平居中"命令，如图 3-31 所示，将会均匀分布不同图层上的对象。调整后效果如图 3-32 所示。

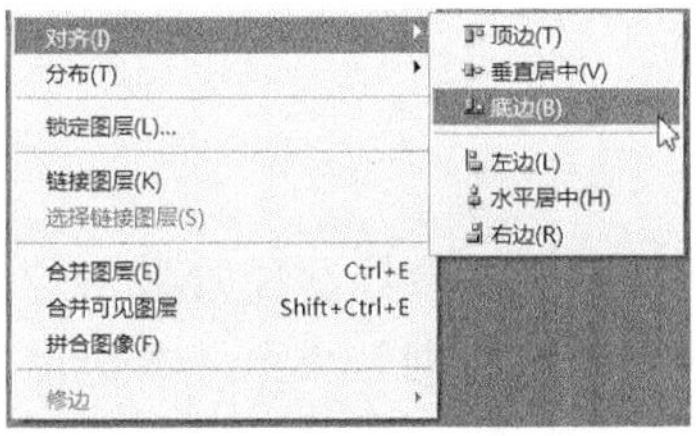

图 3-30　对齐菜单

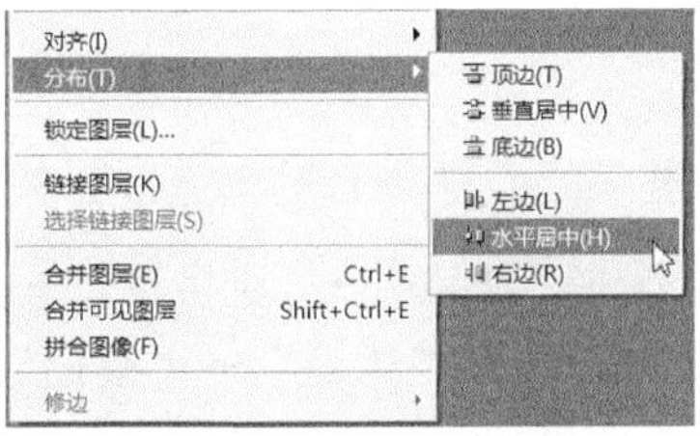

图 3-31　分布菜单

图 3-32　对齐和均匀分布后效果

（4）调整图层次序：拖动图层"中间"缩览图移到最上层，图层面板如图 3-33 所示，图像效果如图 3-34 所示。

图 3-33　图层面板

图 3-34　调整次序后效果

（5）调整图层不透明度：在图层面板中分别调整"前面"和"后面"图层的"不透明度"为 50%，图层面板如图 3-35 所示，图像效果如图 3-36 所示。

图 3-35　图层面板

图 3-36　调整图层不透明度后效果

### 7. 保存文件

选择"文件"→"存储"命令（快捷键：Ctrl+S），出现"存储"对话框，输入文件名"速度"，文件格式选 Photoshop(*.PSD;*.PDD)，单击"保存"按钮，保存文件，也可根据需要保存为 JPG 等文件。

### 拓展提高

**利用滤镜功能增强动感效果**

选中一个"运动员"图层，选择"滤镜"→"风格化"→"风"命令（参数设置如图 3-37 所示），添加合适的风吹效果，然后选择"滤镜"→"模糊"→"动感模糊"命令（参数设置如图 3-38 所示），添加合适动感模糊效果，并适当调整图层不透明度（80%）。最终效果如图 3-39 所示。

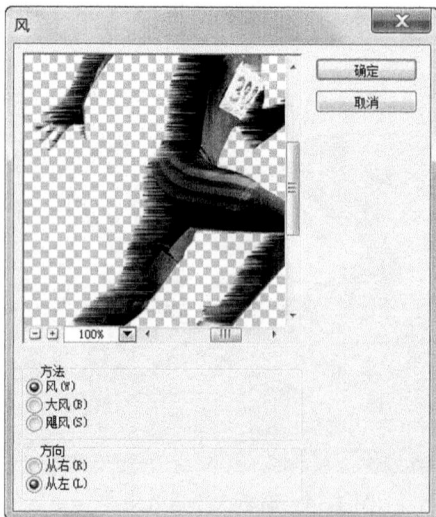

图 3-37　"风"参数设置

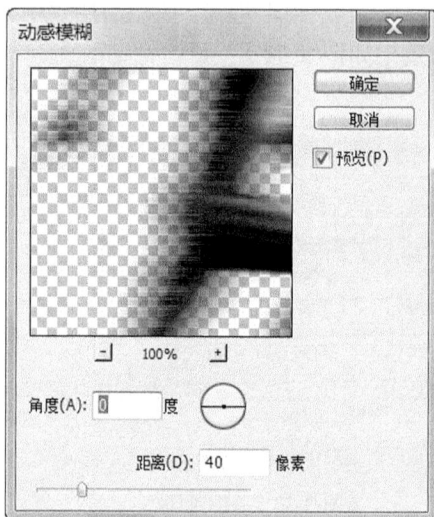

图 3-38　"动感模糊"参数设置

图 3-39　效果图

**相关知识**

### 1.　工具箱及常用工具功能

工具箱是整个软件的最基础部分。启动 Photoshop 时，工具箱面板将出现在工作区左侧，工具图标右下角的小三角形表示存在隐藏工具，单击工具图标下角的小三角，按住鼠标不放，可以看到隐藏的工具，工具箱及工具分类如图 3-40 所示。

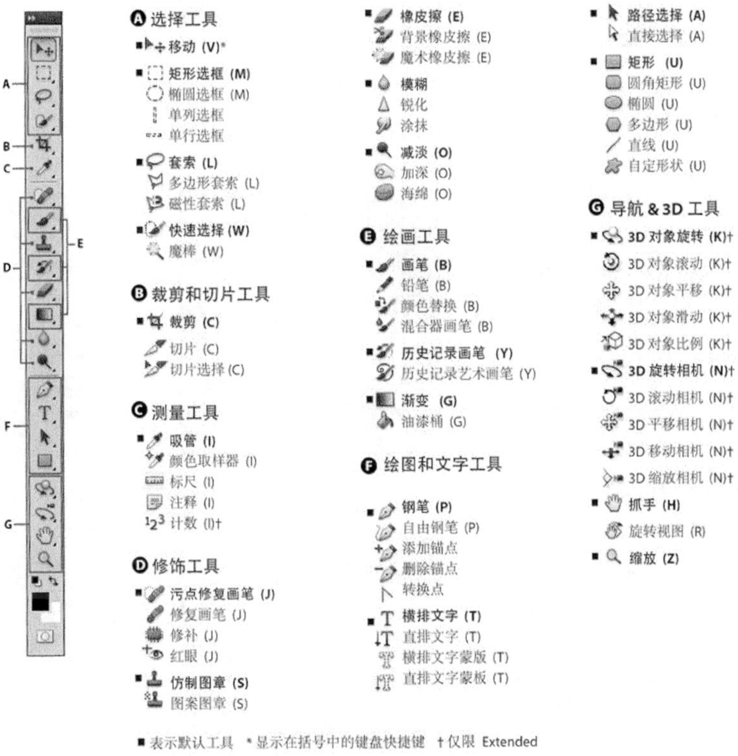

**Ⓐ 选择工具**
■► ✛ 移动 (V)*
■ ⬚ 矩形选框 (M)
　○ 椭圆选框 (M)
　▯ 单列选框
　□ 单行选框
■ ⬭ 套索 (L)
　▱ 多边形套索 (L)
　⬭ 磁性套索 (L)
■ ⬭ 快速选择 (W)
　⬭ 魔棒 (W)

**Ⓑ 裁剪和切片工具**
■ ⬚ 裁剪 (C)
　⬚ 切片 (C)
　⬚ 切片选择 (C)

**Ⓒ 测量工具**
■ 吸管 (I)
　⬚ 颜色取样器 (I)
　⬚ 标尺 (I)
　⬚ 注释 (I)
　₁₂³ 计数 (I)†

**Ⓓ 修饰工具**
■ ⬚ 污点修复画笔 (J)
　⬚ 修复画笔 (J)
　⬚ 修补 (J)
　⬚ 红眼 (J)
■ ⬚ 仿制图章 (S)
　⬚ 图案图章 (S)

**Ⓔ 绘画工具**
■ ⬚ 橡皮擦 (E)
　⬚ 背景橡皮擦 (E)
　⬚ 魔术橡皮擦 (E)
■ ⬚ 模糊
　△ 锐化
　⬚ 涂抹
■ ⬚ 减淡 (O)
　⬚ 加深 (O)
　⬚ 海绵 (O)

**Ⓔ 绘画工具**
■ ⬚ 画笔 (B)
　⬚ 铅笔 (B)
　⬚ 颜色替换 (B)
　⬚ 混合器画笔 (B)
■ ⬚ 历史记录画笔 (Y)
　⬚ 历史记录艺术画笔 (Y)
■ ⬚ 渐变 (G)
　⬚ 油漆桶 (G)

**Ⓕ 绘图和文字工具**
■ ⬚ 钢笔 (P)
　⬚ 自由钢笔 (P)
　⬚ 添加锚点
　⬚ 删除锚点
　⬚ 转换点
■ T 横排文字 (T)
　↓T 直排文字 (T)
　⬚ 横排文字蒙版 (T)
　⬚ 直排文字蒙版 (T)

■ ► 路径选择 (A)
　⬚ 直接选择 (A)
■ ⬚ 矩形 (U)
　⬚ 圆角矩形 (U)
　○ 椭圆 (U)
　⬚ 多边形 (U)
　／ 直线 (U)
　⬚ 自定形状 (U)

**Ⓖ 导航 & 3D 工具**
■ ⬚ 3D 对象旋转 (K)†
　⬚ 3D 对象滚动 (K)†
　⬚ 3D 对象平移 (K)†
　⬚ 3D 对象滑动 (K)†
　⬚ 3D 对象比例 (K)†
■ ⬚ 3D 旋转相机 (N)†
　⬚ 3D 滚动相机 (N)†
　⬚ 3D 平移相机 (N)†
　⬚ 3D 移动相机 (N)†
　⬚ 3D 缩放相机 (N)†
■ ⬚ 抓手 (H)
　⬚ 旋转视图 (R)
■ ⬚ 缩放 (Z)

■ 表示默认工具　* 显示在括号中的键盘快捷键　† 仅限 Extended

图 3-40　工具箱及工具分类说明

通过工具箱提供的工具，可以输入文字，选择、绘画、绘制、编辑、移动、注释和查看图像，或对图像进行取样等。常用工具功能介绍如表 3-3 所示。

表 3-3　Photoshop CS5 常用工具功能说明

| 类别 | 功 能 说 明 | | |
|---|---|---|---|
| 选择工具 | 选框工具可建立矩形、椭圆、单行和单列选区 | 移动工具可移动选区、图层和参考线 | 套索工具可建立手绘图、多边形和磁性（紧贴）选区 |
| | 快速选择工具可让您使用可调整的圆形画笔笔尖快速"绘制"选区 | 魔棒工具可选择着色相近的区域 | |
| 裁剪和切片工具 | 裁剪工具可裁切图像 | 切片工具可创建切片 | 切片选择工具可选择切片 |
| 修饰工具 | 污点修复画笔工具可移去污点和对象 | 修复画笔工具可利用样本或图案修复图像中不理想的部分 | 修补工具可利用样本或图案修复所选图像区域中不理想的部分 |

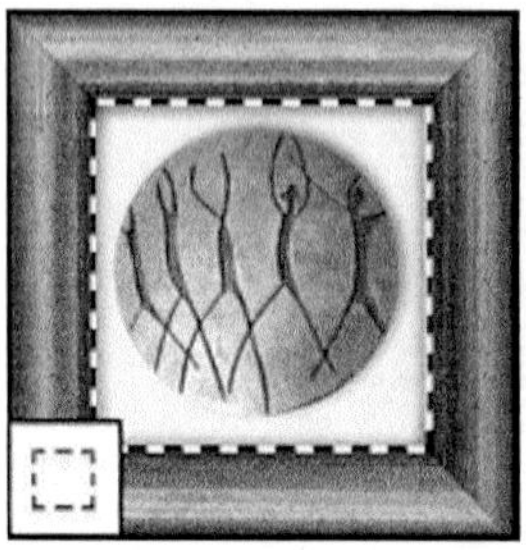

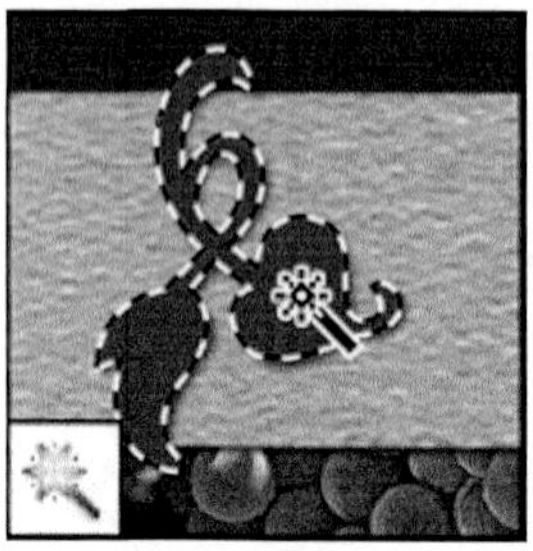

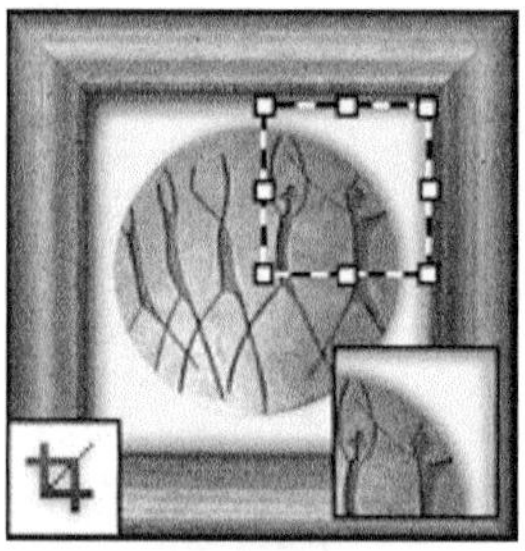

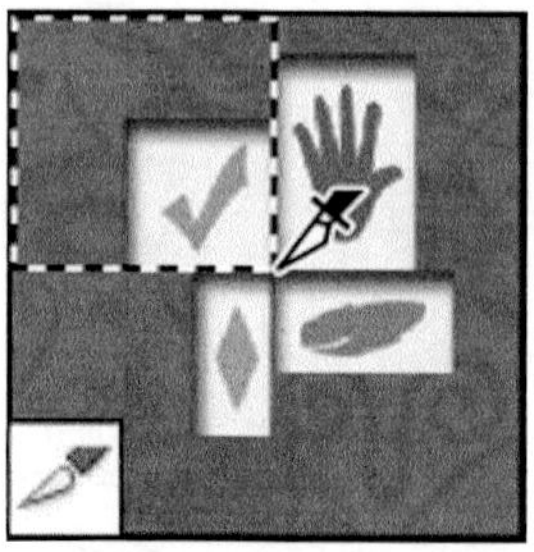

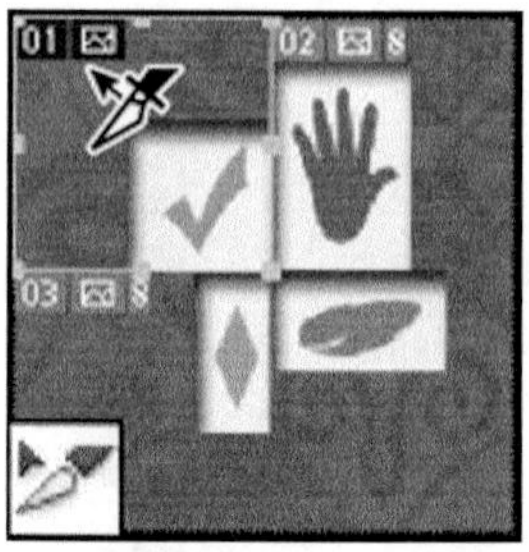

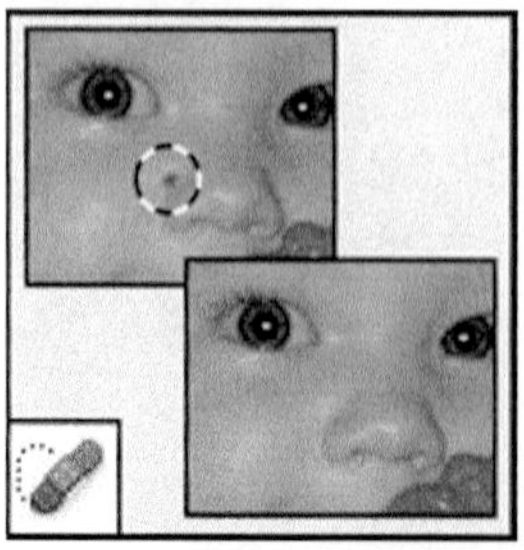

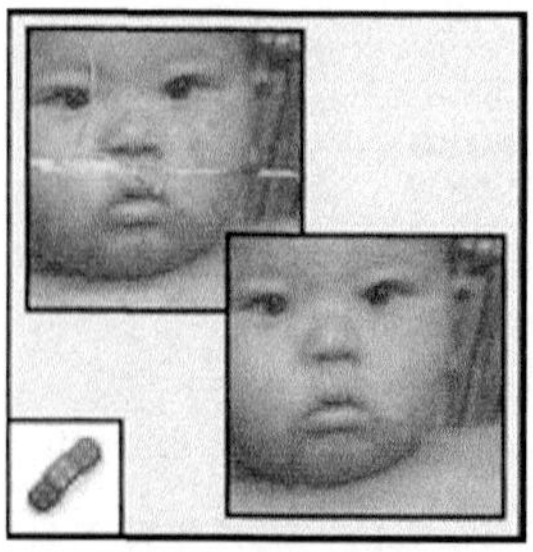

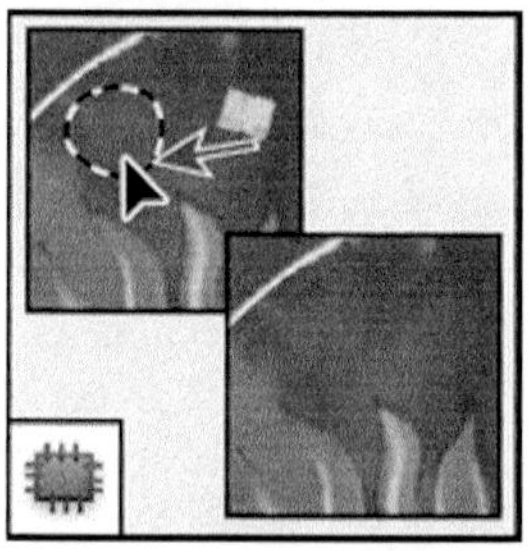

| 类别 | 功 能 说 明 | | |
|---|---|---|---|
| 修饰工具 | 红眼工具可移去由闪光灯导致的红色反光 | 仿制图章工具可利用图像的样本来绘画 | 图案图章工具可使用图像的一部分作为图案来绘画 |
| | 橡皮擦工具可抹除像素并将图像的局部恢复到以前存储的状态 | 背景橡皮擦工具可通过拖动将区域擦抹为透明区域 | 魔术橡皮擦工具只需单击一次即可将纯色区域擦抹为透明区域 |
| | 模糊工具可对图像中的硬边缘进行模糊处理 | 锐化工具可锐化图像中的柔边缘 | 涂抹工具可涂抹图像中的数据 |
| | 减淡工具可使图像中的区域变亮 | 加深工具可使图像中的区域变暗 | 海绵工具可更改区域的颜色饱和度 |

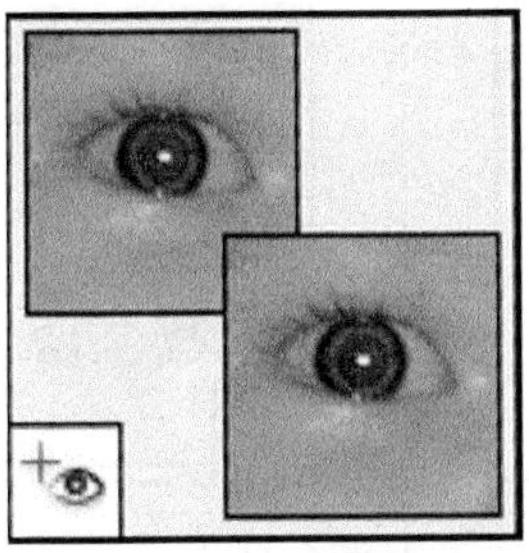

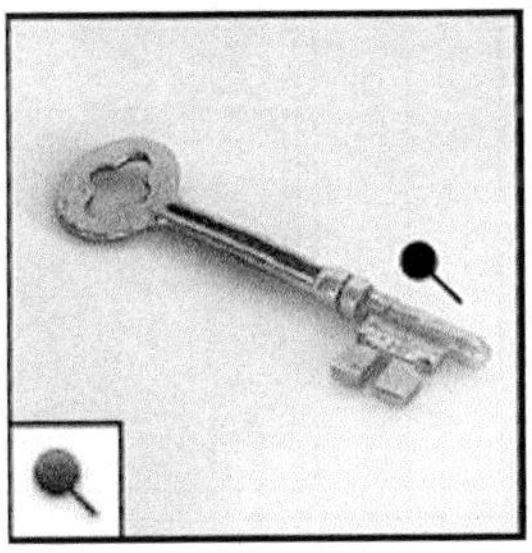

| 类别 | 功 能 说 明 | | |
|---|---|---|---|
| 绘画工具 | 画笔工具可绘制画笔描边 | 铅笔工具可绘制硬边描边 | 颜色替换工具可将选定颜色替换为新颜色 |
| | 混合器画笔工具可模拟真实的绘画技术（例如，混合画布颜色和使用不同的绘画湿度） | 历史记录画笔工具可将选定状态或快照的副本绘制到当前图像窗口中 | 历史记录艺术画笔工具可使用选定状态或快照，采用模拟不同绘画风格的风格化描边进行绘画 |
| | 渐变工具可创建直线形、放射形、斜角形、反射形和菱形的颜色混合效果 | 油漆桶工具可使用前景色填充着色相近的区域 | |
| 绘图和文字工具 | 路径选择工具可建立显示锚点、方向线和方向点的形状或线段选区 | 文字工具可在图像上创建文字 | 文字蒙版工具可创建文字形状的选区 |

| 类别 | 功 能 说 明 | | |
| --- | --- | --- | --- |
| 绘图和文字工具 | 钢笔工具可让您绘制边缘平滑的路径 | 形状工具和直线工具可在正常图层或形状图层中绘制形状和直线 | 自定形状工具可创建从自定形状列表中选择的自定形状 |
| 注释、测量和导航工具 | 吸管工具可提取图像的色样 | 颜色取样器工具最多显示 4 个区域的颜色值 | 标尺工具可测量距离、位置和角度 |
| | 抓手工具可在图像窗口内移动图像 | 缩放工具可放大和缩小图像的视图 | 计数工具可统计图像中对象的个数 |
| | 旋转视图工具可在不破坏原图像的前提下旋转画布 | 注释工具可为图像添加注释 | |

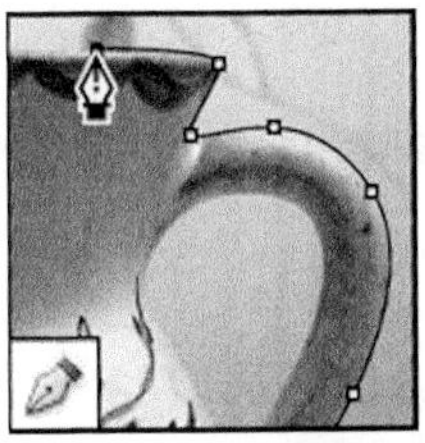

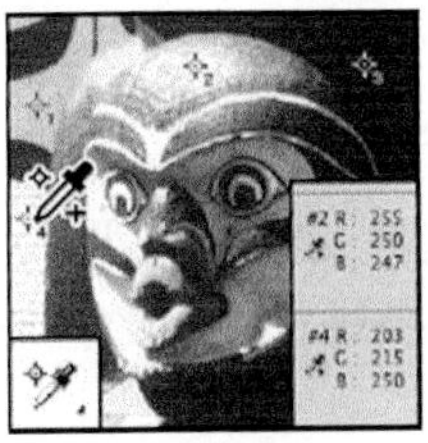

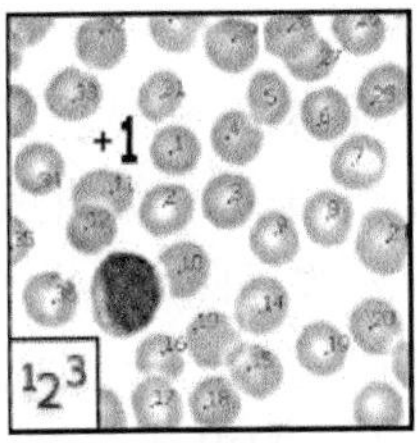

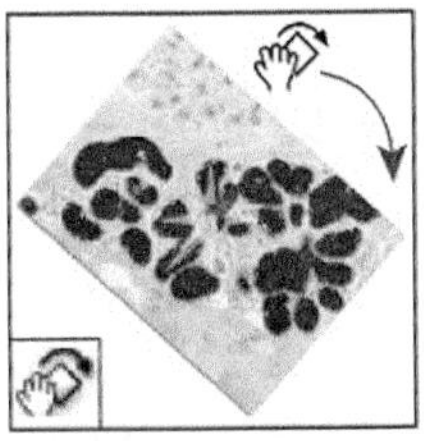

**2. 图层的基本概念**

在 Photoshop 中可以将一个图层看做一张透明的纸，透过图层的透明区域可以看到下面图层中的图像信息。图层和图层之间彼此独立，在处理当前图层中的图像时，不会影响到其他图层中的图像信息。Photoshop 中的图层示意图如图 3-41 所示。图层的基本功能是使图像部分脱离其环境，成为一个独立的实体，从而能够自由组合图像对象。在 Photoshop 中，有 4 种类型图层。

图 3-41　Photoshop 中的图层示意图

1）普通图层

普通图层是使用一般方法建立的图层，也是常说的一般概念上的图层。在图像的处理中用得最多的就是普通图层，这种图层是透明无色的，可以在其上添加图像、编辑图像，然后使用图层菜单或图层控制面板进行图层的控制。

2）文本图层

当使用文本工具输入文字后，系统即会自动新建一个图层，这个图层就是文本图层。

3）调节图层

调节图层不是存放图像的图层，它主要用来控制色调及色彩的调整，存放的是图像的色调和色彩，包括色阶、色彩平衡等的调节，将这些信息存储到单独的图层中，这样就可以在图层中进行编辑调整，而不会永久性地改变原始图像。

4）背景图层

背景图层是一种特殊的、不透明的图层，其底色是以背景色的颜色来显示的。当 Photoshop 打开不具有保存图层功能的图形格式（如 GIF、TIF）时，系统将会自动地创建一个背景图层。

**3. 图层的组织与管理**

Photoshop 运用图层组的技术来更好地管理和组织图层。只要内存允许，Photoshop 可以建立 8000 个图层，使用图层组可以使多图层的图层面板更加简洁明了，也可以对组内的所有图层应用相同的属性和操作。图层组就像文件夹一样可以层层嵌套。

1）图层组的基本操作

对图层组除了进行建立、复制、重命名、删除等操作，还能被嵌套创建。可以使用以下几种方法建立图层组。

（1）选择“图层”→“新建”→“图层组”命令。

（2）单击图层面板中的新图层组按钮图标。

（3）执行图层面板菜单中的新图层组命令。

2）图层组的基本管理

每一个图层组在“图层”面板中用一个文件夹图标表示，单击文件夹图标左边的三角形按钮可以折叠或者展开图层组。将图层或图层组拖移到组文件夹中即可添加到该图层组中，反之可以将其从图层组中分离出来。

# 3.5　选　　区

## 任务 3　飞机"转场"

### 任务描述

分别将图 3-42 和图 3-43 中的飞机转场到图 3-44 中，效果如图 3-45 所示。具体要求如下所示。

（1）利用魔棒工具选中图 3-42 中的歼-10 飞机并复制到图 3-44 中。

（2）利用磁性套索工具选中图 3-43 中的 Su-35 飞机并复制到图 3-44 中。

（3）利用移动工具将转场后的飞机移动到合适的位置，如图 3-45 所示。

图 3-42　歼-10 图片

图 3-43　Su-35 图片

图 3-44　航母图片

图 3-45　效果图

### 学习要点

（1）魔棒工具、磁性套索工具、移动工具。

（2）图像复制、粘贴。

（3）图像变换。

操作实战

### 1. 打开图像文件

选择"文件"→"打开"命令，分别打开歼-10.JPG、Su-35.JPG、航母.JPG，如图3-46所示。

图3-46　打开图像文件

### 2. 飞机"转场"

（1）选中歼-10飞机：激活歼-10.JPG窗口，从工具箱中选择魔棒工具 ，其参数设置如图3-47所示，单击歼-10.JPG背景区域，再选择"选择"→"反向"命令即可选中歼-10飞机，如图3-48所示。

图3-47　魔棒工具选项栏

图3-48　选中歼-10飞机

> **提　示**
>
> "反向"命令用于将图层中选择区域和非选择区域进行互换。

（2）复制歼-10飞机：选择"编辑"→"复制"命令，复制选中的歼-10飞机。激活航母.JPG窗口，选择"编辑"→"粘贴"命令，将飞机图片粘贴到航母图片中。

（3）调整飞机大小：选择"编辑"→"变换"→"缩放"命令，在飞机图片周围出现8个小方格控点，如图3-49所示，按住Shift键的同时，用鼠标分别拖动图片四角控点，将飞机图片调整到合适大小，按Enter键确认。

（4）调整飞机位置：单击工具箱中的移动工具 ，将歼-10飞机移动到合适的位置，效果如图 3-50 所示。

图 3-49　调整"飞机"大小

图 3-50　移动"飞机"

（5）复制 Su-35 飞机：激活 Su-35.JPG 窗口，从工具箱中选择磁性套索工具或按 L 键，在磁性套索工具栏中设置参数，具体数值设置如图 3-51 所示，在 Su-35 飞机边缘拖动鼠标，直至最后一个单击点和起点重合，这时鼠标旁边出现一个 符号，单击可得到一个 Su-35 飞机闭合选区，如图 3-52 所示。打开"编辑"菜单，选择"复制"命令，激活航母.JPG，再打开"编辑"菜单，选择"粘贴"命令，选择移动工具，将粘贴过来的 Su-35 飞机移动到合适的位置。再选择"编辑"→"变换"→"缩放"命令，将飞机调整到合适大小。最终效果如图 3-45 所示。

图 3-51　设置磁性套索工具参数

**提　示**

（1）磁性套索工具的原理是分析色彩边界，在经过的道路上找到色彩的分界并把它们连起来形成选区。

（2）羽化选项的作用是虚化选区边缘，在制作合成效果的时候会得到较柔和的过渡。一般把宽度设置在 6～10。注意此宽度会随着图像显示比例的不同而有所改变，建议将图像放在 100% 的显示比例上。

（3）边对比度的作用要根据图像而定，如果色彩边界较为明显，可以使用较高的边对比度，这样磁性套索对色彩的误差就非常敏感，如果色彩边界较模糊，就适当降低边对比度。

图 3-52　选中飞机形成选区

**技　巧**

按 Caps Lock 键可以使画笔和磁性工具的光标显示为精确十字线，再按一次可恢复原状。

### 3. 保存文件

选择"文件"→"存储"命令，将文件保存为飞机与航母.PSD。

### 相关知识

**1. 选区自由变形**

选择一个选取区域，选择"选择"→"变换选区"命令，这时选择范围处于变换选取状态，可以看到出现的一个方形的区域上有 8 个小方格控点，可以任意地改变选区的大小、位置和角度，这时可用以下几种方法对其进行自由变形。

改变大小：将鼠标移到选择区域的控制角点上按住鼠标移动光标即可。

改变位置：将鼠标移到选区的区域内拖动鼠标即可。

自由旋转：将鼠标移到选区外然后按住鼠标按一个方向拖动即可。

自由变形：选择"编辑"→"变换"子菜单中的 5 个命令即可实现。这 5 个命令分别为"缩放"、"旋转"、"斜切"、"扭曲"和"透视"。

**2. 选区运算**

新建选区模式：单击该按钮在工作页面中操作，可以创建新的选区。如果再次绘制新的选区，新选区将取代旧的选区。

增加选区模式：单击该按钮在工作页面中操作，可以创建多个选区。换言之，在此按钮被选中的情况下，可在保留原选区的情况下，将再次绘制得到的选区添加至现有选区中。

减少选区模式：单击该按钮在工作页面中操作，可以从已存在的选区中减去当前绘制选区与该选区的重合部分。

交叉选区模式：单击该按钮在工作页面中操作，可以得到新选区与已有选区相交叉部分。

## 3.6　变换与变形

### 任务 4　制作阅兵方队"魔方"

### 任务描述

利用给定的图片素材(如图 3-53～3-55 所示)制作一个阅兵方队"魔方"，效果如图 3-56 所示。

具体要求如下所示。

（1）利用图形变换中的"扭曲"命令，对各个图片进行适当变形，使其围成一个具有一定透视效果的立方体"魔方"。

（2）利用图层样式的"投影"功能给"魔方"添加阴影效果。

（3）利用渲染滤镜中的"光照效果"给"魔方"添加光照效果。

图 3-53　陆军阅兵图片

图 3-54　海军阅兵图片

图 3-55　民兵阅兵图片

图 3-56　阅兵方队"魔方"效果图

## 学习要点

（1）图像变换。
（2）合并图层。
（3）图层样式。
（4）滤镜应用。

## 操作实战

### 1. 新建文件

选择"文件"→"新建"命令，创建"阅兵方队魔方"文件，参数设置如图 3-57 所示。

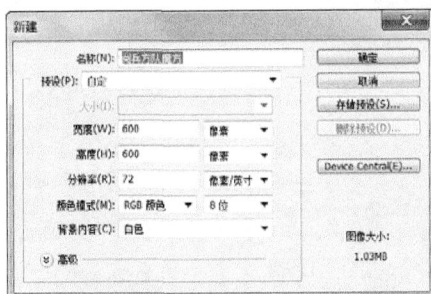

图 3-57　"新建文件"对话框

## 2. 新建图层

"阅兵方队魔方"由三张图片组成，可以将三张图片分别放在不同的图层中，这样在编辑其中一张图片时不会影响其他图片。选择"图层"→"新建图层"命令（或单击图层面板的底部"创建新图层"按钮 ），在弹出的"新建图层"对话框中输入图层名"陆军方队"，其他参数和选项保持默认，如图 3-58 所示，单击"确定"按钮即可新建一个普通图层。用同样的方法分别新建"海军方队"和"民兵方队"图层，如图 3-59 所示。

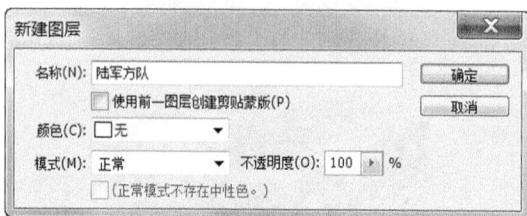

图 3-58 "新建图层"对话框

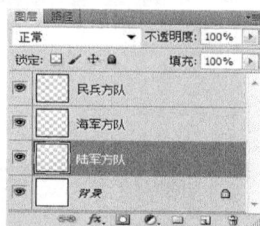

图 3-59 新建图层

## 3. 复制图像

打开图像文件陆军方队.JPG，按 Ctrl+A 组合键选中整个图片，打开"编辑"菜单，选择"复制"命令，返回"陆军方队"图层，打开"编辑"菜单，选择"粘贴"命令，粘贴"陆军方队"图片，此时图层面板效果如图 3-60 所示。

## 4. 扭曲变换

（1）扭曲"陆军方队"图片：选中"陆军方队"图层，选择"编辑"→"变换"→"扭曲"命令，在"陆军方队"图四周出现八个控点，分别拖动图片四个角的控点到合适的位置，将其"扭曲"成合适形状，作为"魔方"的右可见面，如图 3-61 所示，按 Enter 键确认。

图 3-60 粘贴"陆军方队"图片

图 3-61 扭曲"陆军方队"图片

**技 巧**

变换常用快捷键如下所示。

| | |
|---|---|
| 自由变换：Ctrl+T | 扭曲（在自由变换模式下）：Ctrl |
| 应用自由变换（在自由变换模式下）：Enter | 取消变形（在自由变换模式下）：Esc |
| 从中心或对称点开始变换（在自由变换模式下）：Alt | 自由变换复制的像素数据：Ctrl+Shift+T |

（2）扭曲"海军方队"图片：用同样的方法，把海军方队.JPG 粘贴到"海军方队"图层中，选择"编辑"→"变换"→"扭曲"命令，分别拖动图片右上角和右下角的控点，使其分别和"陆军方队"图片的左上角和左下角重合，然后再分别拖动图片左上角和左下角控点到合适位置，如图 3-62 所示，按 Enter 键确定操作。

（3）扭曲"民兵方队"图片：与前两步类似，分别拖动"民兵方队"图片右上角、右下角、左下角的控点，使其分别和前两张图片形成的 3 个上顶点重合，然后再拖动图片左上角控点到合适位置，如图 3-63 所示，按 Enter 键确定操作。

图 3-62　扭曲"海军方队"图片　　　　　图 3-63　扭曲"民兵方队"图片

### 5. 合并图层

单击背景图层前的"眼睛"图标，隐藏背景，如图 3-64 所示，选择"图层"→"合并可见图层"命令（或按 Ctrl+Shift+E 组合键），使各个可见图层合为一体，以方便后续操作，将合并后的图层更名为"魔方"；再次单击背景图层前的"眼睛"图标处，使背景可见，如图 3-65 所示。至此"魔方"基本完成，下面只需添加一些效果，来增强其逼真度。

图 3-64　隐藏背景　　　　　　　　　　图 3-65　合并可见图层

### 6. 添加阴影效果

在选中"魔方"图层的情况下，选择"图层"→"图层样式"→"阴影"命令（或直接在图层面板双击图层缩览图），弹出"图层样式"对话框，分别设置投影距离为 10 像素、扩展为 10%、大小为 20 像素，如图 3-66 所示，单击"确定"按钮后，效果如图 3-67 所示。

图 3-66　设置图层样式

图 3-67　设置阴影后效果

### 7. 添加光照效果

选择"滤镜"→"渲染"→"光照效果"命令，弹出"光照效果"对话框，在预览窗口中适当调节灯光，如图 3-68 所示，单击"确定"按钮后，效果如图 3-69 所示。

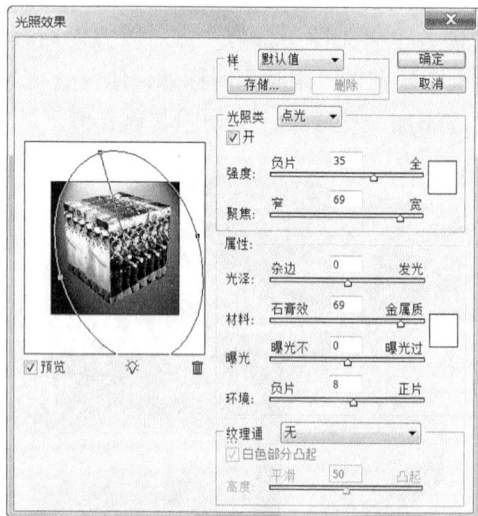

图 3-68　设置光照效果

图 3-69　设置光照后效果

### 8. 保存文件

选择"文件"→"存储"命令，将文件保存为阅兵魔方.PSD。

### 拓展提高

**1. 智能变形工具——"内容识别比例"**

Photoshop 从 CS4 版本增加了一个智能变换工具——"内容识别比例"，可以选择"编辑"→"内容识别比例"命令执行。该功能在变换时可以对内容智能感知，达到"能屈能伸、刚柔并济"的神奇效果。

首先使用自由变换命令（快捷键：Ctrl+T），将图片（见图 3-70）横向拉伸至原图的 2 倍（见图 3-71），图片明显出现了变形，图中女孩"胖"了许多。但采用"内容识别比例"命令（快捷键：Alt+Shift+Ctrl+C）同样横向拉伸至原图的 2 倍（见图 3-72），则图片中女孩"保持了体形"，而只是把背景拉伸了。

图 3-70　原图　　　　　　图 3-71　自由变换效果　　　　图 3-72　内容识别比例变换效果

面对较强的挤压或拉伸程度、或复杂的图片环境，有时效果不理想。如图 3-74 所示，把图 3-73 采用内容识别比例变换后，人物的腿部变长，对此可采用"保护肤色"功能，效果如图 3-75 所示，操作如图 3-76 所示。

图 3-73　原图　　　　图 3-74　内容识别比例变换效果　　　图 3-75　应用"保护肤色"功能效果

X: 407.50 px　△ Y: 450.00 px　W: 100.00%　H: 100.00%　数量 100%　保护: 无　—— 按下"保护肤色"按钮

图 3-76　"保护肤色"操作

有时以上方法可能均失效，如图 3-78 和图 3-79 所示，这时可采用预先保存的 alpha 通道进行保护，效果如图 3-80 所示，操作如图 3-81 所示，创建保护选区并存储为通道如图 3-82 所示。

图 3-77　原图　　　　图 3-78　内容识别比例变换效果　　　图 3-79　应用"保护肤色"功能效果

图 3-80 应用"alpha 通道保护"功能效果

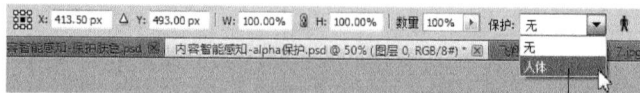

保护方式选择"人体"选区（alpha通道）

图 3-81 "alpha 通道保护"操作

图 3-82 创建保护选区并存储为通道

**2. 模拟三维变形——"操控变形"**

Photoshop CS5 增加了一个类似变形换工具——"操控变形"，可以选择"编辑"→"操控变换"命令执行。该功能赋予图像以动作"灵魂"，不需要建模和贴图，就能实现类似三维动作变形。3D 模型可以进行任意动作变形，而在平面软件中，图像只是一个面片，如果将其进行变形，就会出现缺损、断裂的问题。操控变形功能就解决了这个问题，用鼠标移动关节点，图像也随之进行变形。如图 3-83 所示为原始图像，经过适当的操控变形，如图 3-84 所示，最终图像效果如图 3-85 所示。

图 3-83 原图

图 3-84 操控变形操作

图 3-85 操控变形后图像

**相关知识**

**常见变换**

变换是对指定的对象进行二维的变形处理。变形的对象可以是图形、路径或选区。在

"编辑"菜单中选择"变换",将显示子菜单选项。常见变换有以下几种变换方式。

（1）缩放：该命令用以对指定的对象进行缩放，可以水平、垂直或同时沿这个方向缩放。

（2）旋转：该命令用以对指定的对象进行旋转操作。

（3）斜切：该命令用以对指定的对象进行拉曲变形处理。

（4）扭曲：该命令用以对指定的对象进行扭曲变形。扭曲的效果其实可以由多个斜切操作来完成，因为在斜切时只能将角点沿着一个方向，即垂直或水平方向移动，而在扭曲时角点可沿任意方向移动，这时选区仍保持四边形。

（5）透视：该命令用以对指定的对象进行按照制定的透视方向做透视变形。如果要制作一种远处观察的效果，或要制作一些阴影效果时，那么透视的使用是适当的。

（6）旋转180°：该命令用以对指定的对象进行180°的旋转。

（7）旋转90°（顺时针）：该命令用以对指定的对象进行顺时针旋转90°。

（8）旋转90°（逆时针）：该命令用以对指定的对象进行逆时针旋转90°。

（9）水平旋转：该命令用以对指定的对象进行水平旋转。

（10）垂直旋转：该命令用以对指定的对象进行垂直旋转。

# 3.7 颜色调整

## 任务5 迷彩服变色

### 任务描述

将图片素材中解放军战士的林地迷彩服"变换"为海洋迷彩服（见图3-86），并使解放军战士由陆地"转移"到海岸（见图3-87），效果如图3-88所示。具体要求如下所示。

（1）利用快速选择工具将解放军战士从背景中"抠出"，并更换背景。

（2）利用画笔工具"涂抹"，使迷彩变色。

图3-86 解放军战士图片　　　图3-87 海岸图片　　　图3-88 迷彩变色效果图

### 学习要点

（1）快速选择工具。

（2）画笔工具。

（3）图层混合模式。

### 操作实战

#### 1. 打开图像文件

选择"文件"→"打开"命令，打开解放军战士.JPG，并双击图层面板中的背景图层，如图 3-89 所示，将其转换为新图层（默认名为"图层 0"，如图 3-90 所示），以方便后期编辑。

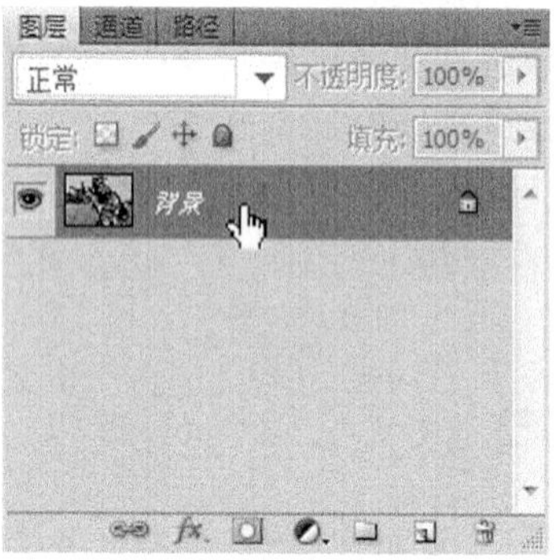

图 3-89　图层面板初始状态

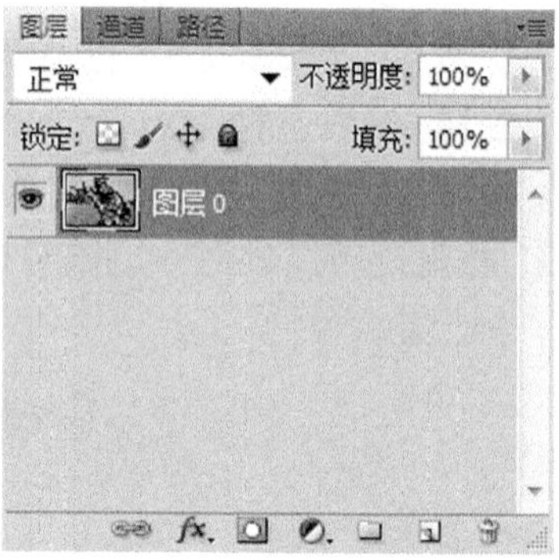

图 3-90　背景图层转换为新图层

#### 2. 去除背景

（1）创建背景选取：从工具箱中选择快速选择工具 ，并将调整其大小为 15px，然后按住鼠标左键，在解放军战士图片的不同背景区域拖动，即可选出背景区域。对于多选的区域，可以按住 Alt 键的同时，拖动鼠标即可将其从选择区域中减去。最后，创建的背景选取如图 3-91 所示。

（2）删除背景：按 Delete 键，删除背景，并按 Ctrl+D 组合键取消选区，如图 3-92 所示。

图 3-91　创建背景选区

图 3-92　删除背景后效果

### 3. 迷彩服变色

（1）新建图层：选择"图层"→"新建"→"图层"命令，或单击图层面板底部的"添加图层"按钮，新增一个图层（默认名为"图层 1"），图层面板如图 3-93 所示，设置"图层 1"的混合模式为"叠加"，如图 3-94 所示。

（2）画笔涂色：设置前景色为 RGB（10,100,255），从工具箱选择画笔工具，并调整适当画笔大小，激活"图层 1"，利用画笔在解放军战士迷彩服和头盔等部位不断涂色即可，如图 3-95 所示。

图 3-93　新建图层　　　图 3-94　图层混合模式为"叠加"　　图 3-95　利用画笔涂色在头盔处涂色

**技　巧**

为了涂色准确，可在按住 Ctrl 键的同时，单击图层面板"图层 0"缩览图，创建解放军战士选区。

### 4. 添加背景图

打开背景图片海岸.JPG，并将其拖动到解放军战士图片文件中，则产生一个新图层（默认名为"图层 2"），将其调整到最下方，图层面板如图 3-96 所示，最终效果如图 3-97 所示。

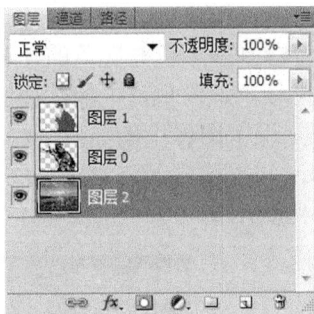

图 3-96　调整图层次序　　　　　　　　图 3-97　效果图

### 5. 保存文件

选择"文件"→"存储"命令，将文件保存为迷彩变色.PSD。

**拓展提高**

### 1. 黑白老照片上色

利用画笔工具，并结合适当的图层混合模式可以为黑白老照片上色。原照片和上色后照片如图 3-98 和图 3-99 所示。其图层面板及操作提示如图 3-100 所示。

图 3-98　原照片　　　　　　　　　　　　图 3-99　上色后照片

适当调整色阶以增强图像质感与亮度(11, 1, 189)

模式：颜色，不透明度：100%，填充：100%

模式：叠加，不透明度：60%，填充：100%

模式：叠加，不透明度：85%，填充：100%

模式：强光，不透明度：100%，填充：100%

图 3-100　"老照片上色"图层面板及操作提示

### 2. 巧用图层混合模式抠图

滤色混合模式与正片叠底模式相反，它查看每个通道的颜色信息，将图像的基色与混合色结合起来产生比两种颜色都浅的第三种颜色，就是将绘制的颜色与底色的互补色相乘，然后除以 255 得到的混合效果。通过该模式转换后的效果颜色通常很浅，像是被漂白一样，结果色总是较亮的颜色。由于滤色混合模式的工作原理是保留图像中的亮色，利用这个特点，通常在对丝薄婚纱进行处理时采用滤色模式。例如，利用图层混合模式对"鸽子"和"婚纱"抠图，其抠图效果及操作提示如图 3-101～图 3-108 所示。

图 3-101　鸽子抠图之前　　　图 3-102　利用"魔棒"抠图　　　图 3-103　利用"滤色"抠图

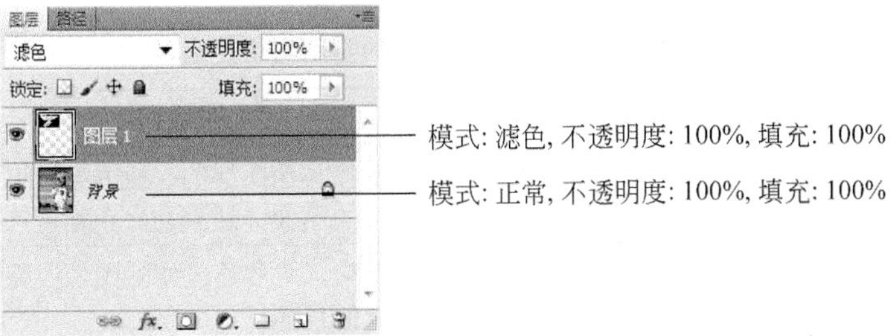
图层 路径
滤色
不透明度: 100%
锁定:
填充: 100%
图层 1
背景
模式: 滤色, 不透明度: 100%, 填充: 100%
模式: 正常, 不透明度: 100%, 填充: 100%

图 3-104　“鸽子抠图”图层面板及操作提示

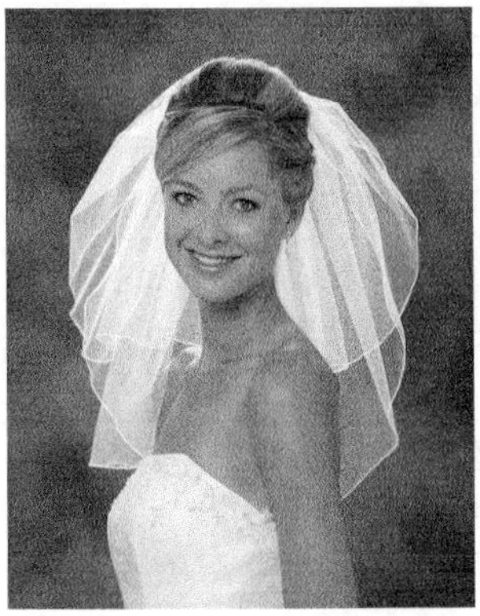

图 3-105　婚纱抠图之前

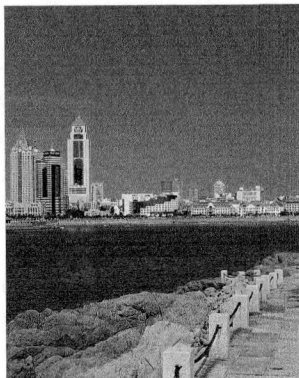

图 3-106　背景图

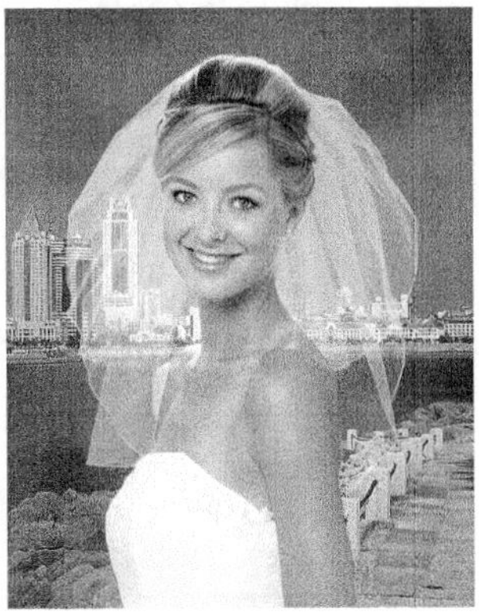

图 3-107　利用“滤色”抠图

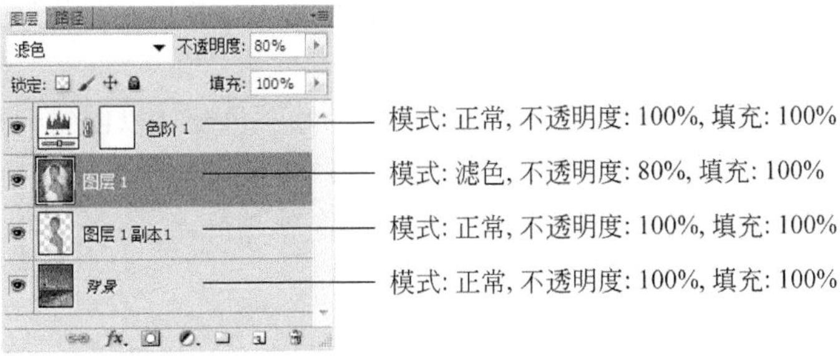
图层 路径
滤色
不透明度: 80%
锁定:
填充: 100%
色阶 1
图层 1
图层 1 副本 1
背景
模式: 正常, 不透明度: 100%, 填充: 100%
模式: 滤色, 不透明度: 80%, 填充: 100%
模式: 正常, 不透明度: 100%, 填充: 100%
模式: 正常, 不透明度: 100%, 填充: 100%

图 3-108　“婚纱抠图”图层面板及操作提示

## 相关知识

### 图层混合模式

图层混合模式决定当前图层中的像素与其下面图层中的像素以何种模式进行混合，简称图层模式。图层混合模式是 Photoshop 中最核心的功能之一，也是在图像处理中最为常用的一种技术手段。使用图层混合模式可以创建各种图层特效，实现充满创意的平面设计作品。Photoshop CS5 中有 27 种图层混合模式，每种模式都有其各自的运算公式。因此，对同样的两幅图像，设置不同的图层混合模式，得到的图像效果也是不同的。根据各混合模式的基本功能，大致分为 6 类，具体如表 3-4 所示。

表 3-4　图层混合模式的类别与功能

| 类别 | 混合模式 | 功能描述 |
| --- | --- | --- |
| 基础型 | 正常、溶解 | 该模式是不依赖其他图层的。利用图层的不透明度及填充值来控制下层的图像，达到与底色溶解在一起的效果 |
| 降暗型 | 变暗、正片叠底、颜色加深、线性加深、深色 | 使底层图像变暗。主要通过滤除图像中亮调成分，从而达到使图像变暗的目的 |
| 提亮型 | 变亮、虑色、颜色减淡、线性减淡、浅色 | 使底层图像变亮。与降暗型相反，滤除图像中暗调成分，从而达到使图像变亮的目的。使该用模式时，黑色完全消失，任何比黑色亮的区域都可能加亮下面的图像 |
| 融合型 | 叠加、柔光、强光、亮光、线性光、点光、实色混合 | 主要用于不同程度的融合图像，增强底层图像的对比度。任何暗于 50%灰色的区域都可能使下面的图像变暗，而亮于 50%灰色的区域则可能加亮下面的图像 |
| 色异型 | 差值、排除、减去、划分 | 主要用于制作各种另类、反色效果。比较上层与底层的图层。将上层的图像和下层的图像进行比较，寻找两者完全相同的区域 |
| 蒙色型 | 色相、饱和度、颜色、亮度 | 把一定量的上层应用到底层图像中。主要依据上层图像中的颜色信息，不同程度的映衬下面图层的图像。只将上层图像中的一种或两种特性应用到下层图像中 |

### 1. 基础型

"正常"模式是 PS 的默认模式，在此模式下形成的合成色或者着色作品不会用到颜色的相减属性。

"溶解"模式将产生不可知的结果，同底层的原始颜色交替以创建一种类似扩散抖动的效果，这种效果是随机生成的。通常在"溶解"模式中采用颜色或图像样本的"不透明度"越低，颜色或者图像样本同原始图像像素抖动的频率就越高。

### 2. 降暗型

"变暗"模式：Photoshop 将自动检测红、绿、蓝三种通道的颜色信息，选择基色或混合色中较暗的作为结果色，其中比结果色亮的像素将被替换掉，就会露出背景图像的颜色，比结果色暗的像素将保持不变。

"正片叠底"模式：Photoshop 将自动检测红、绿、蓝三种通道的颜色信息并将基色与混合色复合，结果色也是选择较暗的颜色，任何颜色与黑色混合将产生黑色，与白色混合保持不变，用黑色或白色以外的颜色绘画时，绘画工具绘制的连续描边产生逐渐变暗的颜色。

"颜色加深"模式：Photoshop 将自动检测红、绿、蓝三个通道中的颜色，通过增加对比度使基色变暗，反映混合色。

"线性加深"模式：Photoshop 将自动检测红、绿、蓝三个通道中的颜色，通过减少亮度使基色变暗以反映混合色。

### 3. 提亮型

"变亮"模式：Photoshop 将自动检测红、绿、蓝三个通道的颜色信息，并且选择基色或混合色中较亮的颜色作为结果色。比混合色暗的像素将被替换，比混合色亮的保持不变。

"虑色"模式：Photoshop 将自动检测红、绿、蓝三个通道的颜色信息，并将混合色的互补色与基色复合，结果色总是较亮的颜色，用黑色过滤时颜色将保持不变。

"颜色减淡"模式：Photoshop 将自动检测红、绿、蓝三个通道的颜色信息，并通过减小对比度使基色变亮以反映混合色。

"线性减淡"模式：Photoshop 将自动检测红、绿、蓝三个通道的颜色信息，并通过增加亮度使基色变亮以反应混合色。

**4. 融合型**

"叠加"模式用于复合或过滤颜色，具体取决于基色，图案或者颜色在现有的像素上叠加，同时保留基色的明暗对比，不替换基色，但基色与混合色相混以反映原色的亮度或者暗度。

"柔光"模式使颜色变暗或变亮，具体取决于混合色，此效果与发散聚光灯照在图像上相似。如果混合色（光源）比 50%的灰色亮，则图像变亮，就像被减淡了一样。如果混合色（光源）比 50%的灰色暗，则图像变暗，就像被加深了一样。用纯黑色或纯白色绘画会产生明显的较亮或较暗的区域，但不会产生纯黑色或纯白色。

"强光"模式用来复合或过滤颜色，具体取决于混合色。此效果与耀眼色聚光灯照在图像上相似，如果混合色（光源）比 50%的灰色亮，则图像变亮，就像过滤后的效果，这对于向图像添加高光非常有用。如果混合色（光源）比 50%的灰色暗，则图像变暗，就像复合后的效果，这对于向图像添加阴影非常有用。用纯黑色或纯白色绘图时会产生纯黑色或纯白色。

"亮光"模式通过增加或减少对比度来加深或减淡颜色，具体取决于混合色，如果混合色（光源）比 50%的灰色亮，则减小对比度使图像变亮，如果混合色比 50%的暗，则增加对比度使图像变暗。

"线性光"模式通过减小或增加亮度来加深或减淡颜色，具体取决于混合色，如果混合色比 50%的灰色亮，则通过增加亮度使图像变亮，如果混合色比 50%的灰色暗，则通过减小亮度使图像变暗。

"点光"模式根据混合色替换颜色，如果混合色（光源）比 50%的灰色亮，则替换比混合色暗的像素，如果混合色比 50%的灰色暗，则替换比灰褐色暗的像素，而比混合色暗的像素则保持不变，这对于向图像添加特殊效果非常有用。

"实色混合"模式根据使用该图层的填充不透明度设置使下面的图层产生色调分离。设置填充不透明度高会产生极端的色调分离，而设置填充不透明度低则会产生较光滑的图层。如果图层的亮度接近 50%的灰色，则下面的图像亮度不会改变。

**5. 色异型**

"差值"模式：Photoshop 将自动检测每个通道的颜色信息，并从基色中减去混合色，具体取决于哪一个颜色的亮度值更大。

"排除"模式创建一种与"差值"模式相似但对比度更低的效果，与白色灰色将产生反转基色值。与黑色混合则不发生变化，这种模式通常使用频率不是很高，不过通过该模式能够得到梦幻般的怀旧效果。

### 6. 蒙色型

"色相"模式使用的基色的亮度和饱和度以及混合色的色相创建结果色,这种模式会查看活动图层所包含的基本颜色,并将它们应用到下面图层的亮度和饱和度信息中。可以把色相看做纯粹的颜色。

"饱和度"模式用基色的亮度和色相以及混合色的饱和度创建结果色,在无饱和度为零的灰色上应用此模式不会产生任何变化。饱和度决定图像显示出多少色彩,如果没有饱和度就不会存在任何颜色,只会留下灰色。饱和度越高区域内的颜色就越鲜艳。当所有的对象都饱和时,最终得到的几乎都是荧光色了。

"颜色"模式用基色的亮度以及混合色的色相和饱和度创建结果色。这样可以保留图像中的灰阶,并且对于给单色图像上色和给彩色图像着色都非常有用。总体上来说,它将图像的颜色应用到了下面图像的亮度信息上。

"亮度"模式用基色的色相和饱和度以及混合色的亮度创建结果色。此模式与"颜色"模式相反效果,这种模式可将图像的亮度信息应用要下面的图像中的颜色上,它不能改变颜色,也不能改变颜色的饱和度,而只能改变下面图像的亮度。

# 3.8　钢笔与路径

## 任务 6　绘制八一军徽

### 任务描述

绘制八一军徽,效果如图 3-109 所示。具体要求如下所示。

(1)绘制五星,以红色填充。

(2)添加立体效果。

(3)添加文字"八一",字体为黑体,大小为 60 像素,黄色。

图 3-109　八一军徽

![学习要点图标] **学习要点**

（1）多边形工具。

（2）参考线。

（3）钢笔工具。

（4）路径。

（5）路径选择工具。

（6）油漆桶工具。

![操作实战图标] **操作实战**

**1. 新建文件**

选择"文件"→"新建"命令，创建"八一军徽"文件，参数设置如图 3-110 所示，设置背景色为白色。

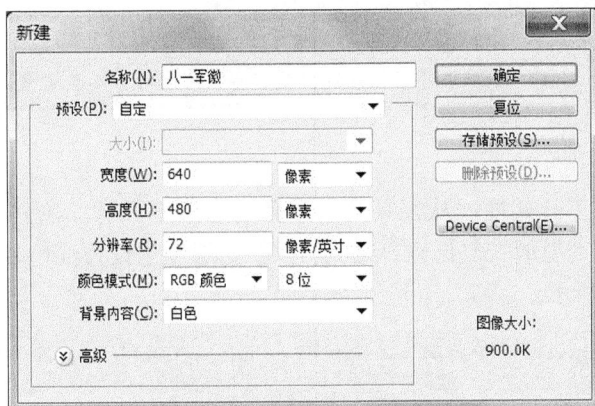

图 3-110　"新建文件"对话框

**2. 创建参考线**

在绘图过程中，为了精确定位，可用到辅助工具"标尺"和"参考线"。 参考线是浮在整个图像上用于帮助对齐或测试图像，但不会被打印出来的线条。选择"视图"→"标尺"命令（快捷键：Ctrl+R）调出标尺，再选择"视图"→"新建参考线"命令，按照图 3-111 所示，分别按标尺刻度在背景的中心设置垂直、水平参考线，设置完毕如图 3-112 所示。

图 3-111　设置参考线

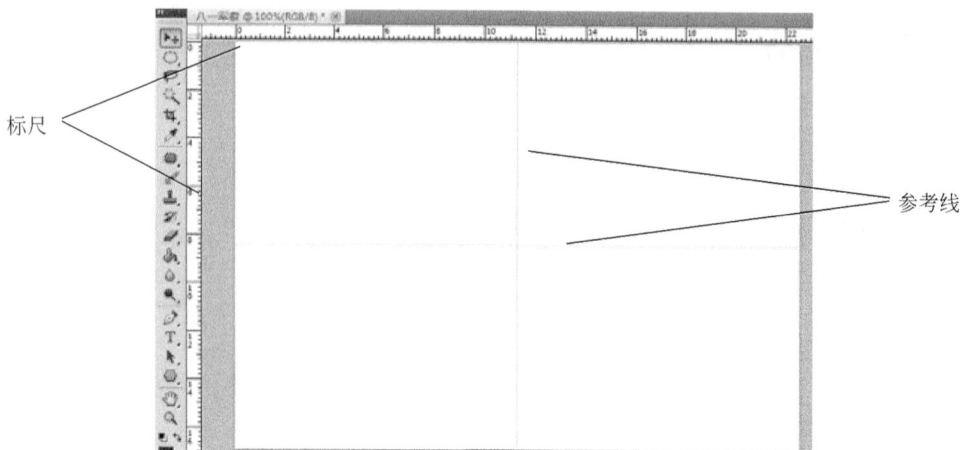

图 3-112　标尺与参考线显示

**提 示**

也可以用如下几种拖动的方法创建参考线。

（1）按住 Alt 键然后从垂直标尺拖动以创建水平参考线。

（2）按住 Alt 键然后从水平标尺拖动以创建垂直参考线。

（3）按住 Shift 键并从水平或垂直标尺拖动以创建与标尺刻度对齐的参考线。

**3. 绘制五角星图形**

（1）设置多边形工具属性：从工具箱中选择多边形工具 ，在公共栏中设置其属性，勾选多边形选项中的"星形"复选框，边为 5，新图层颜色设为红色，其他参数保持默认，属性设置如图 3-113 所示。

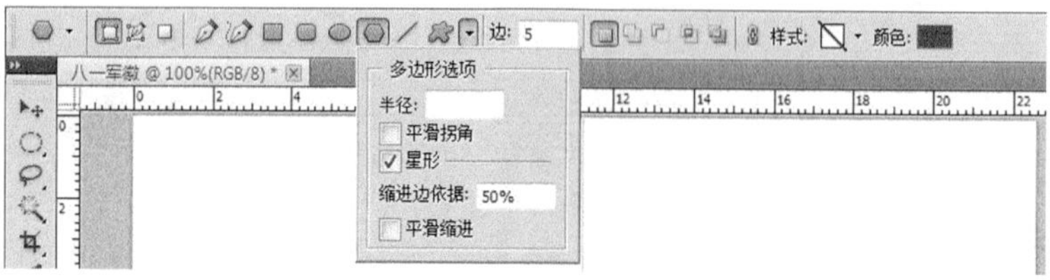

图 3-113　设置多边形工具属性

**提 示**

在控制栏中可以指定是使用"形状图层"方式、"路径"方式还是"填充"方式。如果选择形状图层方式，则操作时每在图像上画一个矩形框，都会自动新建一个图层，对矩形框的操作均在该图层内完成；如果选择路径方式，则在原有图层上完成相关操作；如果选择填充方式，则在当前图层上完成一个矩形框时，该矩形框内被前景色所完全填充。

（2）绘制五角星：在绘制区域，鼠标形状变成"十"字，将"十"字对准参考线中心，按左键垂直向上拖动鼠标，画出五角星图形，同时在路径面板中就形成了星形路径，默认名称为"形状 1"，如图 3-114 所示。

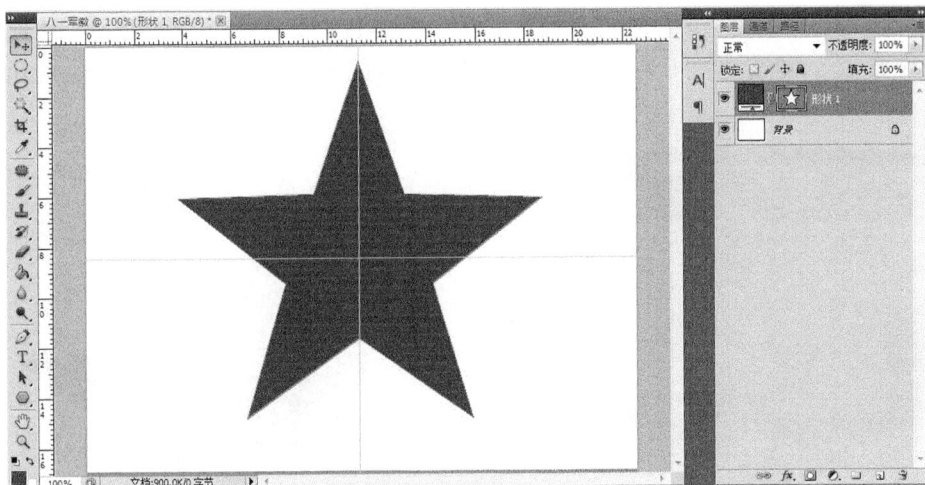

图 3-114　绘制五角星

### 4. 制作立体效果

用钢笔工具绘制半角区域，加深半角区域颜色，形成视觉差，即可制作出立体效果。

（1）设置钢笔工具属性：从工具箱中选择钢笔工具 ，在公共栏中选择"路径"、"交叉路径区域"，如图 3-115 所示。

图 3-115　设置钢笔工具属性

**技　巧**

如果选择"橡皮带"选项，在屏幕上移动钢笔工具时，从上一个鼠标单击点到当前钢笔所在的位置之间就会出现一条线段，这样有助于确定下一个锚点的位置。

（2）绘制半角区域路径：用钢笔工具定位到五角星中心作为起点并单击（不要拖动鼠标），以定义第一个锚点，移动鼠标到五角星中心点正上方五角星顶点并单击，形成第二个锚点，再移动鼠标到的第三个锚点位置，最后将钢笔工具定位在第一个锚点位置，钢笔工具旁出现一个小圆圈，如图 3-116 所示，单击即可闭合半角区域路径，如图 3-117 所示。

图 3-116　绘制半角路径

图 3-117　半角路径绘制完成

（3）将路径转换为选区：在浮动面板中（如图 3-118 所示），单击"路径"选项卡，选中"工作路径"，单击选区工具 ，将路径作为选区载入，则路径转换为选区，如图 3-119 所示。

图 3-118　将路径作为选区载入

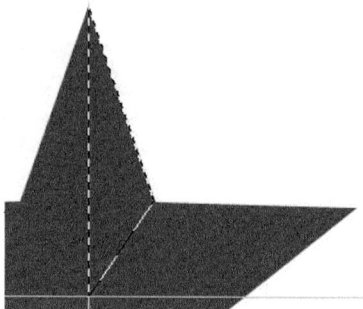

图 3-119　五角星的半角选区

（4）创建新图层：单击"图层"选项卡，返回图层面板，单击创建图层工具 （如图 3-120 所示）创建新图层，并给该图层命名为"半角 1"，如图 3-121 所示。

图 3-120　创建新图层

图 3-121　给新图层命名

（5）填充选区：设置前景色，选一暗红色，如 RGB（155，0，0），如图 3-122 所示。在工具箱中选择油漆桶工具 ，填充选区，并按 Ctrl+D 取消选区，效果如图 3-123 所示。

图 3-122　设置前景色

图 3-123　填充效果图

（6）复制图层：在"半角 1"图层上右击，弹出如图 3-124 所示菜单，选择"复制图层"，弹出如图 3-125 所示的对话框，将复制图层命名为"半角 2"。

图 3-124　复制图层菜单

图 3-125　"复制图层"对话框

（7）旋转图层：在图层面板选中"半角 2"图层，选择"编辑"→"自由变换"命令（快捷键：Ctrl+T），进行自由变换，如图 3-126 所示。用移动工具将自由变换的中心旋转点移动到五角星的中心，在属性栏中设置旋转角度为 72，按 Enter 键确定自由变换，如图 3-127 所示。

图 3-126　执行"自由变换"操作

图 3-127　自由变换结果

重复以上两步，分别复制三个半角，并以五角星中心旋转合适角度即可，效果如图 3-128 所示。

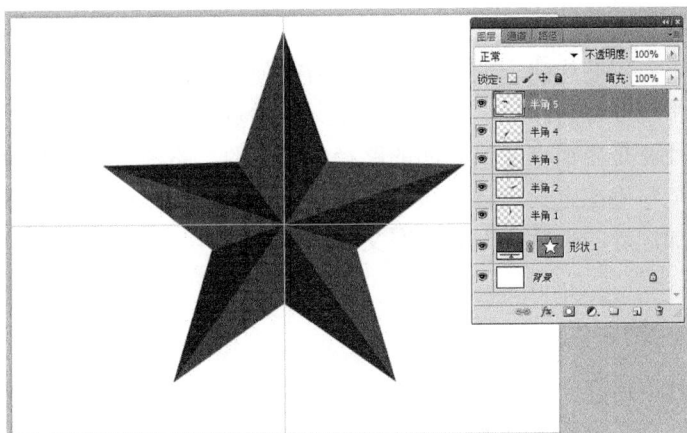

图 3-128　五角星完成效果

（8）清除参考线：确定后回到场景中，选择"视图"→"清除参考线"命令清除参考线。

**5. 添加文字**

选择竖排文字工具，添加"八一"两字，字体为黑体，大小为 60 像素，黄色，参数设置及最终效果如图 3-129 所示。

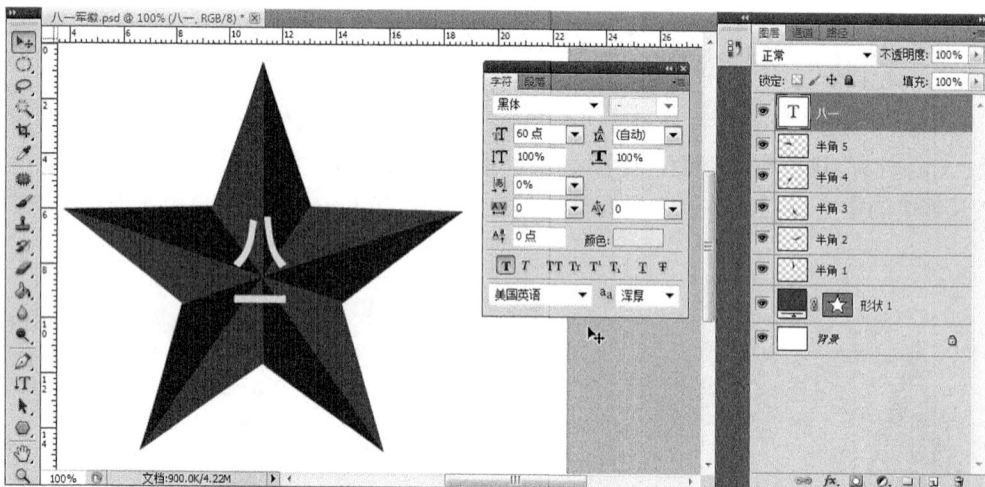

图 3-129　添加文字设置及最终效果图

**6. 保存文件**

选择"文件"→"存储"命令，将文件保存为八一军徽.PSD。

**相关知识**

**1. 路径**

路径是基于贝塞尔曲线建立的矢量图形，所有使用矢量绘图软件或矢量绘图工具制作的线条，原则上都可以称为路径。路径可以是一个锚点、一条直线或是一条曲线，但在大多数情况下，路径还是由锚点及锚点间的路径线构成的。路径是定义和编辑图像区域的最佳方法之一，它能精确地定义具体区域，并保存以便以后重复使用。当使用正确时，路径几乎不给文件增加额外的长度，并且能在文件之间共享，甚至能在文件与其他应用程序之间共享。

**2. 钢笔工具的使用**

创建路径是使用路径中最基本的工作，只有创建了路径之后才能进行编辑和处理。使用钢笔工具可绘制直线路径、曲线路径、开放路径、闭合路径。

1）绘制直线路径

将钢笔的指针定位在图像中并单击，定义一个锚点作为起点，释放鼠标并移动一段距离后再进行单击或者连续进行同类操作直至终点。要结束这条路径的绘制时，可按住 Ctrl 键在路径外单击或在工具箱上单击钢笔工具。

2）绘制曲线路径

将钢笔工具的指针定位在图像中，按住鼠标左键（不要释放鼠标），会出现第一个锚点，继续拖动鼠标，出现锚点两端的方向线，同时指针变成箭头形状。释放鼠标后移动鼠标一段距离单击并拖动，出现第二个锚点，可重复操作为其他的段设置为锚点，这样可绘制一条曲线路径。

3）闭合路径

无论是直线路径还是曲线路径，将其终点的钢笔工具指针定位在第一个锚点上，当发现指针旁出现一个小圆圈时单击可闭合路径。

**3. 几何形状工具**

矩形工具：可绘制矩形路径；结合 Shift 键可绘制正方形。

圆角矩形工具：可绘制带圆角的矩形工具，结合 Shift 键绘制圆角正方形。可在选项栏中改变圆角直径数值。

椭圆工具：可绘制椭圆形和圆形的路径，结合 Shift 键可绘制正圆形。

多边形工具：可绘制多边形的路径，在选项栏中可改变其边数。

直线工具：可绘制直线路径，在选项栏中可改变其粗细。

**4. 标尺、参考线和网格**

在使用 Photoshop CS 绘图的过程中，标尺、参考线和网格线是非常重要的辅助工具，能为图像精确定位。

（1）标尺：标尺的左边原点可以设置在画布的任何地方，只要在标尺的左上角开始拖动即可应用新的坐标原点，双击左上角可以还原坐标原点到默认点。双击标尺可以打开单位和标尺参数设置对话框，可对相关的参数进行设置。

（2）参考线：通过从标尺中拖出而建立的，所以首先要确保标尺是打开的。拖动参考线时按住 Alt 键可以在水平参考线和竖直参考线之间切换。按住 Alt 键单击一条已经存在的垂直参考线可以把它转为水平参考线，反之亦然。双击参考线也可弹出“预置”对话框，可对参考线的相关参数进行设置。

（3）网格：网格的运用和参考线有相似之处，也可在预置对话框中对其参数进行设置，对于对称布置图像中的某些像素很有用。网格在默认情况下显示为不打印出来的线条，但也可以显示为点。网格间距和网格的颜色及样式对于所有的图像都是相同的。显示或隐藏网格，可选择“视图”→“显示”→“网格”命令，要打开或关闭对齐网格功能，可选择“视图”→“对齐”→“网格”命令。

**5. 填充路径**

路径的填充是将包括当前路径的所有路径以及不连续的路径线段构成的对象进行填充。在路径面板中单击“用前景色填充路径”按钮对路径进行直接填充。

# 3.9　通道与蒙版

## 任务 7　制作光盘盘贴

### 任务描述

利用提供的图片素材（如图 3-130 和图 3-131 所示），制作如图 3-132 的光盘盘贴。具体要求如下所示。

（1）利用图层蒙版使两张图片能够自然地融合在一起。

（2）利用通道创建圆环选区，并使用图层蒙版功能形成光盘形状（光盘内径为 4cm、外径为 12cm）。

（3）添加黄色文字"国庆阅兵"，字体为"黑体"，字号为 36 像素；添加白色文字"多媒体设计与制作中心"，字体为"黑体"，字号为 12 像素，黑色描边，并使文字排列为弧形。

图 3-130　长城图片　　　　图 3-131　阅兵图片　　　　图 3-132　盘贴效果图

### 学习要点

（1）图层蒙版。

（2）Alpha 通道。

（3）渐变工具。

（4）文字工具。

（5）图层样式。

### 操作实战

**1. 新建文件**

选择"文件"→"新建"命令，创建"光盘盘贴"文件，参数设置如图 3-133 所示。

## 2. 移入图片

在 Photoshop 中分别打开长城.JPG、阅兵.JPG，再利用移动工具分别将它们移入到新建的"光盘盘贴"文件中，图层叠放次序如图 3-134 所示。

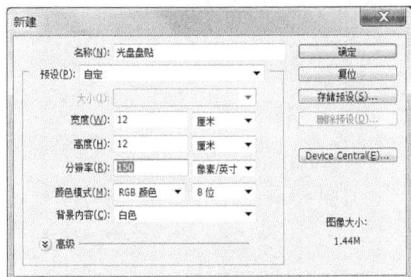

图 3-133　"新建文件"对话框

图 3-134　各图层次序

## 3. 添加图层蒙版

选择"图层 1"→"图层"→"图层蒙版"→"显示全部"命令，或单击图层面板底部的"添加图层蒙版"按钮 [圖]（如图 3-135 所示），为选中的图层添加图层蒙版，如图 3-136 所示。

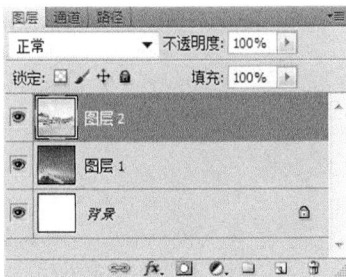

图 3-135　添加图层蒙版前图层面板

图 3-136　添加图层蒙版后图层面板

**提　示**

（1）蒙版是一个用来保护某些区域使其不受编辑的工具，当要给图像的某些区域运用颜色变化、滤镜和其他效果时，蒙版能隔离和保护图像的其余区域。图层蒙版的最大优点是在显示或隐藏图像时，所有操作均在蒙版中进行，不会影响图层中的像素。

（2）图层蒙版中黑色区域部分，可以使图像对应的区域被隐藏，显示底层图像。图层蒙版中白色区域部分，可使图像对应的区域显示。如果有灰色部分，则会使图像对应的区域半隐半显。

## 4. 填充蒙版

（1）设置渐变工具：从工具箱中选择渐变工具 [圖]，控制栏参数如图 3-137 所示。渐变工具控制栏包含渐变色彩、渐变工具、模式、不透明度、反向、仿色、透明区域等选项。

图 3-137 "渐变工具"控制栏

（2）创建渐变效果：选择图层蒙版，将指针放在整幅图片的上部作为渐变起点的位置，然后拖动到渐变终点图片中部位置，释放光标即可产生渐变效果图，渐变效果前后的效果分别如图 3-138 和图 3-139 所示。

图 3-138　创建渐变效果前

图 3-139　创建渐变效果后

### 5. 应用蒙版

在"图层 2"的蒙版上右击，弹出如图 3-140 所示弹出菜单，选择"应用图层蒙版"，应用后图层面板如图 3-141 所示。

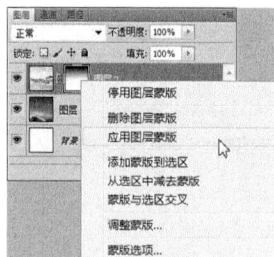

图 3-140　图层蒙版弹出菜单

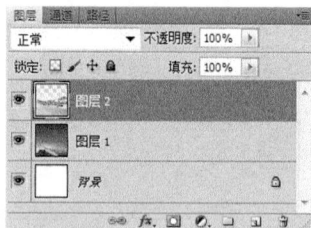

图 3-141　应用图层蒙版后

### 6. 添加并填充蒙版

单击图层面板底部的"添加图层蒙版"按钮，为"图层 2"添加图层蒙版，如图 3-142 所示；利用渐变工具填充蒙版，使之遮挡住"图层 2"图片的下部，如图 3-143 所示。

图 3-142　添加图层蒙版

图 3-143　填充图层蒙版后效果

### 7. 盖印图层

按下 Shift+Ctrl+Alt+E 键，盖印图层，形成一个新图层"图层 3"，如图 3-144 所示。至此光盘盘贴的背景图设计完成。

**提　示**

盖印图层是一种特殊的合并图层的方法，它可以将多个图层内容合并成为一个目标图层，同时使其他图层保持完好。当我们得到某些图层的合并效果，而又保持原图层完整时，盖印图层是最佳的解决办法。按 Ctrl+Alt+E 键，可将当前图层的图像盖印至下面图层中，当前图层保持不变。按 Ctrl+Alt+Shift+E 键，所有当前图层将被盖印至一个新建图层中，原图层内容保持不变。

### 8. 隐藏图层

为了方便画圆形选区，可以先隐藏不必要图层。单击"图层 1"、"图层 2"、"图层 3"缩览图前的眼睛标志，隐藏不必要图层，如图 3-145 所示。

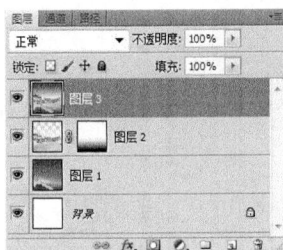

图 3-144　盖印图层

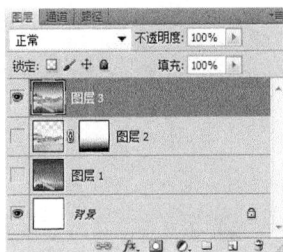

图 3-145　隐藏图层

### 9. 创建圆环选区

（1）显示网格：为了准确画圆形选区，可以显示网格线。选择"编辑"→"首选项"→"参考线、网格和切片"命令，设置网格线间隔为 2cm，如图 3-146 所示；选择"视图"→"显示"→"网格"命令。

（2）画小圆选区：单击工具箱中"椭圆选框工具" ，按住 Alt+Shift 键的同时，在画布中心按住鼠标左键拖动画出直径 4cm 的小圆，如图 3-147 所示。

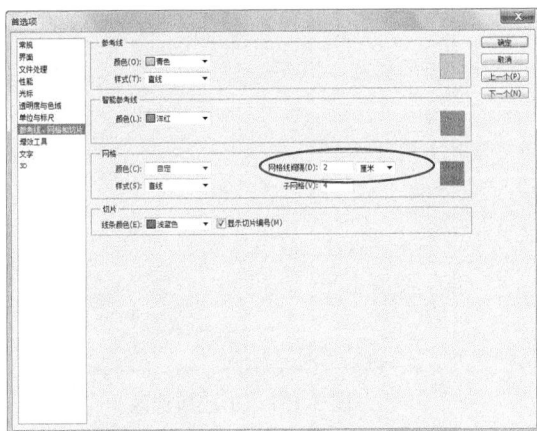

图 3-146　设置网格线间隔

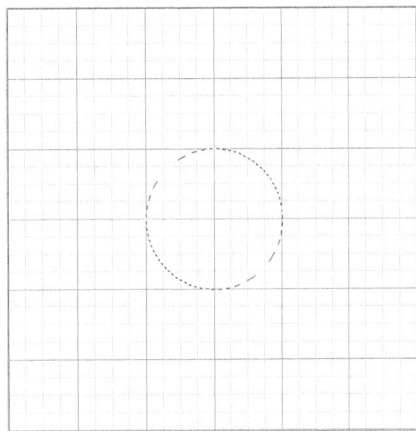

图 3-147　在画布中央画圆

（1）Alt 键的作用是以单击点为中心画圆，否则单击点只是圆的边缘；Shift 键的作用是画正圆。

（2）每个网格间隔设置为 2cm，2 个网格为 4cm。

（3）将小圆选区转为 Alpha 通道：选择通道面板，如图 3-148 所示；单击"将选区存储为通道"按钮 ，把选区存储为 Alpha1 通道，如图 3-149 所示。

图 3-148　通道面板

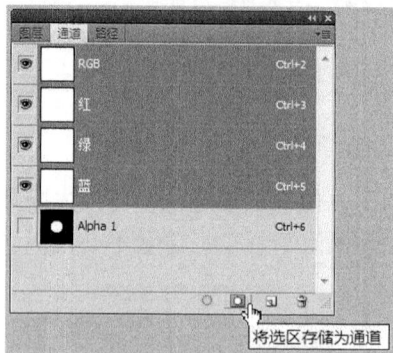

图 3-149　将选区存储为通道

（1）通道面板中包含了图像的大量信息，除了可用通道调节颜色外，还有一个功能就是存储选区，本例中就是利用通道保存小圆选区以供后面使用。

（2）当以 PSD 格式保存文件时，会存储通道信息，从而保存了选区信息。

（4）画大圆选区：类似画小圆的方法画出直径为 12cm 的大圆选区。

（5）构造圆环选区：选择"选择"→"载入选区"命令，弹出如图 3-150 所示对话框，"通道"选 Alpha1，"操作"选"从选区中减去"，意思是新选区由当前选区减去 Alpha1 通道而形成。生成的选区如图 3-151 所示。

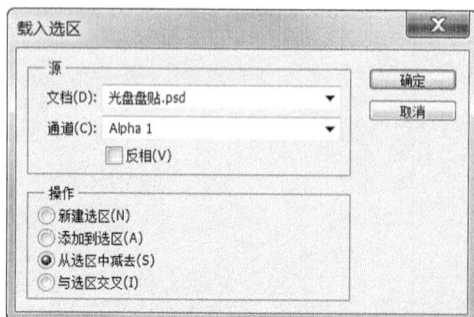

图 3-150　设置"载入选区"对话框

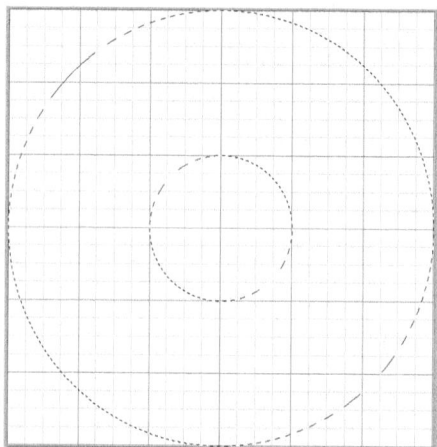

图 3-151　形成新选区

**10. 添加图层蒙版**

选择"图层面板",将"图层 3"设为可见,并选择该图层,如图 3-152 所示;选择"图层"→"图层蒙版"→"显示选区"命令,如图 3-153 所示。

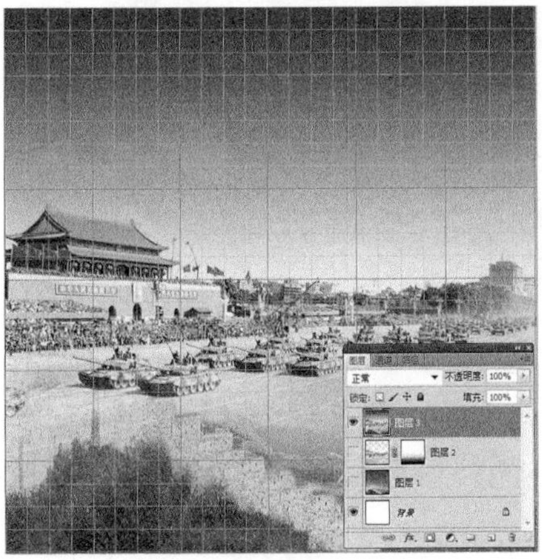

图 3-152　将图层设为可见图层

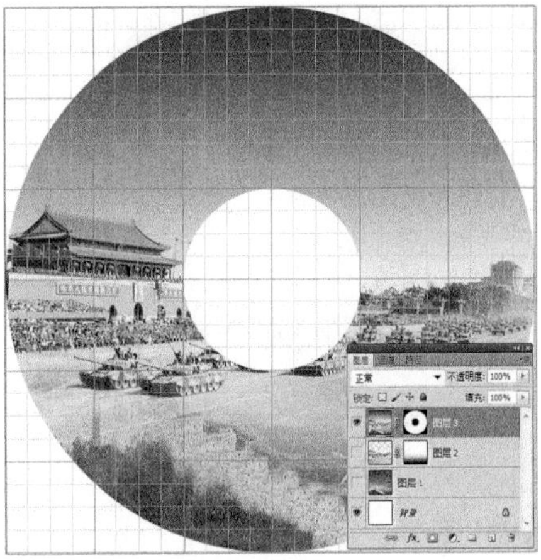

图 3-153　添加图层蒙版

**11. 添加文字**

(1)添加标题文字:单击工具箱中"文字工具"按钮，其参数设置如图 3-154 所示，颜色为 RGB（255,255,0），输入文字"国庆阅兵"，效果如图 3-155 所示。

图 3-154　文字设置

图 3-155　添加标题文字

(2)添加版权文字:单击工具箱中"文字工具"按钮，参数设置如图 3-156 所示，颜色为 RGB（255,255,255），输入文字"多媒体设计与制作中心"，选择"图层"→"图层样式"→"描边"命令，弹出"图层样式"对话框，设置如图 3-157 所示，文字效果如图 3-158 所示。

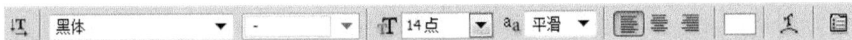

图 3-156　文字设置

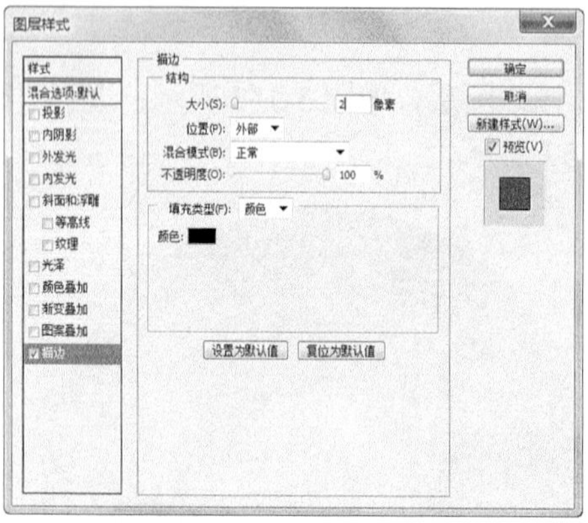

图 3-157　"图层样式"对话框

图 3-158　添加版权文字

（3）文字变形：单击工具选项栏中"创建文字变形"按钮，弹出"变形文字"对话框，其参数设置如图 3-159 所示，"样式"选"扇形"，"弯曲"设为"-30%"，文字效果如图 3-160 所示。

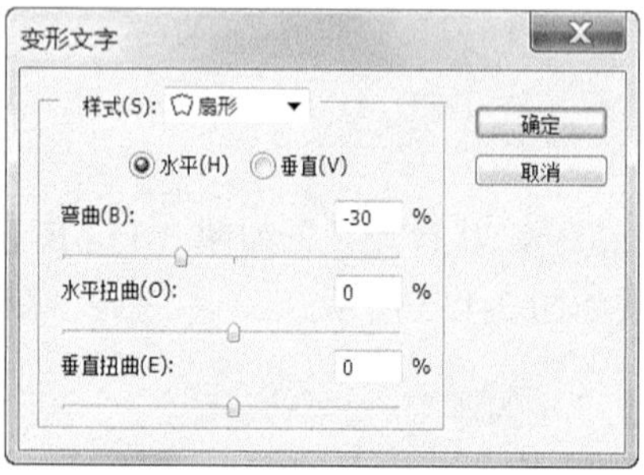

图 3-159　"文字变形"设置

图 3-160　版权文字效果

### 12. 保存文件

选择"文件"→"存储"命令，将文件保存为光盘盘贴.PSD。

## 相关知识

### 1. 关于通道

通道是存储不同类型信息的灰度图像，其主要功能是保存图像的颜色信息，也可以存放图像中的选区，并通过对通道的各种运算来合成具有特殊效果的图像。

（1）颜色信息通道：是在打开新图像时自动创建的。图像的颜色模式决定了所创建的颜色通道的数目。例如，RGB 图像的每种颜色（红色、绿色和蓝色）都有一个通道，并且还有一个用于编辑图像的复合通道。

（2）Alpha 通道：将选区存储为灰度图像。可以添加 Alpha 通道来创建和存储蒙版，这些蒙版用于处理或保护图像的某些部分。

（3）专色通道：指定用于专色油墨印刷的附加印版。

一个图像最多可有 56 个通道。所有的新通道都具有与原图像相同的尺寸和像素数目。

通道所需的文件大小由通道中的像素信息决定。某些文件格式（包括 TIFF 和 Photoshop 格式）将压缩通道信息并且可以节约空间。当从弹出菜单中选择"文档大小"时，未压缩文件的大小（包括 Alpha 通道和图层）显示在窗口底部状态栏的最右边。

注：只要以支持图像颜色模式的格式存储文件，即会保留颜色通道。只有当以 Photoshop、PDF、TIFF、PSB 或 Raw 格式存储文件时，才会保留 Alpha 通道。DCS 2.0 格式只保留专色通道。以其他格式存储文件可能会导致通道信息丢失。

### 2. 关于蒙版

蒙版是一个用来保护某些区域使其不受编辑的工具，当要给图像的某些区域运用颜色变化、滤镜和其他效果时，蒙版能隔离和保护图像的其余区域。也可以将蒙版用于复杂的图像编辑，例如将颜色或滤镜效果运用到图像上等。蒙版技术的使用使修改图像和创建复杂选区变得更加容易，在 Photoshop 中，蒙版是以通道的形式存放的。

当选择某个图像的部分区域时，未选中区域将"被蒙版"或受保护以免被编辑。因此，创建了蒙版后，当要改变图像某个区域的颜色，或者要对该区域应用滤镜或其他效果时，可以隔离并保护图像的其余部分。如图 3-161 所示为蒙版应用示例。

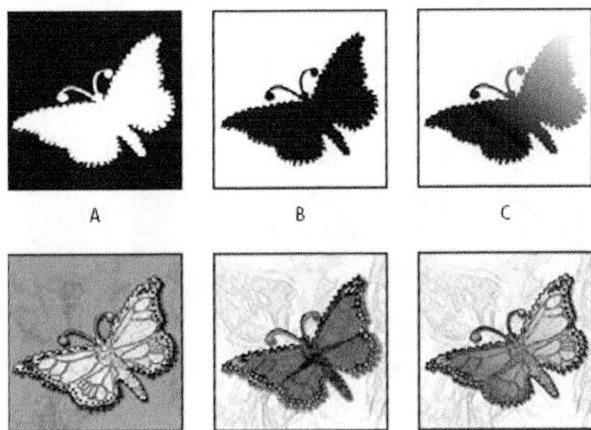

图 3-161　蒙版应用示例

说明：A. 用于保护背景并编辑"蝴蝶"的不透明蒙版；B. 用于保护"蝴蝶"并为背景着色的不透明蒙版；C. 用于为背景和部分"蝴蝶"着色的半透明蒙版。

蒙版存储在 Alpha 通道中。蒙版和通道都是灰度图像，因此可以使用绘画工具、编辑工具和滤镜像编辑任何其他图像一样对它们进行编辑。在蒙版上用黑色绘制的区域将会受到保护；而蒙版上用白色绘制的区域是可编辑区域。

使用快速蒙版模式可将选区转换为临时蒙版以便更轻松地编辑。快速蒙版将作为带有可调整的不透明度的颜色叠加出现。可以使用任何绘画工具编辑快速蒙版或使用滤镜修改它。退出快速蒙版模式之后，蒙版将转换回为图像上的一个选区。

要更加长久地存储一个选区，可以将该选区存储为 Alpha 通道。Alpha 通道将选区存储为"通道"面板中的可编辑灰度蒙版。一旦将某个选区存储为 Alpha 通道，就可以随时重新载入该选区或将该选区载入到其他图像中。如图 3-162 所示。

图 3-162　存储为"通道"面板中的 Alpha 通道的选区

## 任务 8　飞机迷彩涂装

### 任务描述

利用提供的图片素材（如图 3-163 所示），给飞机（如图 3-164 所示）"涂上"迷彩（如图 3-165 所示）。具体要求如下所示。

（1）利用图层蒙版功能使涂装范围限制在机身范围。

（2）适当调整图层混合模式，使涂装与飞机自然融合。

（3）飞机驾驶舱的玻璃窗不被涂装，同时飞机机身的标志及编号不被涂装遮盖。

图 3-163　飞机图片

图 3-164　迷彩图片

图 3-165　添加迷彩后的飞机

### 学习要点

（1）图层蒙版。

（2）魔棒工具。

（3）画笔工具。

（4）图层混合模式。

### 操作实战

**1. 打开图像文件**

选择"文件"→"打开"命令，分别打开飞机.JPG、迷彩.JPG，如图 3-166 所示。

图 3-166　打开图像文件

## 2. 选择飞机

激活飞机.JPG 窗口，从工具箱中选择魔棒工具，其"容差"参数设置 25，单击飞机图片的背景区域，再选择"选择"→"反向"命令即可选中飞机（周围出现虚线），如图 3-167 所示。为了使飞机选择边缘平滑自然，可选择"选择"→"调整边缘"命令，弹出如图 3-168 对话框，设置"平滑"参数为 20。

图 3-167　选择飞机轮廓

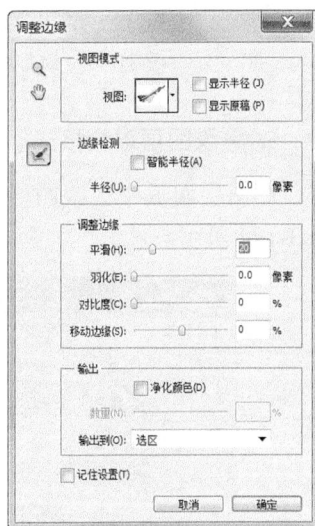

图 3-168　"调整边缘"对话框

## 3. 移入图片

按住 Shift 键，利用移动工具将"迷彩"图片移动到"飞机"图片文件中（按住 Shift 同时移动，可将图片移动到工作区中心），如图 3-169 所示，图层叠放次序如图 3-170 所示。

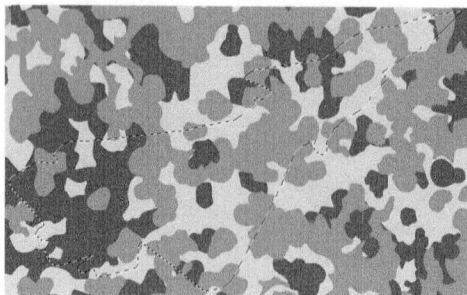

图 3-169　移入图片

图 3-170　各图层名及图层次序

### 4. 添加图层蒙版

选择"图层"→"图层蒙版"→"显示选区"命令，或单击图层面板底部的"添加图层蒙版"按钮，为选中的图层添加图层蒙版，飞机图片如图 3-171 所示，图层面板如图 3-172 所示。

图 3-171　添加图层蒙版

图 3-172　各图层名及图层次序

### 5. 更改图层混合模式

在图层面板中更改图层混合模式为"正片叠底"，如图 3-173 所示，飞机图片效果如图 3-174 所示。

图 3-173　设置图层混合模式

图 3-174　飞机效果图

### 6. 修改图层蒙版

为了使飞机驾驶舱的玻璃窗以及机身的标志、编号不被涂装遮盖，需对图层蒙版进行必要修改。单击图层蒙版，选择图画工具 ✎ ，并适当调整其大小，在无须涂装的地方适当涂抹即可，如图 3-175 所示，其最终效果如图 3-165 所示，其图层蒙版如图 3-176 所示。

图 3-175　涂抹图层蒙版

图 3-176　图层蒙版

### 7. 保存文件

选择 "文件" → "存储" 命令，将文件保存为飞机涂装.PSD。

**拓展提高**

**综合利用画笔、蒙版、滤镜、色彩调整功能修复图像**

综合利用画笔、蒙版、滤镜功能为人物照片 "美容"。原照片和 "美容" 后照片如图 3-177 和图 3-178 所示。其图层面板及操作提示如图 3-179 所示。

图 3-177　原照片

图 3-178　"美容" 后照片

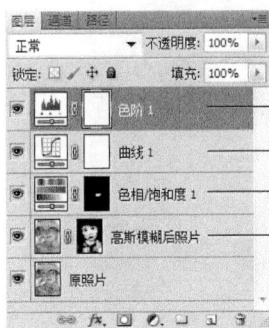

适当调整色阶以增强图像质感(22, 1, 227)

适当调整曲线以增强图像亮度

适当调整色相饱和度使嘴唇变得红润

对高斯模糊后的照片添加图层模板, 使皮肤露出

图 3-179　图层面板及操作提示

# 3.10 滤　　镜

## 任务 9　制作宣传海报

### 任务描述

利用给定素材(如图3-180~图3-183所示)设计制作一幅军事宣传海报,效果如图3-184所示。具体要求如下所示。

(1) 以航母图片作为背景图。

(2) 添加水兵图片,并利用滤镜效果("画笔描边"中的"阴影线"),加深图中水兵战士的轮廓,使其更具果敢刚毅的气质。

(3) 添加八一军旗图片,并利用图层蒙版添加渐层效果。

(4) 添加鸽子图片,并利用"抽出"滤镜功能删除图片背景。

(5) 添加文字"保我海洋、卫我海疆",利用"样式"功能添加合适的文字特效。

图 3-180　航母图片

图 3-181　水兵图片

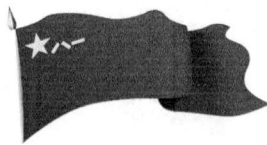
图 3-182　军旗图片

图 3-183　鸽子图片

图 3-184　军事宣传海报效果图

学习要点

（1）图层样式。
（2）图层蒙版。
（3）滤镜应用。
（4）样式应用。

操作实战

**1. 打开图像文件**

选择"文件"→"打开"命令，分别打开航母.JPG、水兵.JPG、军旗.JPG、和平鸽.JPG，如图 3-185 所示。

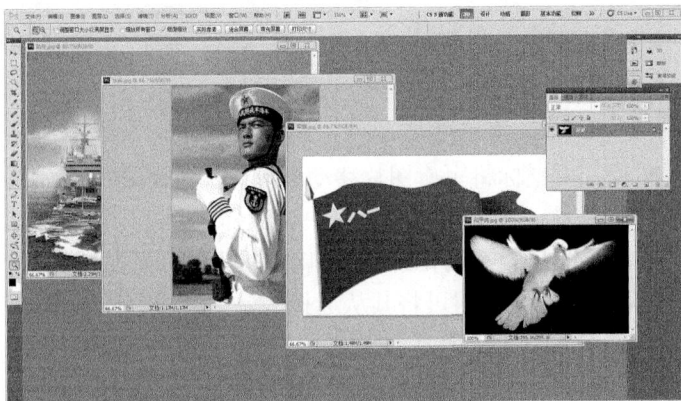

图 3-185　打开图像文件

**2. 制作军旗效果**

（1）添加军旗图片：用鼠标将军旗图片移动到航母图片画布中，如图 3-186 所示。

（2）删除军旗背景：从工具箱中选择魔棒工具，单击军旗背景区域选中背景，按 Delete 键，删除背景，并按 Ctrl+D 键取消选区，如图 3-187 所示。

图 3-186　添加军旗图片

图 3-187　删除军旗图片背景

（3）添加蒙版效果：单击"图层"面板底部的"添加图层蒙版"按钮 ，为"图层 1"（军旗图层）添加图层蒙版，如图 3-188 所示；利用渐变工具填充蒙版，使之遮挡住"图层2"图片的右下部，如图 3-189 所示。

图 3-188　添加图层蒙版

图 3-189　添加图层蒙版并填充后效果

### 3. 制作水兵效果

（1）添加水兵图片：用鼠标将军旗图片移动到航母图片画布中，如图 3-190 所示。

（2）删除水兵图片背景：从工具箱中选择快速选择工具 ，并将适当调整其大小，然后按住鼠标左键，在水兵图片的不同背景区域拖动，即可选出背景区域。对于多选的区域，可以按住 Alt 键的同时，拖动鼠标即可将其从选择区域中减去。按 Delete 键，删除背景，并按 Ctrl+D 键取消选区，如图 3-191 所示。

图 3-190　添加水兵图片

图 3-191　删除水兵图片背景

（3）添加滤镜效果：选择"滤镜"→"画笔描边"→"阴影线"命令，弹出如图 3-192 所示对话框，设置"描边长度"为 9，"锐化程度"为 6，"强度"为 1，单击"确定"按钮。

（4）复制水兵图层：在"图层 2"缩览图上右击，弹出如图 3-193 所示菜单，选择"复制图层"命令，弹出如图 3-194 所示对话框，单击"确定"按钮，即可复制一图层"图层 2副本"。

图 3-192　"滤镜库"对话框

图 3-193　选择"复制图层"命令

图 3-194　"复制图层"对话框

（5）调整图层：适当"移动图层 2"和"图层 2 副本"的位置，并设置"图层 2"的不透明度设为 60%，如图 3-195 所示，设置后效果如图 3-196 所示。

图 3-195　图层面板

图 3-196　调整图层后效果

### 4. 制作鸽子效果

（1）添加鸽子图片：用鼠标将鸽子图片移动到航母图片画布中，如图 3-197 所示。

（2）利用"抽出"滤镜删除鸽子图片背景：选择"滤镜""→"抽出"命令，弹出如图 3-198 所示对话框；使用"边缘高光器"工具 ✐ 将鸽子的范围描绘出来，如图 3-199 所示，然后使用"填充"工具 ⬧ 填充鸽子要保留的区域，如图 3-200 所示，单击"预览"按钮预览效果，如图 3-201 所示，单击"确定"按钮，并适当调整鸽子的位置和大小，效果如图 3-202 所示。

图 3-197　添加鸽子图片

图 3-198　"抽出"滤镜对话框

图 3-199　描绘鸽子范围

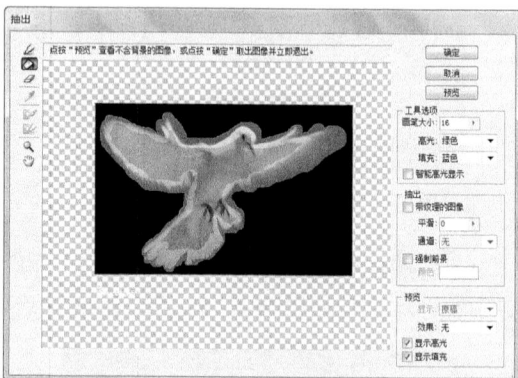

图 3-200　填充保留范围

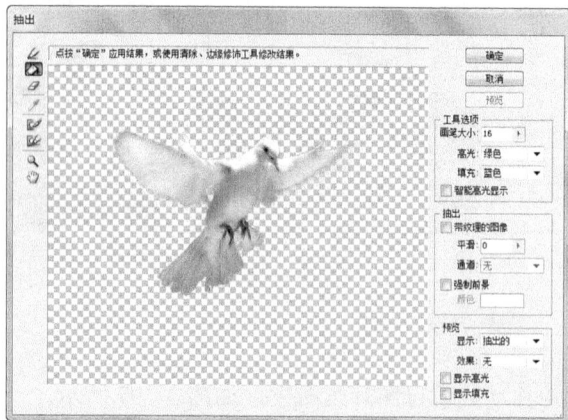

图 3-201　预览抽出效果

图 3-202　抽出后的最终效果

**5. 制作文字效果**

（1）添加文字：选择横排文字工具，设置如图 3-203 所示，输入文字"保我海洋　卫我海疆"，效果如图 3-204 所示。

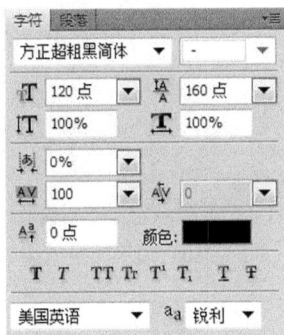

图 3-203　文字设置

图 3-204　添加文字

（2）设置样式：选择"窗口"→"样式"命令，打开"样式"面板，如图 3-205 所示，单击右上角菜单图标，弹出如图 3-206 所示下拉菜单，选择"Web 样式"将其追加到"样式"面板中，如图 3-207 所示。

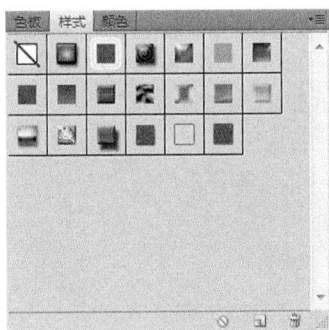

图 3-205　样式面板

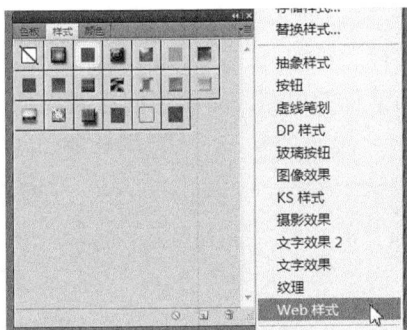

图 3-206　添加"样式"菜单

图 3-207 追加样式

（3）设置文字效果：在"样式"面板中选择"黄色回环"样式，文字效果如图 3-208 所示；选择"图层"→"图层样式"→"描边"命令，弹出如图 3-209 所示"图层样式"对话框，设置描边大小为 40 像素，文字效果如图 3-210 所示。

图 3-208　文字应用样式后效果

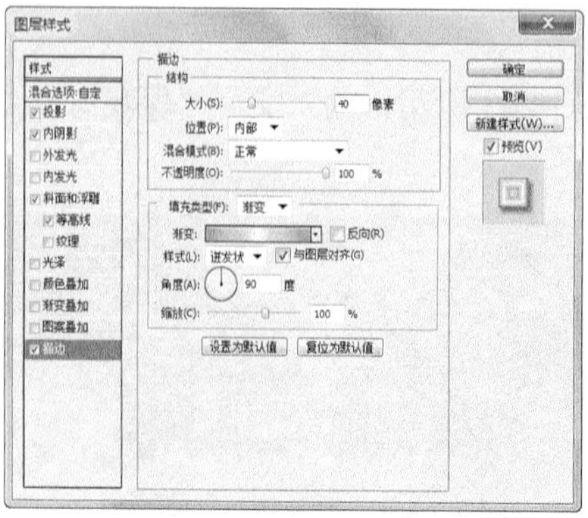

图 3-209　"图层样式"对话框

图 3-210　最终文字效果

### 6. 保存文件

选择"文件"→"存储"命令，将文件保存为军事海报.PSD。

## 拓展提高

**素描效果**

综合利用图像调整（去色、反相）、滤镜功能制作图像素描效果。如图 3-211 所示即为对本任务的军事海报制作的素描效果图，其图层面板及操作提示如图 3-212 所示。

图 3-211　素描效果图

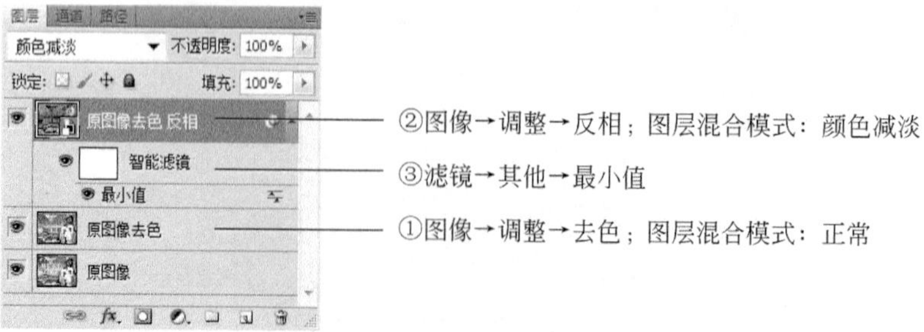

②图像→调整→反相；图层混合模式：颜色减淡

③滤镜→其他→最小值

①图像→调整→去色；图层混合模式：正常

图 3-212　图层面板及操作提示

![相关知识]

### 1. 关于滤镜

滤镜主要用来实现图像的各种特殊效果。Photoshop 滤镜基本可以分为三个部分：内阙滤镜、内置滤镜（也就是 Photoshop 自带的滤镜）、外挂滤镜（也就是第三方滤镜）。内阙滤镜指内阙于 Photoshop 程序内部的滤镜，共有 6 组 24 个滤镜。内置滤镜指 Photoshop 默认安装时，Photoshop 安装程序自动安装到 pluging 目录下的滤镜，共 12 组 72 支滤镜。外挂滤镜就是除上面两种滤镜以外，由第三方厂商为 Photoshop 所生产的滤镜，它们不仅种类齐全，品种繁多而且功能强大，同时版本与种类也在不断升级与更新。常见第三方滤镜主要有 Metatools 公司开发的 KPT 系列滤镜、Alien Skin 公司生产的 Eye Candy 4000 滤镜、Autofx 公司生产的 Page Curl 滤镜等。

### 2. 滤镜的使用技巧

滤镜的功能非常强大，使用起来千变万化，运用得体将产生各种各样的特效。下面是使用滤镜的一些技巧。

（1）可以对单独的某一层图像使用滤镜，然后通过色彩混合而合成图像。

（2）可以对单一的色彩通道或者是 Alpha 通道执行滤镜，然后合成图像，或者将 Alpha 通道中的滤镜效果应用到主画面中。

（3）可以选取某一选区执行滤镜效果，并对选区边缘施以边缘"羽化"，以使选区中的图像与原图像溶合在一起。

（4）可将多个滤镜组合使用，制作出漂亮的文字、图形和底纹，或者将多个滤镜录制成一个动作后进行使用，这样执行一个动作就像执行一个滤镜一样简单快捷。

### 3. 智能滤镜

通过应用于智能对象的智能滤镜，可以在使用滤镜时不会造成破坏。智能滤镜作为图层效果存储在"图层"面板中，并且可以利用智能对象中包含的原始图像数据随时重新调整这些滤镜。应用智能滤镜前应先将图层对象转化为智能对象，如图 3-213 所示，应用滤镜后效果如图 3-214 所示。

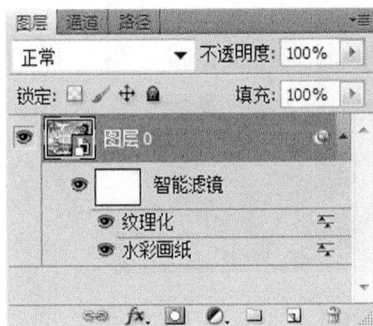

图 3-213　应用智能滤镜的图层面板

图 3-214　应用智能滤镜的图像效果

# 3.11　3D　功　能

## 任务 10　设计 3D 创意海报

### 任务描述

利用给定图片素材（如图 3-215～图 3-218 所示）设计制作一幅具有 3D 效果的创意海报，效果如图 3-219 所示。具体要求如下所示。

（1）借助 3D 功能创建三维文字，并利用给定图片素材添加合适的纹理。

（2）添加天空背景。

（3）添加三军仪仗队人物，并创建阴影效果。

（4）利用画笔工具添加浮云效果。

（5）调整画面色阶，让对比度更强烈以增强画质。

图 3-215　天空图片　　图 3-216　仪仗队图片图　　图 3-217　墙壁纹理图片图　　图 3-218　表面纹理图片

图 3-219　创意海报效果图

## 学习要点

（1）3D 功能。

（2）图形变换。

（3）油漆桶工具。

（4）画笔工具。

（5）调整图层。

## 操作实战

### 1. 新建文件

选择"文件"→"新建"命令，创建"军魂"文件，参数设置如图 3-220 所示，设置背景色为白色。

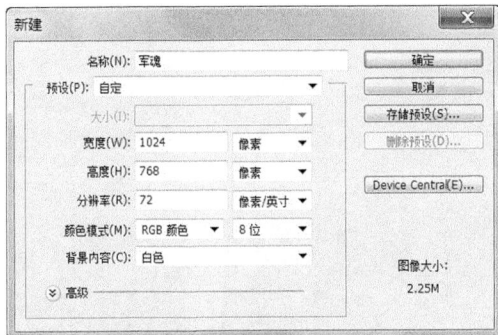

图 3-220　"新建文件"对话框

### 2. 制作 3D 文字效果

（1）输入文字：选择横排文字工具，输入文字"军魂"，设置与效果如图 3-221 所示。

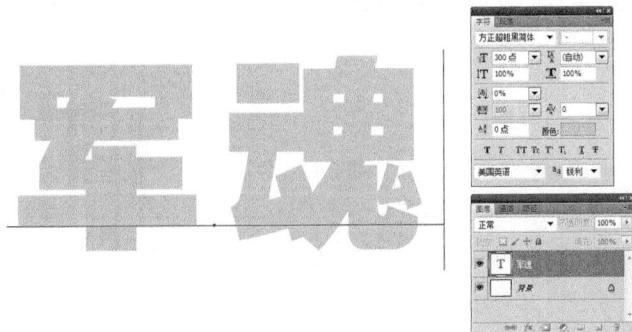

图 3-221　输入文字

（2）设置 3D 效果：选择"3D"→"凸纹"→"文本图层"命令，选择第一种立体样式，凸出深度 2，缩放 0.5，材质选择无纹理，其余默认，如图 3-222 所示。

图 3-222　设置 3D 效果

（3）调整 3D 文字：工具栏选择 3D 变换工具对生成的 3D 文字进行旋转、缩放、移动变换，直到满意为止，如图 3-223 所示。

图 3-223　调整 3D 文字

（4）设置 3D 文字表面纹理：选择"窗口"→3D；选择"军魂 前膨胀材质"，漫射选择"载入纹理"，如图 3-224 所示；纹理选择表面纹理.JPG，效果如图 3-225 所示。

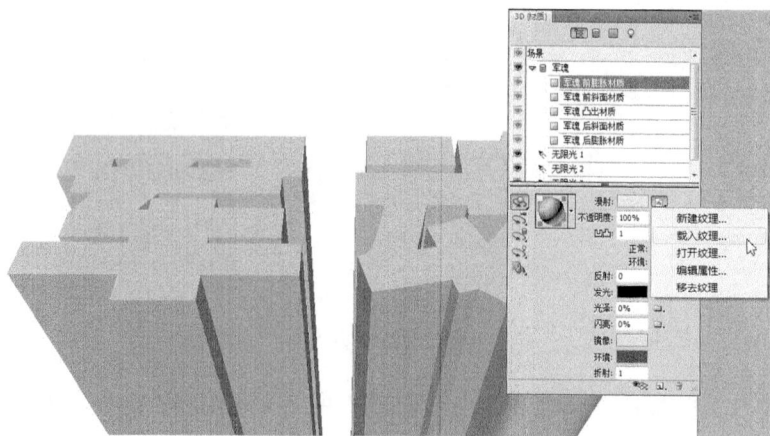

图 3-224　载入纹理

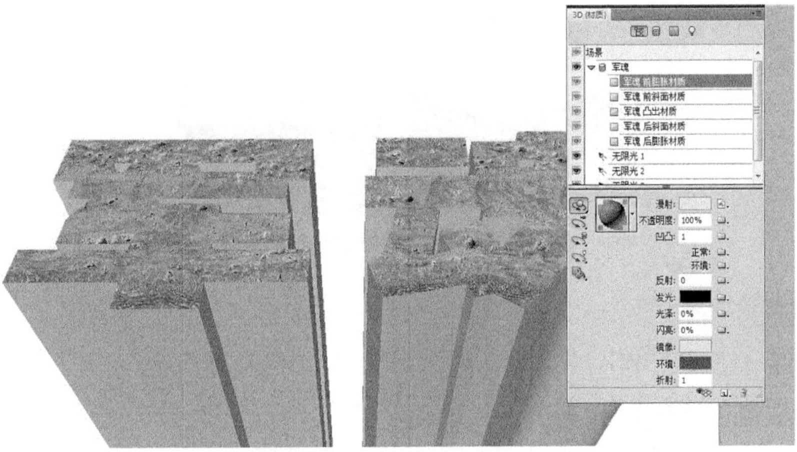

图 3-225　载入文字表面纹理后效果

（5）设置 3D 文字侧面纹理：工具栏选择 3D 变换工具对生成的 3D 文字进行旋转、缩放、移动变换，直到满意为止，如图 3-226 所示。

图 3-226　设置 3D 效果

（6）调整 3D 文字侧面纹理：单击"漫射"选项的"编辑漫射纹理"按钮，弹出如图 3-227 所示菜单，选择"编辑属性"，U 比例和 V 比例都设为 8，如图 3-228 所示。单击"确定"按钮，效果如图 3-229 所示。

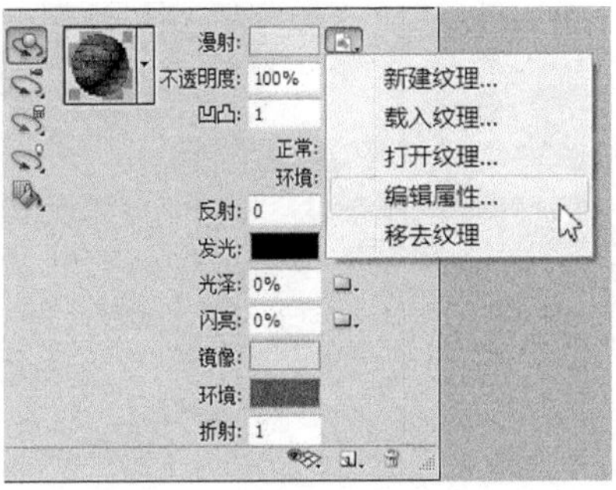

图 3-227　选择编辑纹理属性

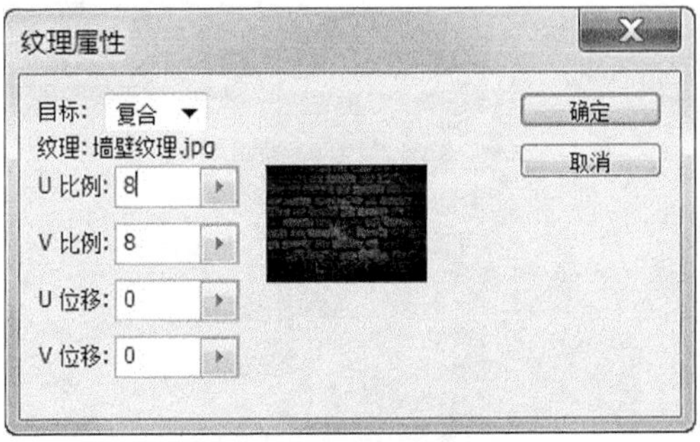

图 3-228　设置纹理属性

图 3-229　3D 文字添加纹理后效果

**3. 添加背景效果**

打开图像文件天空.JPG，拖入作为背景，效果如图 3-230 所示。

**4. 添加三军仪仗队人物**

添加仪仗队人物：打开图像文件仪仗队.PNG，拖入使人物站在 3D 文字之上，并适当调整其位置和大小，效果如图 3-231 所示。

图 3-230　加入天空背景

图 3-231　加入仪仗队人物

**5. 添加人物阴影**

（1）建立人物选区：按住 Ctrl 键，在仪仗队"图层 2"缩览图上单击，建立人物选区，如图 3-232 所示；选择"选区"→"修改"→"羽化"命令，设置"羽化半径"为 10。

（2）填充人物选区：新建一图层"图层 3"，在工具栏选择"油漆桶"工具 ，前景色设为黑色，填充选区，并按 Ctrl+D 取消选区，如图 3-233 所示。

图 3-232　建立人物选区

图 3-233　填充人物选区

（3）编辑人物阴影：选中"图层 3"，选择"编辑"→"变换"→"斜切"命令，并拖动变换控制点调整阴影形状与位置，如图 3-234 所示。

图 3-234 编辑人物阴影

（4）调整人物阴影：将人物阴影图层"图层 3"移到人物图层"图层 2"之下，并调整"不透明度"为 60%，设置后效果如图 3-235 所示。

（5）删除多余人物阴影：按住 Ctrl 键，在"军魂"图层缩览图上单击，建立 3D 文字选区，按 Ctrl+Shift+I 组合键反向选择，在选中阴影图层的情况下，按 Delete 键删除多余阴影，按 Ctrl+D 组合键取消选区，效果如图 3-236 所示。

图 3-235 调整人物阴影

图 3-236 删除多余人物阴影

### 6. 添加浮云效果

新建图层，前景色为白色，选择硬度为 0 的画度，将画笔直径放大，随意点出一些浮云，如图 3-237 所示。将图层不透明度降低，设置为 50%，如图 3-238 所示。

图 3-237 用画笔画出浮云

图 3-238 设置图层不透明度

### 7. 增强画面整体效果

在图层面板按"创建新的调整图层"按钮 ，选择"色阶"，如图 3-239 所示，图层面板如图 3-240 所示，色阶设置如图 3-241 所示，调整后图像效果如图 3-242 所示。

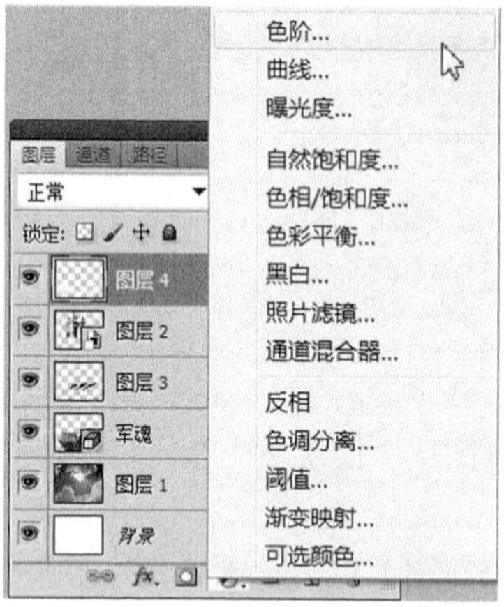

图 3-239　创建调整图层　　　　图 3-240　图层面板 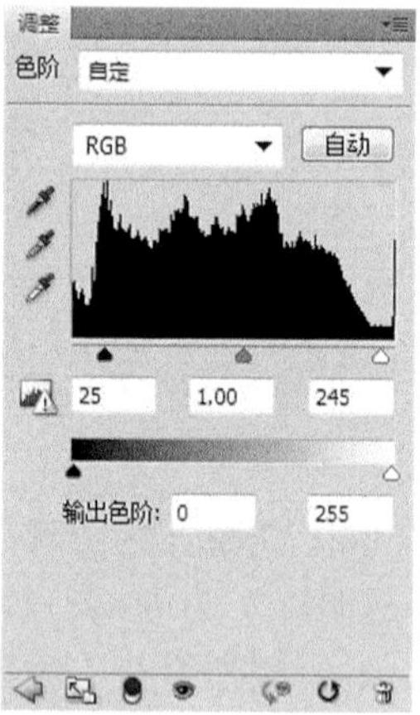　　　　图 3-241　色阶设置

图 3-242　调整色阶后图像效果

**提　示**

　　色阶是图像色彩的阶调分布。通过色阶分析，可以很清楚地分析图像的明暗、对比度以及偏色情况。用色阶来调节明度，图像的对比度、饱和度损失较小。而且色阶调整可以通过输入数字，对明度进行精确的设定。

### 8. 保存文件

选择"文件"→"存储"命令，保存文件。

相关知识

### 3D 功能简介

Photoshop 在 CS4 版本之后，发布了一个 3D 工具，它可让用户在 Photoshop 中打开一个 3D 文件进行旋转、缩放、移动，并且可以使用网格（mesh）、创建贴图和材质，使用灯光等，这样对于一些简单的 3D 操作，在 Photoshop 完成就可以了，而不需要动用到大型三维软件 3ds Max、Maya 等。特别是对于一些简单的 3D 图形的处理却要比三维软件方便得多，比如简单的 3D 场景、模型、贴图的绘制，同样的工作在 Photoshop 花的时间要少得多。这确实是非常方便的工具，使用方法也很简单。

Photoshop 现在可以支持的 3D 文件格式有 3DS、DAE、KMZ、U3D 和 OBJ。如图 3-243 所示为直接打开三维模型文件的情况。

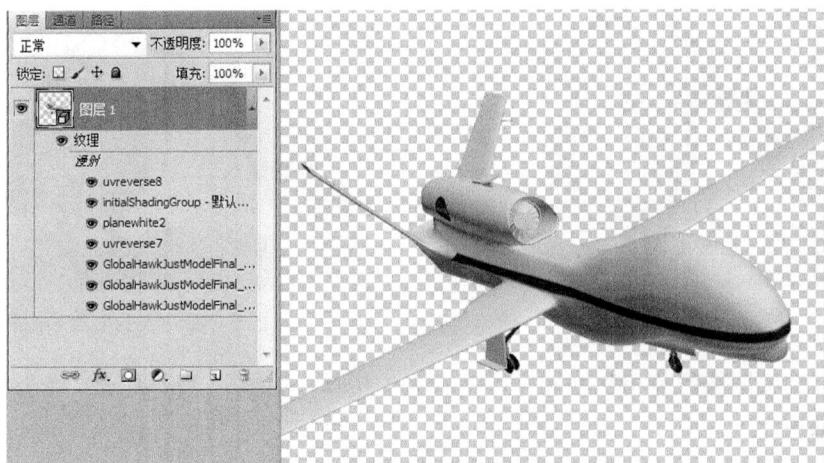

图 3-243　Photoshop 打开三维模型文件

## 实 践 练 习

1. 利用文字的图层样式制作如下金属字效果，如图 3-244 所示。

图 3-244　金属字效果

2. 更换飞机背景，并使飞机有穿越云层的效果，原图像如图 3-245 所示，效果如图 3-246 所示。

图 3-245　原飞机图像

图 3-246　更换背景后图像

3. 利用操控变形功能改变人物姿势，把敬礼姿势改为挥手，原图像如图 3-247 所示，效果如图 3-248 所示。

图 3-247　原图像

图 3-248　改变姿势后图像

4. 通过调整图像的色相和饱和度，把春天的树林（如图 3-249 所示）变为秋天的树林（如图 3-250 所示）。

图 3-249　春天的树林

图 3-250　秋天的树林

5. 通过调整图像的色相和饱和度，把儿童裙子由红色变为蓝色，图片素材与效果图如图 3-251 所示。

图 3-251　图片素材与颜色调整后效果图

6. 利用选区运算功能绘制奥运五环，如图 2-252 所示；并利用图层样式制作立体效果，如图 3-253 所示。

图 3-252　奥运五环效果图

图 3-253　立体奥运五环效果图

7. 利用钢笔工具绘制"中国心"和吉他图形，效果如图 3-254 所示。

图 3-254　钢笔绘制图形效果图

8. 利用剪贴蒙版制作艺术字，图片素材和文字效果如图 3-255 所示。

图 3-255　图片素材和文字效果图

9. 导入"动作"面板上的系列动作，为打开的图像应用"棕褐色调"效果并添加"木质画框"。图片素材及效果如图 3-256 所示。

图 3-256　图片素材与画框效果图

10. 导入"动作"面板上的"图像"系列动作，为打开的图像应用"暴风雪"效果。素材及效果如图 3-257 所示。

图 3-257　图片素材与暴风雪效果图

11. 综合利用图像调整（去色、反相）、滤镜功能制作图像素描效果，图片素材和素描效果如图 3-258 所示。

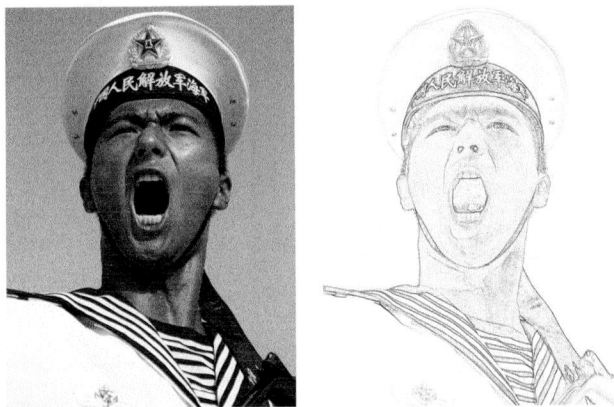

图 3-258　图片素材与素描效果

12. 利用适当的抠图方法，将婚纱照片抠出，并更换背景，图片素材与效果如图 3-259 所示。

图 3-259　图片素材与婚纱合成效果图

13. 利用适当的抠图方法，将小狗抠出，并更换背景，并给小狗添加阴影，图片素材与效果如图 3-260 所示。

图 3-260　图片素材与合成效果图

14. 综合利用画笔、蒙版、滤镜功能为人物照片"美容"。原照片和"美容"后照片如图 3-261 所示。

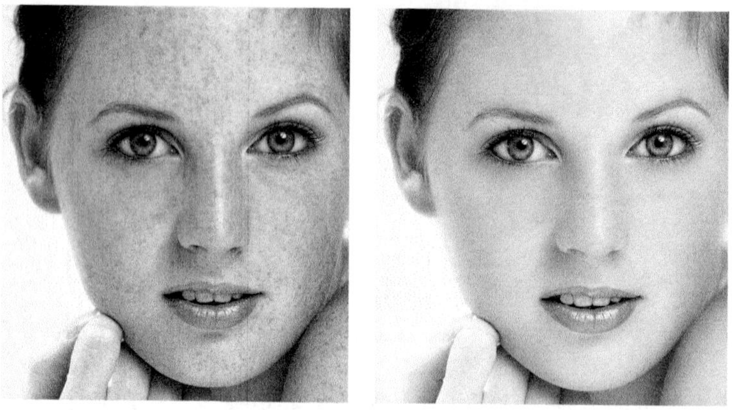

图 3-261 "美容"前后对比

15. 以可口可乐商标作为贴图纹理，利用 Photoshop 的 3D 功能制作易拉罐，并添加适当的光照，素材与效果图如图 3-262 所示。

图 3-262 图片素材与可口可乐易拉罐

16. 以世界地图作为贴图纹理，利用 Photoshop 的 3D 功能制作三维地球，并添加适当的光照，图片素材与效果图如图 3-263 所示。

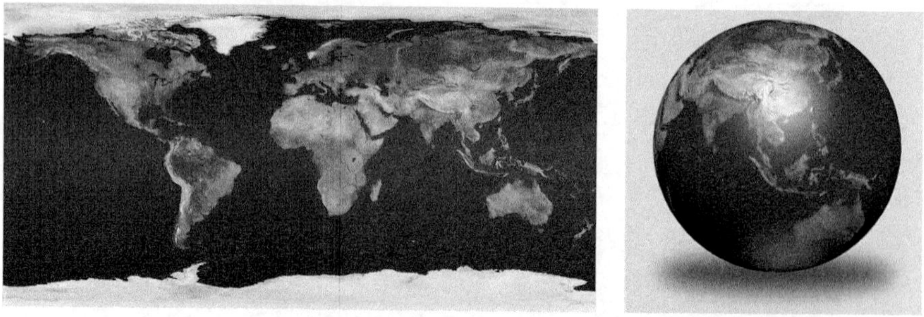

图 3-263 世界地图与三维地球效果图

动画是运动的艺术，运动是动画的本质。

ANIMATION IS THE ART OF MOVEMENT,
MOVEMENT IS THE ESSENCE OF ANIMATION.

——"Father of Animation" John Halas

# 第4章　动画设计与制作

　　动画是多媒体设计中最具有吸引力的媒体之一，具有表现力丰富、直观、易于理解、引人入胜、风趣幽默等特点。动画可以使多媒体设计更形象、更生动地表现一些动态过程、微观和宏观现象等。动画可以形象地表达对象的运动过程和运动艺术效果，因此在影视、游戏、娱乐、广告、教育、科技等领域里都得到广泛的应用。

　　本章主要介绍计算机动画的基础知识，并以 Adobe Flash CS5.5 为例来介绍计算机动画的设计与制作技能。

## 本章能力目标

- ☐ 了解计算机动画的基础知识。
- ☐ 了解 Flash 的基本概念、功能。
- ☐ 理解时间轴的功能。
- ☐ 掌握基本绘图工具的使用方法。
- ☐ 掌握元件、库的使用方法。
- ☐ 掌握逐帧、形状补间、动作补间、引导线、遮罩、骨骼动画的制作方法。
- ☐ 掌握在 Flash 中嵌入多媒体的方法。

本章知识结构

```
动画设计与制作
    ├── 计算机动画基础
    ├── Flash初识
    ├── 逐帧动画
    │       ├── 文字输入工具
    │       ├── 关键帧
    │       ├── 图层
    │       └── 元件
    ├── 形状补间动画
    │       ├── 分离图像
    │       ├── 创建补间形状
    │       └── 添加形状提示点控制变形
    ├── 传统补间动画
    │       ├── 任意变形工具
    │       └── 创建传统补间
    ├── 新型补间动画
    │       ├── Deco工具
    │       ├── 创建补间动画
    │       └── 调整运动路径
    ├── 引导线动画
    │       ├── 添加运动引导层
    │       └── 引导线创建与编辑
    ├── 遮罩效果动画
    │       ├── 添加遮罩层
    │       └── 遮罩区域绘制
    └── 骨骼动画
            ├── 骨骼工具
            ├── 搭建骨骼
            └── 调整骨骼姿态
```

# 4.1　计算机动画基础

计算机动画是计算机图形学和艺术相结合的产物，是伴随着计算机硬件和图形算法高速发展起来的一门高新技术，它综合利用计算机科学、艺术、数学、物理学和其他相关学科的知识在计算机上生成绚丽多彩的连续的虚拟真实画面，给人们提供了一个充分展示个人想象力和艺术才能的新天地。在《魔鬼终结者》、《侏罗纪公园》、《玩具总动员》、《泰坦尼克号》、《指环王》、《阿凡达》等优秀电影中，我们可以充分领略到计算机动画的高超魅力。

## 4.1.1　计算机动画的概念

动画是指利用人的视觉残留特性使连续播放的静态画面相互衔接而形成的动态效果。计算机动画是由传统的卡通动画发展起来的。在传统卡通动画的制作过程中，导演首先要将剧本分成一个个分镜头，然后由高级动画师确定各分镜头的角色造型，并绘制出一些关键时刻各角色的造型。最后，由助理动画师根据这些关键形状绘制出从一个关键形状到下一个关键形状的自然过渡，并完成填色及合成工作。最后，依次拍摄这一帧帧连续画面，就得到了一段动画片段。

在以上制作过程中，由于大量枯燥的工作集中在助理动画师身上，因而一个自然的想法就是借助计算机来减轻助理动画师的工作，从而提高卡通动画的制作效率。1964 年，贝尔实验室的 K. Knowlton 首次尝试采用计算机技术来解决上述问题，从而宣告了计算机辅助动画制作时代的开始。早期的动画制作系统主要以二维卡通动画设计为主，其出发点是利用形状插值和区域自动填色来完成全部或部分助理动画师的工作，从而提高卡通动画制作的效率。

从制作技术和手段来考虑，所谓计算机动画，就是借助计算机这个现代化工具完成作品制作的动画片种，可以由计算机辅助完成一部分制作工作，也可以完全由计算机承担整个制作任务。

20 世纪 70 年代后期，随着计算机图形学和硬件技术的发展，计算机造型技术和真实感图形绘制技术得到了长足的进步，出现了与卡通动画有质的区别的三维计算机动画。自 20 世纪 80 年代初开始，市场上先后推出了多个三维动画软件，这些计算机动画系统以友好的界面提供给用户一系列生成各种动画和视觉效果的手段与工具，用户可组合使用这些工具来生成所需的各种运动和效果。

## 4.1.2　计算机动画的分类

计算机动画可以按不同标准划分多种类型，搞清这些类型对于制作和利用动画素材是很有必要的。

按照动画实现原理，计算机动画可分为实时动画和逐帧动画。实时动画是用算法来实现对象的运动（由软件自动在两个关键帧之间插入若干个中间帧），具有可交互性，Flash

渐变动画就是一种典型的实时动画。逐帧动画也称为帧动画或关键帧动画，这种类型模仿传统的动画制作方式，通过一帧一帧显示的图像序列来实现运动效果，不具有交互性，GIF动画就是一种比较典型的逐帧动画。

按照动画运动空间，计算机动画可分为二维动画和三维动画。二维动画也称为平面动画，它的每帧画面是平面地展示角色动作和场景内容。例如，Animator、Flash 制作的动画就是二维动画。三维动画，也称为立体动画，它包含了组成物体的完整的三维信息，能够根据物体的三维信息在计算机内生成影片角色的几何模型、运动轨迹以及动作等，可以从各个角度表现场景，具有真实的立体感。例如，3ds Max 制作的动画就是三维动画。虚拟现实也可看做是一种三维动画。二维计算机动画与三维计算机动画的相同之处在于，两者显示的画面都是基于高、宽二维信息的平面图像；两者的区别在于，所生成和显示的图形是否含有第三维的深度信息。

根据动画生成技术，可将动画分为以下几种类型：关键帧动画、变形动画、物理动画、粒子动画、群体动画、表演动画等，下面分别简要介绍。

### 1. 关键帧动画（Keyframe Animation）

关键帧动画是指由用户指定能够表现物体运动和变化的一系列关键帧参数，动画系统根据一定算法插值计算得到中间帧，形成动画序列，动画示意图如图 4-1 所示。关键帧的概念来源于传统的卡通片制作。在早期 Walt Disney 的制作室中，熟练的动画师负责设计卡通片中的关键画面，即所谓的关键帧，然后由助理动画师设计中间帧。在计算机动画中，中间帧的生成由计算机来完成，插值代替了设计中间帧的动画师。所有影响画面图像的参数都可成为关键帧的参数，如位置、旋转角、纹理的参数等。关键帧技术是计算机动画中最基本并且运用最广泛的方法。

图 4-1　奔跑动画关键帧序列

### 2. 变形动画（Morphing Animation）

变形动画是指展示物体形状变化的动画，包括形状渐变（Morphing）和空间变形。Morphing 动画表现从甲物体到乙物体的渐变过程，空间变形表现非刚性物体在运动过程和受力情况下形状发生的变化。目前，计算机动画的研究者们在形状变形方面已做了不少出色的工作，并在电视、电影、广告和 MTV 中得到了广泛的应用。较早的有 1982 年纽约理工学院的 Tom Brigham 制作的由一个女人变成一只山猫。近几年的工作更是不胜枚举，如迈克尔•杰克逊的音乐带"黑与白"这首歌中 13 个不同性别和种族的人的相互渐变；Exxon 公司的影视广告中，一辆银色的轿车缓缓滑行渐变成一只老虎；电影《终结者 II》中机械杀手 T-1000 由液体变为金属人（如图 4-2 所示），由金属人变为影片中的其他角色，等等。

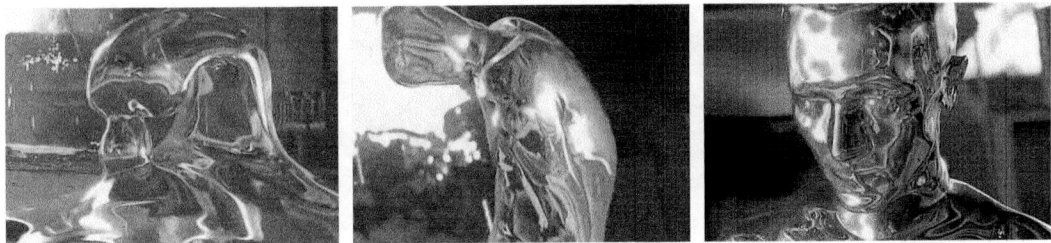

图 4-2　电影《终结者 II》中 T-1000 的变形

### 3. 物理动画（Physically Based Animation）

传统的动画主要用于一些简单运动的模拟，但对于复杂的运动，特别是对自然物理现象的模拟就无能无力了。例如刮风、下雨、流水乃至各种动物的活动，这些看似简单的运动，却极其复杂，如果仍然采用几何方法实现起来非常困难，而且模拟得也很不逼真，这在早期的动画中我们还能看到一些影子。因此，需要另辟蹊径，采用别的方法。有人就从自然物理现象的本身考虑，不管运动多么复杂，总是遵循一定的物理运动规律，反过来，能不能利用已经掌握的物理运动规律，通过计算机的运算来控制物体的运动呢？正是在这种思想的基础上产生了一种全新的动画技术——基于物理模型的动画技术，也就是物理动画。其实质是根据物理规律控制动画的生成，即从物理学角度研究计算机动画的运动规律。

基于物理的动画技术是从 20 世纪 80 年代后期发展起来的一种新的计算机动画技术，目前已有许多研究者对物理动画进行了深入广泛的研究，提出了许多有效的运动生成方法。根据物理对象的不同，可以把这些方法大致分为三类：刚体运动模拟、柔体运动（弹塑性变形）模拟以及流体运动模拟。

1）刚体运动模拟（Rigid Body）

在刚体运动模拟方面，研究重点集中在采用牛顿动力学的各种方程来模拟刚体系统的运动。由于在真实的刚体运动中任意两个刚体不会相互贯穿，因而在运动过程模拟时，必须进行碰撞检测，并对碰撞后的物体运动响应再进行处理，如图 4-3 所示显示了多个刚体碰撞过程的动画。

图 4-3　刚体碰撞动画（来自 http://physbam.stanford.edu/~fedkiw/）

2）柔体运动模拟（Deformable Objects）

在真实物理世界中，许多物体并非完全是刚体，它们在运动过程中会产生一定的形变，即所谓柔性物体（也称为弹塑性物体）。物体的变形一直是计算机图形学的研究热点，由于传统的表面变形均是基于几何的，其形变状态完全人为给定，因而变形过程缺乏真实性。采用物理方法较好地模拟了塑料、布料、毛发等柔体的运动，如图 4-4～图 4-6 所示。Terzopoulos 等人采用 Lagrangian 方程和热方程，模拟了变形物体的融化过程，如图 4-7 所示。

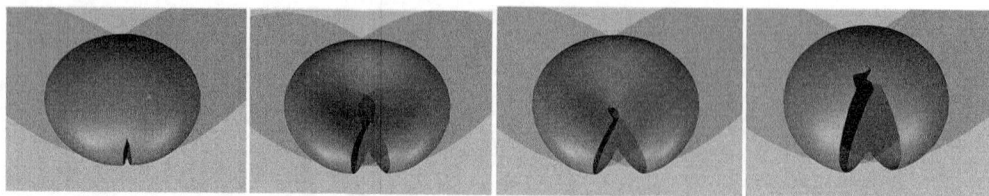

图 4-4　塑料运动模拟（来自 SIGGRAPH'2003）

图 4-5　布料运动模拟（来自 SIGGRAPH'1998）

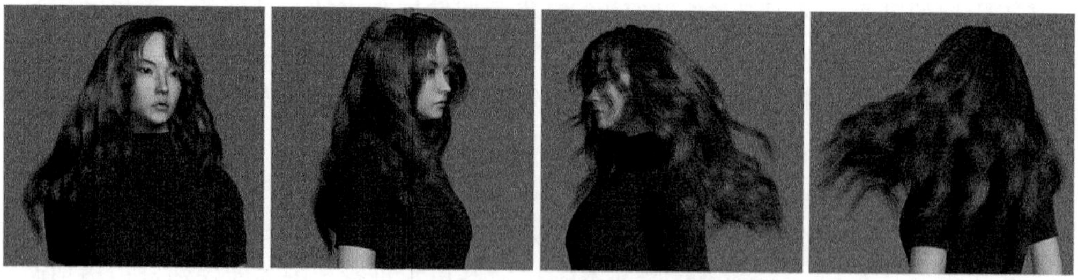

图 4-6　头发的模拟（来自 SIGGRAPH'2005）

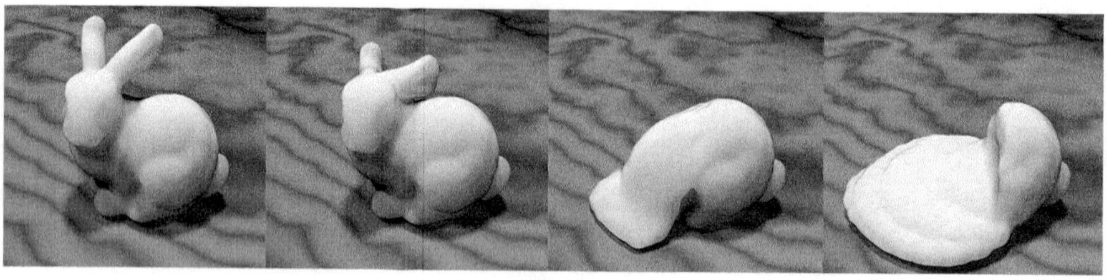

图 4-7　模拟物体的融化

3）流体运动模拟（Fluids）

流体运动模拟，即从流体力学中选取适当的流体运动方程，进行适当的简化，通过数值求解得到各时刻流体的形状和位置。基于物理的方法主要分为两种：第一种方法被称为欧拉法，是一种基于网格的方法；第二种方法被称为拉格朗日法，是一种基于粒子的方法。现在已有许多模拟水流、波浪、瀑布、喷泉、船迹、气体等流体效果的模型，如图 4-8 和图 4-9 所示。

图 4-8　模拟流水倒入杯子（来自 http://physbam.stanford.edu/~fedkiw/）

图 4-9　模拟船在水中行驶（来自 http://physbam.stanford.edu/~fedkiw/）

### 4. 粒子动画（Particle Animation）

粒子动画的先驱是 Reeves，他在 1983 年成功地提出了一种模拟不规则模糊物体的景物生成系统，即将随机景物想象成由大量的具有一定属性的粒子构成。每个粒子都有自己的粒子参数，包括初速度、加速度、运动轨迹和生命周期（每个粒子都要经历"出生"、"运动和生长"及"死亡"三个阶段）等。这些参数决定了随机景物的变化，使用粒子系统可以产生很逼真的随机景物，其原理示意图如图 4-10 所示。由于粒子系统是一个有"生命"的系统，它充分体现了不规则物体的动态性和随机性，因而可产生一系列运动进化的画面，这使模拟动态的自然景色如烟、火、云、水等成为可能。如图 4-11 所示显示了利用粒子系统模拟烟火。

图 4-10　粒子动画原理示意图（来自 SIGGRAPH'2003）

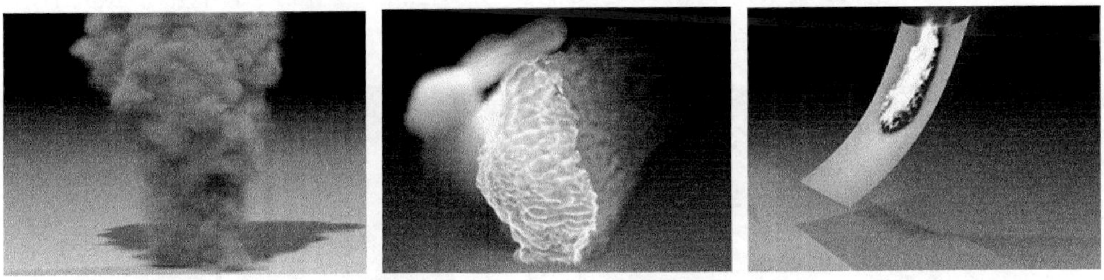

图 4-11　烟、火的模拟（来自 http://physbam.stanford.edu/~fedkiw/）

### 5. 群体动画（Group Animation）

在生物界，许多动物（如鸟、鱼等）以某种群体的方式运动。这种运动既有随机性，又有一定的规律性。Reynolds 提出的群体动画成功地解决了这一问题。群体的行为包含两个对立的因素，即既要相互靠近又要避免碰撞。它用三条按优先级递减的原则来控制群体的行为：①碰撞避免原则，即避免与相邻的群体成员相碰；②速度匹配原则，即尽量匹配相邻群体成员的速度；③群体合群原则，即群体成员尽量靠近。群体动画场景如图 4-12 所示。

图 4-12　群体动画场景示意图

群体动画的基本原理是采用运动重定向技术（Motion Retargeting），即把一个角色的动画赋给另一个具有相同或类似关节结构的角色，并能保持原有动画的质量，如图 4-13 所示。

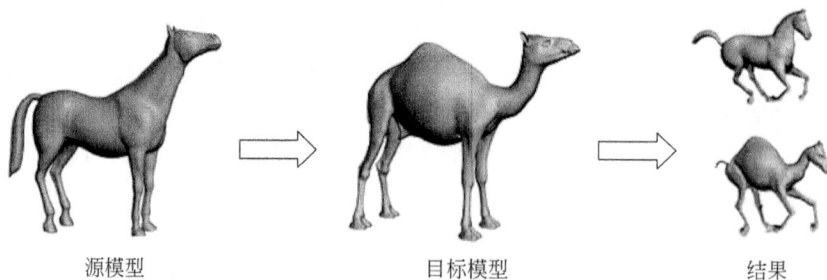

源模型　　　　　　　　　　目标模型　　　　　　　结果

图 4-13　运动重定位原理示意图

### 6. 表演动画（Performance Animation）

在计算机动画中，人体的造型与动作模拟一直是最困难、最具挑战性的课题。如果采用传统方法很难达到生动、自然的效果，人体动画已成为动画制作过程中的瓶颈。表演动画技术的诞生彻底改变了这一局面。表演动画是指借助运动捕捉技术，捕捉表演者的动作甚至表情，然后利用这些动作或表情数据直接驱动动画形象模型，使模型做出与表演者一样的动作，从而达到动画效果。目前，运动捕捉技术已经广泛应用于电影拍摄，比如《阿凡达》、《指环王》等电影，如图 4-14 所示。

图 4-14　运动捕捉技术在电影中的应用

运动捕捉技术（Motion Capture Technology）是表演动画的核心技术，其基本原理是：实时地检测、记录表演者的肢体在三维空间的运动轨迹，捕捉表演者的动作，并将其转化为数字化的"抽象运动"，以便动画软件能用它"驱动"角色模型，使模型做出与表演者一样的动作。实际上，运动捕捉的对象不仅是表演者的动作，还可以包括表情、物体的运动、相机灯光的运动等。在表演动画系统中，通常并不要求捕捉表演者身上每个点的动作，而只需要捕捉若干个关键点的运动轨迹，再根据造型中各部分的物理、生理约束就可以合成最终的运动画面。运动捕捉技术的基本处理过程如图 4-15 所示。

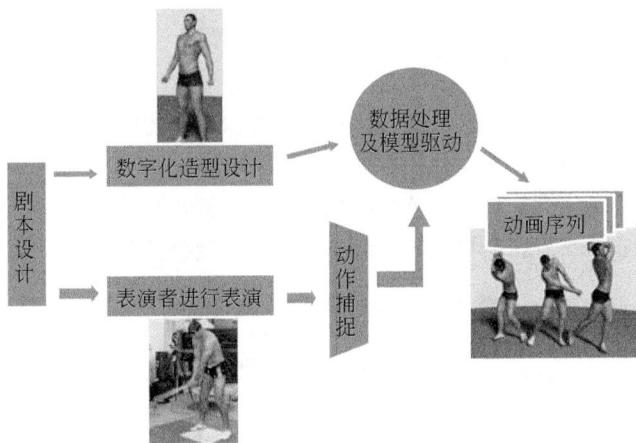

图 4-15　运动捕捉过程

## 4.1.3　计算机动画文件格式

表 4-1 列出了常用的动画文件格式。其中 GIF 动画和 Flash 动画是网络中广泛采用的动画类型，特别是 Flash 动画已经成为网络动画事实标准。

表 4-1　常用的动画文件格式

| 格式 | 扩展名 | 说　明 |
| --- | --- | --- |
| GIF | gif | GIF 有 GIF87a 和 GIF89a 两个规格，GIF87a 只是用来存储单幅静止图像，GIF89a 可以同时存储若干幅静止图像并进而形成连续的动画，目前 Internet 上大量采用的彩色动画文件多为这种格式的 GIF 文件 |
| FLASH | swf | Flash 动画在网页中应用广泛，是目前最流行的二维动画技术，也是网络多媒体最常用的动画素材之一。这种动画表现效果好，交互性强，支持流式媒体播放 |
| FLIC | flc/.fli | Flic 文件是 Autodesk 公司在其出品的 Autodesk Animator / Animator Pro / 3D Studio 等 2D/3D 动画制作软件中采用的彩色动画文件格式 |
| FIC | fic | FIC 是 AutoDesk 公司开发的，与 FLI 相比是青出于蓝而胜于蓝的产物：文件的分辨率和颜色数都有所提高，FIC 与 FLI 文件在 Windows 中播放时需要专用的 MCI 驱动程序和相应的播放程序 |
| MMM | mmm | MMM 是由 MacroMind 公司开发的著名的多媒体写作软件 Director 生成的，它一般集成在完整的应用程序中，单独出现的文件很少 |

## 4.2　Flash 初 识

Flash 是一款设计和制作动画的专业平台，其采用矢量绘图方式显示图形，允许用户以时间轴的方式控制图形的运动，通过流的方式传输多媒体数据，同时支持以脚本控制各种动画元素，实现用户与动画的交互。

### 4.2.1　Flash CS 5.5 的功能特点

用 Flash 生成的动画有两个最显著的特点：一是文件体积小，便于在网上传输；另一个是具有较强的交互功能，可以根据用户的鼠标、键盘事件做出各种应答或计算。作为原 Flash 软件的继承者，Flash CS 5.5 改进了 ActionScript 脚本解析引擎，同时增强了程序的稳定性与效率，同时还增加了很多新功能。Flash CS 5.5 的功能特点如表 4-2 所示。

表 4-2　Flash CS 5.5 的功能特点

| 功能特点 | 描　　述 |
| --- | --- |
| 全新的补间动画 | 与传统补间动画有很大不同，Flash CS 5.5 的补间动画是以对象为基础的，还可以为元件添加动作，自动生成关键帧 |
| 动画编辑器 | Flash CS 5.5 增加了动画编辑器面板，可以控制补间动画的各种动作属性，如旋转、色彩效果、滤镜、缓动等合并生成关键帧。对动作控制可以精确到每一帧 |
| IK 反向运动 | Flash CS 5.5 改进了骨骼工具的属性设置等，该工具的 IK 方式可用于创建 3D 动画的关节动作，制作更加逼真的反向运动动画 |
| 全新的文本引擎 | Flash CS 5.5 增加了 TLF 文本引擎，允许用户为 Flash 文本应用更加复杂的排版功能，例如设置文本的旋转、对齐、边距、缩进和间距等属性 |
| 3D 变形 | 使用新的 3D 变形工具在 3D 空间内对 2D 对象进行动画处理。应用局部或全局旋转可以将对象或舞台旋转 |
| 快速保存代码片段 | Flash CS 5.5 允许用户将已编写的代码存储为代码片段，通过统一的代码片段面板快速调用，提高编写代码的效率 |
| 改良的代码提示 | 在 Flash CS 5.5 中，Adobe 改良了代码提示的功能，允许代码编辑器显示一些自定义的代码内容，例如自定义对象、自定义类等，辅助用户编写更复杂的程序 |
| 增强的喷涂刷工具 | Flash CS 5.5 增强了 Deco 工具，为用户提供了更多的预置喷涂刷对象，允许用户绘制各种动态火焰、建筑物、植物等一系列的图案，帮助用户快速创建矢量图形 |

### 4.2.2　Flash CS 5.5 的工作界面

Flash CS 5.5 的窗口界面如图 4-16 所示，包括时间轴、工具箱面板、舞台窗口、浮动属性面板几部分。

（1）时间轴控制面板：用来控制动画的播放顺序，在播放影片时，时间轴中的播放箭头将从左到右沿帧前进，时间轴也包含多个图层，可以帮助用户组织文档中的插图，在当前图层中绘制和编辑对象时，不会影响到其他图层上的对象。

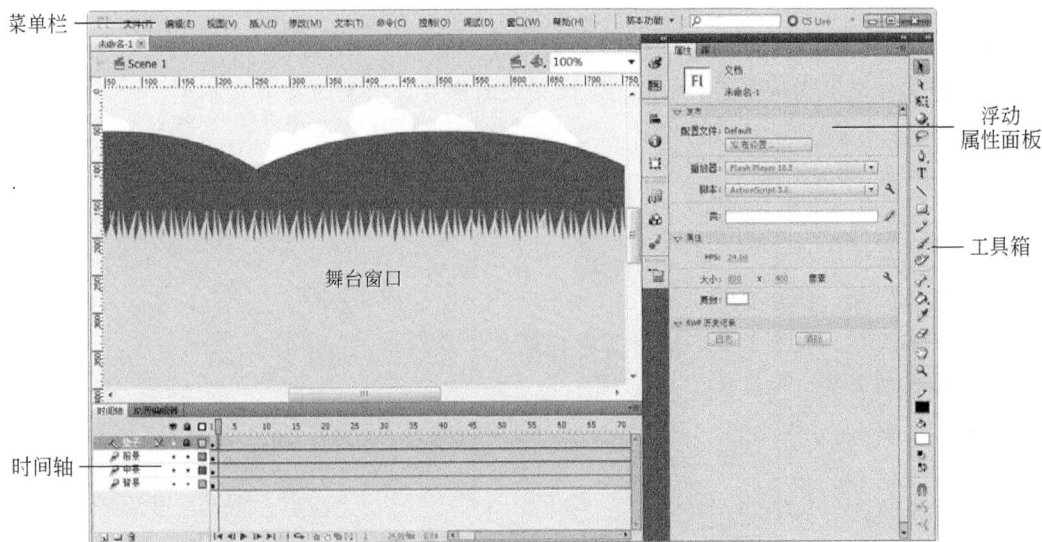

菜单栏 ——

浮动
属性面板

工具箱

舞台窗口

时间轴 ——

图 4-16　Flash CS 5.5 的窗口界面

（2）工具箱面板：用来绘制 Flash 中的各种图形，它包含选择工具、绘制和文本工具、绘图和编辑工具、导航工具以及工具选项。

（3）舞台窗口：也就是绘制各种对象的工作区，包含文本、图像以及出现在屏幕上的视频，同剧院中的舞台一样，Flash 中的舞台也是播放影片时观众观看的区域。

（4）浮动属性面板：可以设置各种对象的属性参数。

## 4.3　逐 帧 动 画

### 任务 1　制作动态书写文字动画

**任务描述**

制作动态书写文字的动画，显示一支毛笔在移动逐渐写出"八一"文字的过程。动态书写过程的几幅画面如图 4-17 所示。具体要求如下所示。

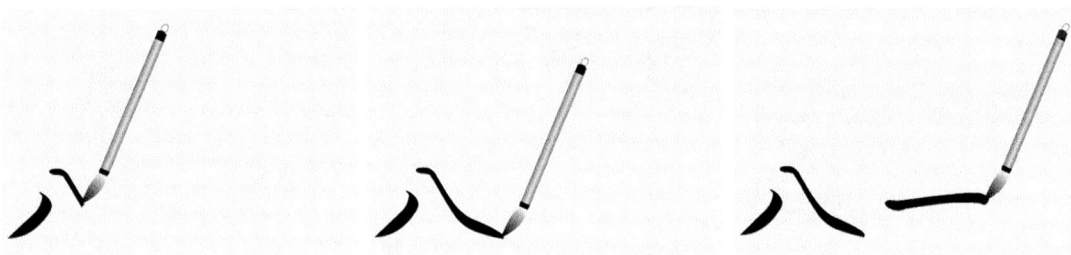

图 4-17　动态书写文字的几幅画面

173

（1）文档尺寸设置为550×400像素，背景色为淡黄色，文字颜色为黑色。

（2）利用绘图工具制作毛笔元件。

（3）"八一"文字在20个连续帧内绘制完成。

（4）源文件以动态书写.fla保存，设计完成的影片导出为动态书写.swf。

## 学习要点

（1）文档属性的设置。

（2）选择工具、任意变形工具。

（3）文本工具、直线工具、矩形工具、刷子工具。

（4）颜料桶工具、橡皮擦工具。

（5）关键帧。

（6）图层。

（7）元件。

## 操作实战

### 1. 新建 Flash 文档

选择"文件"→"新建"命令，弹出"新建文档"对话框，如图 4-18 所示。大小设为 550×400 像素，帧频设为 12，背景颜色设置为"淡黄色"（#FFFFCC），单击"确定"按钮，新建一个 Flash 文档。

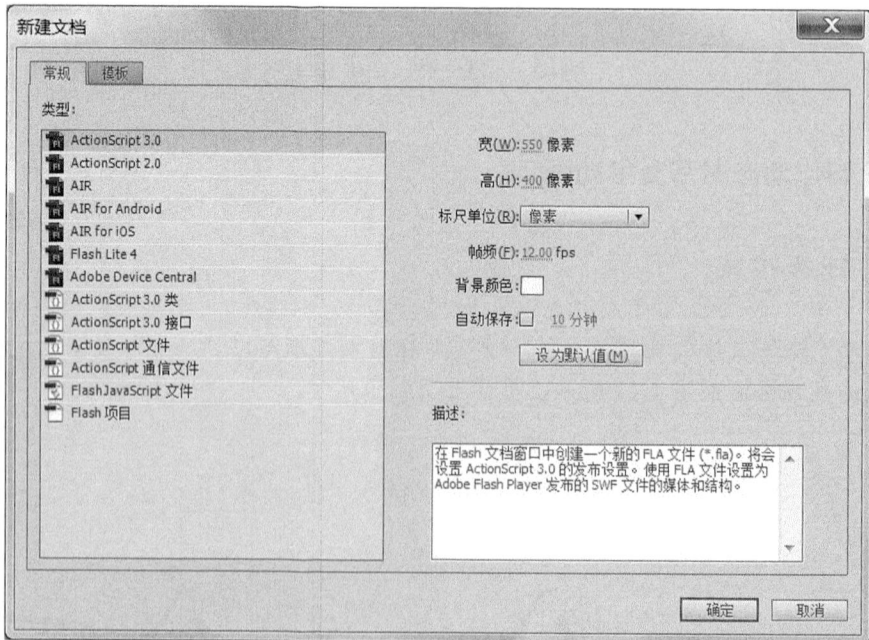

图 4-18　"新建文档"对话框

在新建某些特殊的文档时，选择相应的"模板"类别能够起到事半功倍的效果。

Flash 动画由一定数目的"帧"组成，"新建文档"对话框中的"帧频"用于设置动画播放的速度，单位为 fps，即每秒播放的动画帧数，帧频越大，播放速度越快，系统默认帧频为 24fps。

### 2. 添加文本

（1）添加文本图层：双击"时间轴"中"图层 1"名称，将"图层 1"重命名为"文字"。图层命名后的操作界面如图 4-19 所示。

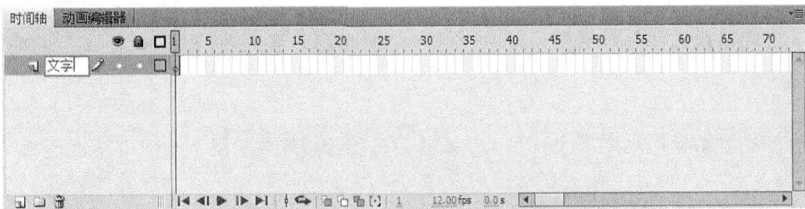

图 4-19　图层命名后的操作界面

提 示

层和帧是 Flash 动画的两种最重要的组织手段，从空间维度和时间维度中将动画有效地组合起来。层就像透明的玻璃薄片一样，一层层地向上叠加，不同的层包含不同的对象，从而可以帮助用户在不同的层中组织文档中的内容。要绘制、上色或者对层做其他修改，需要选择该层以激活它。

（2）设置文本属性：选择"工具箱"中的"文本工具" T ，在"属性"面板中选择合适的字体，字体大小设置为 200，文本颜色为"黑色"，设置界面如图 4-20 所示。在舞台工作区中输入文本"八一"，并适当调整其位置，如图 4-21 所示。

图 4-20　设置文本属性

图 4-21　输入文字

提 示

保持文本被选中的状态，选择"窗口"→"对齐"命令，打开"对齐"面板，利用"相对于舞台"、"水平中央"、"垂直中央"按钮，可将文本对齐到舞台工作区的中央。

### 3. 绘制"毛笔"

（1）新建元件：选择"插入"→"新建元件"命令（快捷键：Ctrl+F8），弹出"创建新元件"对话框，如图 4-22 所示，将"名称"设置为"毛笔"，类型设置为"图形"，单击"确定"按钮后进入图形元件"毛笔"的编辑模式，如图 4-23 所示。

175

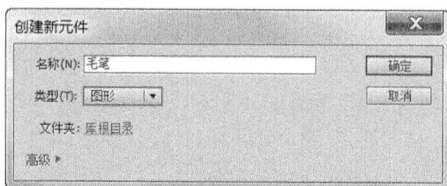

图 4-22 "创建新元件"对话框

图 4-23 进入图形元件"毛笔"的编辑模式

**提 示**

一个图形可能要在不同地方多次使用，如果将图形转换为元件，就可以重复多次使用而不必重新绘制。"毛笔"由多个部分组成，并且在动画中是作为一个整体运动，所以单独为其创建一个元件，在场景中直接引用"毛笔"元件，制作动画效果，这样不容易出错，并且方便以后单独对其进行修改。

元件有三种类型，分别是"影片剪辑"、"图形"、"按钮"。①影片剪辑元件：该元件可以看做一个完整的影片片段。②图形元件：在该元件中只可以绘图、调用元件和制作动画，不能进行配音和设置交互性控制。③按钮元件：该元件用于创建动态按钮，用于实现影片与观众的交互。

（2）绘制毛笔杆：在工具箱中选择"矩形工具"，在"属性"面板中将"笔触颜色"设置为"无"，在"颜色"面板中将"填充颜色"设置为"线性渐变"，颜色为由棕色（#CC6600）到浅棕色（#FFDCB9）再到棕色（#CC6600）渐变，如图 4-24 所示。在舞台工作区绘制一个矩形作为毛笔杆，如图 4-25 所示。

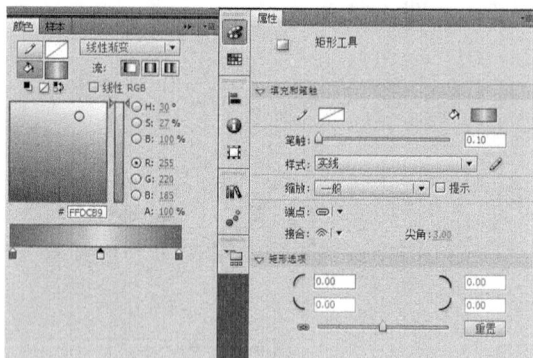

图 4-24 设置笔触和填充色

图 4-25 绘制笔杆

（3）绘制毛笔末端：用"选择工具"选取矩形上部的一块，在用"颜料桶工具"填充为黑色，并利用"选择工具"调整为如下形状，如图 4-26(a)所示。用"刷子工具"在毛笔上端随便画一条弯曲的红线，如图 4-26 (b)所示。

（4）绘制毛笔头：用"选择工具"选取矩形下部的一部分，填充黑色，并将侧面轮廓调整为曲线，如图 4-26 (c)所示；用"线条工具"在毛笔的下端画出如下三角形，如图 4-26 (d)所示，用"选择工具"将三角形两侧调节成平滑的曲线，如图 4-26 (e)所示；用"颜料桶工具"给毛笔头填充如下从黑到白的渐变，类型为"径向渐变"，如图 4-26 (f)所示，并将轮廓线删除，如图 4-26 (g)所示。这样一支毛笔就画好了，如图 4-26 (h)所示。

(a)　　　　　　(b)　　　　　　(c)　　　　　　(d)　　　　　　(e)

(f)　　　　　　　　　　　(g)　　　　(h)

图 4-26　绘制毛笔

### 4. 添加"毛笔"

（1）添加"毛笔"图层：单击"场景 1"回到场景编辑模式，单击"时间轴"上的"插入图层"按钮，在时间轴上添加一个新的图层"图层 2"，将该图层命名为"毛笔"，如图 4-27 所示。

（2）添加"毛笔"元件实例：选择"窗口"→"库"命令，打开"库"面板，如图 4-28 所示。选中图层"毛笔"，将"库"面板中的图形"画笔"拖入到舞台工作区。

图 4-27　添加毛笔图层

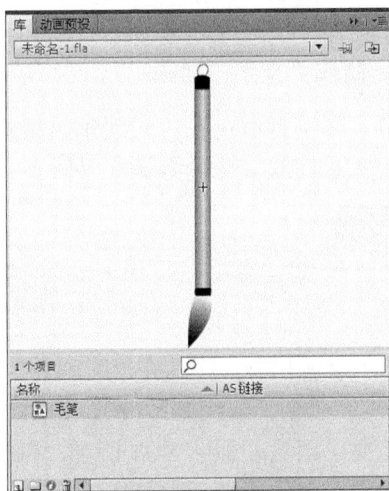

图 4-28　库面板

"库"是 Flash 中专门用来存放各类元件的容器，方便动画制作过程中对元件的修改、管理以及使用。在 Flash 中，通常要使用很多现有的素材，如图形元件、按钮元件、图片、声音、视频等，利用导入到库功能，可以将这些素材放入到库中，在制作 Flash 的过程中直接使用。

（3）"毛笔"变形：在"工具箱"中选择"自由变形"工具 ，再单击选中舞台工作区中的"毛笔"图形，在"毛笔"图形的周围出现 8 个控制点，如图 4-29 所示。将鼠标移动到各个控制点时，鼠标样式将会改变，拖动鼠标可以实现对象的缩放、旋转等操作。将画笔变形至合适大小与形状。

自由变形工具将旋转、放大整合在一起，它可以很容易地对一个图片对象进行缩放、旋转、倾斜、扭曲，在使用上更加富有创造性和灵活性。在图形被选中的时候，它会被一个黑色的方框包围住，移动方框上的小黑点就可以对图形进行变形，而中间的小原点是旋转中心，它也可以被移动。

（4）确定位置：将缩小、旋转后的"毛笔"图形移动到文字起始位置，如图 4-30 所示。

| | |
|---|---|
|  |  |
| 图 4-29 "毛笔"变形操作 | 图 4-30 确定"毛笔"起始位置 |

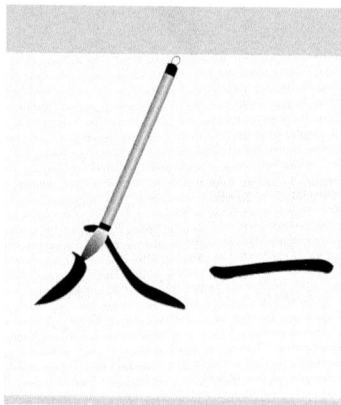

### 5. 制作"文字"动画

（1）文字打散：在"时间轴"上选中"文字"图层，执行两次"修改"→"分离"命令，将文本打散，转换为基本图形。

只有将文本打散，转换为基本图形，才可以对其进行擦除"画笔"操作，从而控制动画效果。在很多情况下，都会要求将文字打散转化为图形。

（2）逐帧擦除文字：在"时间轴"上选中"文字"图层，选择"插入"→"时间轴"→"关键帧"命令（快捷键：F6），使用"橡皮擦"工具 ，将文字按照笔画相反的顺序，倒退着将文字擦除，如图 4-31 所示。每擦一次按 F6 键一次（即插入一个关键帧），每次擦去多少决定写字的快慢，为了使动画效果流畅自然，应根据任务中文本的笔画数及复杂程序，平均分配帧数。这样一直添加约 20 个关键帧，把所有的文字都擦完。

（3）翻转帧：在"文字"图层上，从第 1 帧开始一直到最后一帧全部选择，如图 4-32 所示。选择"修改"→"时间轴"→"翻转帧"命令，或者右击，在弹出菜单中单击"翻转帧"，将其顺序全部颠倒过来。

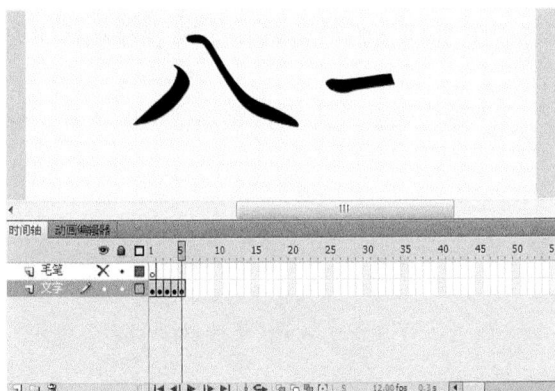

图 4-31　擦除文字

图 4-32　选中"文字"图层的所有关键帧

**提　示**

Flash 中最小的时间单位是帧。一帧就是一幅静态图片，许多图片连续播放，就是一个动画影片。根据帧的作用可以分为：普通帧、关键帧和过滤帧。只有在关键帧中，才可以修改调整动画元素的属性，加入脚本命令，而普通帧和过滤帧则不可以。普通帧只能将关键帧的状态进行延续，一般用来将元素保持在场景中，使其在一段时间内不发生变化。而过渡帧是将其前后的两个关键帧的差异进行计算得到，所包含的元素属性的变化是计算得来的。

### 6. 制作"毛笔"动画

在时间轴面板中单击"画笔"图层，选中第 1 帧，按 F6 键插入关键帧，并利用"选择"工具或键盘方向键移动毛笔，使毛笔始终随着笔画最后的位置走，如图 4-33 所示。

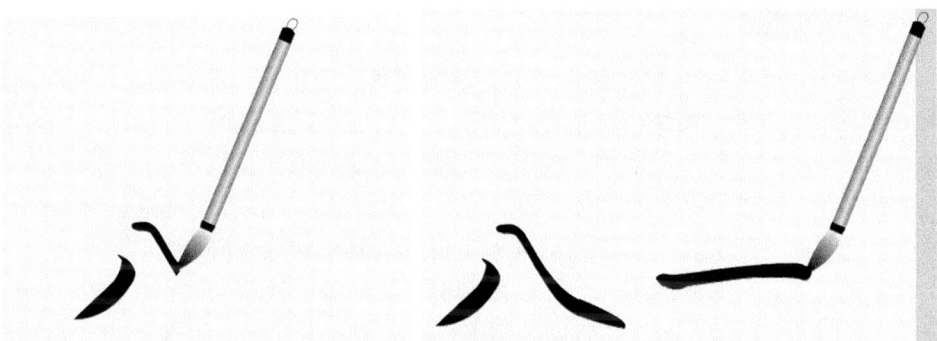

图 4-33　沿笔画移动毛笔

**注　意**

在操作过程中，一定确保选中要编辑的层与关键帧。为了防止误操作，可以事先将其他层锁定或者隐藏。锁定与隐藏请参阅"相关知识"部分。

### 7. 测试与保存文件

（1）测试文件：选择"控制"→"测试影片"命令（快捷键：Ctrl+Enter），测试影片的播放效果，如有不满意的地方可以继续修改，直到满意为止。

（2）保存文件：选择"文件"→"保存"命令，将源文件以动态书写.fla 保存在指定的文件夹内。

（3）导出影片：选择"文件"→"导出"→"导出影片"命令，将该任务的影片文件以动态书写.swf 保存。

**注　意**

在制作的过程中，Flash 生成以 fla 为后缀的文件。这个 fla 文件为源文件，可以打开并修改。制作完毕后，通过发布，flash 将源文件编译成以 swf 为后缀的文件。该文件不包括原始和冗余的信息，只包含与动画有关的必需的信息，所以文件尺寸一般比 fla 文件小。swf 文件可以直接使用 Flash 播放器观看，也可以插入到网页中。

### 相关知识

### 1. Flash 动画实现原理

Flash 动画实现的原理与电影和电视的实现原理相同，Flash 动画也是将一幅幅静态的图像放在一起，然后连续播放，因为人眼具有短暂视觉滞留的特点，所以人们看到的就是一段连续运动的画面了。一般将这一系列图像中的每一幅都称为一帧。以前的动画制作方法是人为地将动画的每一帧都绘制出来，然后连接起来放映。这种方法显然不是最好的，Flash 在计算机的帮助下能够自动生成中间的帧，在 Flash 中只需要手工绘制第 1 帧和最后一帧，就能通过计算生成中间帧。其中手工绘制的第 1 帧和最后一帧，将动画的关键变化提供给了 Flash，Flash 就能够根据这些关键帧，按照自然的运动方式，推算出中间帧应该具有的状态。

### 2. Flash 动画类型

Flash 动画的基本类型可以概括为三类：逐帧动画、形状补间动画和动作补间动画。逐帧动画是指动画中的每一帧都由用户自己制作，然后连接起来放映；而形状补间动画和动作补间动画是由用户制作关键的帧，两个关键帧间的动画由计算机产生。其中形状补间动画用于元素的外形发生了很大的变化，如从矩形变成圆形。动作补间动画是指元素的位置、大小及透明度等的一些变化，这样的动画如飞机从远处飞到近处慢慢靠近，一个基本图形的颜色由深变浅等。在实际应用中，还会遇到引导线动画、遮罩层动画、骨骼动画、交互式动画等，这些动画都是在基本动画的基础上，通过加入引导层、遮罩层以及 ActionScript 脚本控制等各种动画手段而形成的动画，使动画成为一个可以自由发挥的创作空间，使用面非常广。

### 3. 工具箱

工具箱提供了图形绘制和编辑的各种工具，工具箱分为 5 个区域：选择工具区、绘图工具区、颜色填充工具区、查看工具区及选项区，其常用工具功能如表 4-3 所示。

表 4-3　**Flash CS 5.5 常用工具功能说明**

| 类别 | 名　称 | 图　标 | 功　能 |
|---|---|---|---|
| 选择工具 | 选择工具 |  | 用于选择整个对象 |
| | 部分选取工具 |  | 可以选择线条的锚点并调整锚点的位置和弯曲程度 |
| | 任意变形工具 |  | 可以对对象进行任意旋转、变形和缩放操作 |
| | 渐变变形工具 |  | 对形状内部的填充渐变或位图进行填充调整 |
| | 3D 旋转工具 |  | 在 3D 空间中旋转影片剪辑实例 |
| | 3D 平移工具 |  | 在 3D 空间中移动影片剪辑实例 |
| | 套索工具 |  | 用于选择不规则的对象范围 |
| 绘图工具 | 钢笔工具 |  | 用于绘制高精度的曲线，可以方便地控制线条上锚点的位置和数量 |
| | 添加锚点工具 |  | 给当前路径添加锚点 |
| | 删除锚点工具 |  | 删除当前路径上的锚点 |
| | 转换锚点工具 |  | 转换锚点，以调整路径形状 |
| | 文本工具 | T | 书写文字及编辑文字对象 |
| | 线条工具 |  | 绘制任意方向和任意长短的直线 |
| | 矩形工具 |  | 绘制矩形和正方形 |
| | 椭圆工具 |  | 绘制椭圆和圆 |
| | 基本矩形工具 |  | 绘制包含节点的矩形，调整节点可以设置圆角半径 |
| | 基本椭圆工具 |  | 绘制包含节点的椭圆和正圆，调整节点可以设置圆的起始角和终止角 |
| | 多角星形工具 |  | 可以绘制出多边形或星形图形 |
| | 铅笔工具 |  | 绘制任意形状的曲线或直线 |
| | 刷子工具 |  | 绘制矢量色块或创建一些特殊效果 |
| | Deco 工具 |  | 对舞台上的选定对象应用效果，可以快速绘制舞台背景 |
| 填充工具 | 骨骼工具 |  | 为舞台中的影片剪辑实例添加 IK 骨骼 |
| | 绑定工具 |  | 将矢量形状的部分局部端点与 IK 骨骼绑定 |
| | 颜料桶工具 |  | 用于填充图形内部的颜色 |
| | 墨水瓶工具 |  | 给形状周围的线条填充颜色，及调整线宽和样式 |
| | 滴管工具 |  | 对场景中对象的填充颜色采样 |
| | 橡皮擦工具 |  | 用于擦除线条、图形及所填充的颜色 |
| 查看工具 | 手形工具 |  | 用于移动场景 |
| | 缩放工具 |  | 用于放大或缩小场景 |
| 选项区 | 笔触颜色 |  | 设置图形边框线条颜色 |
| | 填充颜色 |  | 设置图形填充颜色 |
| | 黑白 |  | 设置笔触颜色和填充颜色为黑白 |
| | 交换颜色 |  | 设置笔触颜色和填充颜色互换 |

### 4. 时间轴

时间轴用于组织和控制文件内容在一定时间内播放。按照功能的不同，时间轴窗口分为左右两部分，分别为层控制区和时间线控制区，如图 4-34 所示。

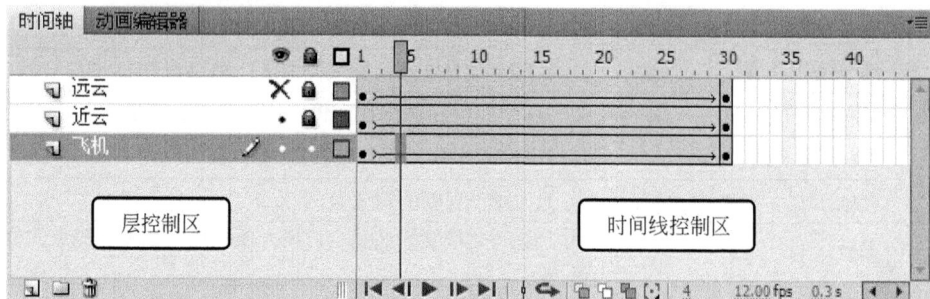

图 4-34　时间轴面板

在时间轴上每一图层的右方有一排按钮，各按钮代表的意义如下。

👁：表示该图层是可视的还是隐藏的，如果在对应位置上出现的是图标▣，表示该图层是可视的；如果在对应位置上出现的是图标✗，表示该图层是隐藏的。

🔒：表示该图层被锁定，虽然可以看见，但其中的组件是不能被编辑的。所以，当修改某一图层中的组件时，可以将其他的图层锁定，这样不用担心影响到其他的图层。

▢：表示以外框的形式显示图形。单击图层中的按钮后，所有的图层内容都以外框形式显示，但是本质上并没有改变图层的状态。

### 5. 场景（舞台）

场景是所有动画元素的最大活动空间，也就是常说的舞台，是编辑和播放动画的矩形区域，在舞台上可以放置、编辑向量插图、文本框、按钮、导入的位图图形、视频剪辑等对象，如图 4-35 所示。在新建一个 Flash 文档后，系统会为图层 1 的第一帧插入一个默认的空白关键帧，同时还会自动新建一个"场景"。

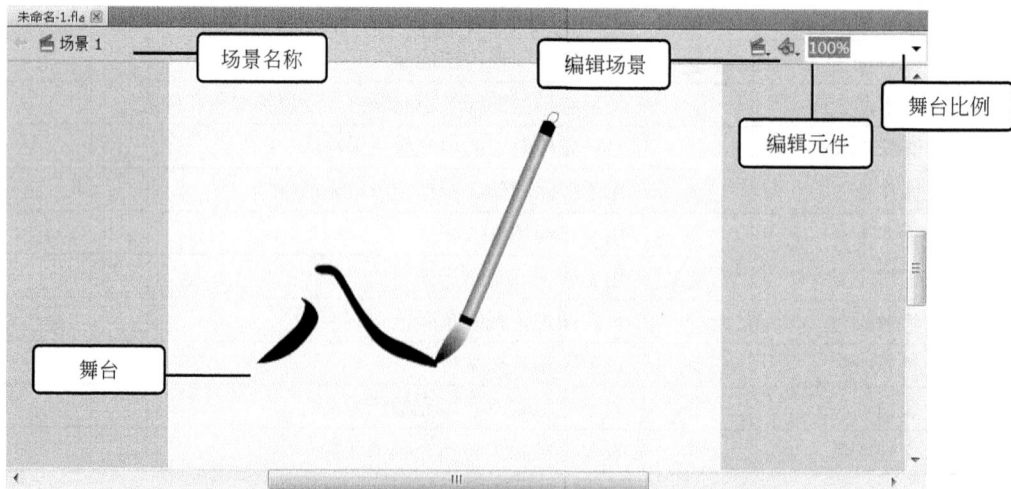

图 4-35　Flash 场景

# 4.4　形状补间动画

## 任务 2　制作飞豹变飞机动画

### 任务描述

一只飞豹逐渐变成飞机,完成效果如图 4-36 所示。具体要求如下所示。

(1)利用给定的图片素材绘制飞豹和飞机图形,并转换为元件。

(2)利用补间形状创建由飞豹到飞机的变形动画,共 40 帧。

(3)源文件以飞豹变飞机.fla 保存,设计完成的影片导出为飞豹变飞机.swf。

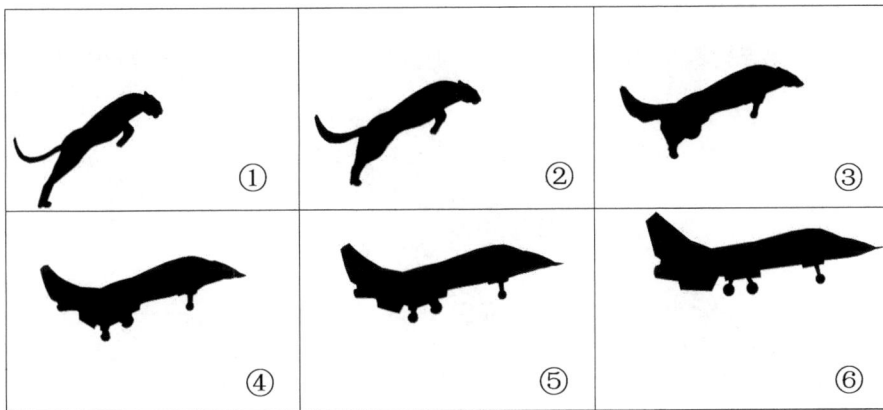

图 4-36　飞豹变飞机示意图

### 学习要点

(1)选择工具、钢笔工具、颜料桶工具、橡皮擦工具、任意变形工具。

(2)库、元件。

(3)分离图像。

(4)补间形状动画。

### 操作实战

**1. 制作飞豹和飞机图形元件**

(1)新建空文档:启动 Flash,新建一个 Flash 文档。在属性面板将大小设为 800×600 像素。

(2)新建元件:选择"插入"→"新建元件"命令(快捷键:Ctrl+F8),弹出"创建新元件"对话框,如图 4-37 所示,输入名称为"飞豹",选择类型"图形",单击"确定"按钮后进入图形元件"飞豹"的编辑模式。

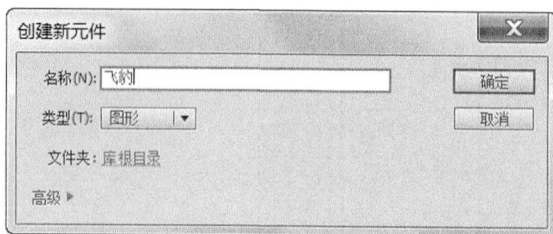

图 4-37 "创建新元件"对话框

(3)外部素材导入到舞台:选择"文件"→"导入"→"导入到舞台"命令,将素材文件夹下的飞豹.PNG 图像文件导入,飞豹图像显示在舞台中,同时图像文件也可以在库面板中看到,如图 4-38 所示。

图 4-38 飞豹图像导入舞台

(4)打散图形:使用选择工具 ,在舞台中飞豹图像右击,在弹出的菜单中选择"分离"(快捷键:Ctrl+B),将其打散,如图 4-39 所示。

**提 示**

图像分离的目的是将其转换为基本图形,以便用于擦除、绘制等操作。

(5)勾画飞豹轮廓:设置笔触颜色为红色(#FF0000),在工具箱中选取钢笔工具 ,沿飞机的边缘点选,形成一个封闭曲线,如图 4-40 所示。

(6)删除飞豹外部区域:利用选择工具单击飞豹背景,选择飞豹外部区域,如图 4-41所示,按 Delete 键将周围背景删除,如图 4-42 所示。

图 4-39　飞豹图像打散之后

图 4-40　用钢笔工具勾画轮廓

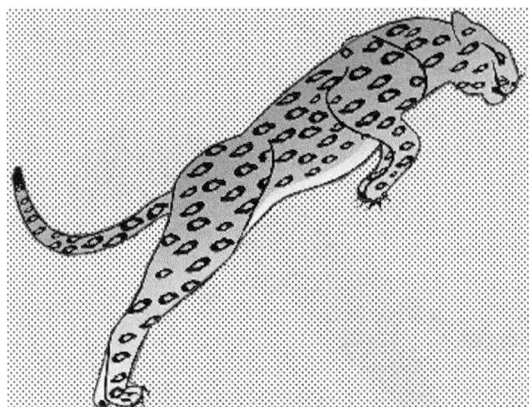

图 4-41　选择飞豹背景

图 4-42　删除飞豹背景

（7）删除飞豹外部区域：利用选择工具单击飞豹，选择飞豹内部区域，如图 4-43 所示，按 Delete 键将飞豹内部区域删除，形成飞豹轮廓，如图 4-44 所示。

图 4-43　选择飞豹内部

图 4-44　删除飞豹内部

（8）填充飞豹内部区域：设置填充颜色为黑色（#000000），在工具箱中选取颜料桶工具，在飞豹轮廓内部单击填充，如图 4-45 所示，填充后效果如图 4-46 所示。

图 4-45　填充飞豹内部

图 4-46　飞豹内部填充为黑色

（9）擦除飞豹轮廓线：在工具箱中选择橡皮擦工具 ，则工具栏下方出现"橡皮擦模式"、"橡皮擦形状"等按钮，选择橡皮擦的擦除模式为"擦除线条"，如图 4-47 所示，将飞豹轮廓线擦除，擦除后的飞豹图案效果如图 4-48 所示。这样飞豹元件就制作好了。

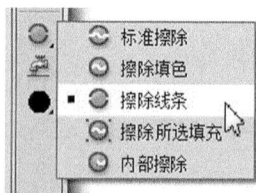

图 4-47　选择擦除模式

图 4-48　擦除飞豹轮廓线

（10）制作飞机元件：与制作飞豹元件类似，以提供的飞机图片（飞机.PNG）为模板，如图 4-49 所示，勾画出飞机图案，如图 4-50 所示。

图 4-49　"飞豹"战机图片

图 4-50　填充后飞机

**2. 制作形状补间动画**

（1）设置初始帧：单击"场景 1"，由元件编辑返回场景 1，从库中将飞豹元件拖入到舞台中，按 Ctrl+B 组合键将其打散，利用任意变形工具 ，调整飞豹元件实例合适的大小和位置，如图 4-51 所示。

图 4-51　设置初始帧

**提　示**

　　创建形状补间动画必须要求变形的对象是不可再分解的基本图形，因此，只有对元件实例执行"分离"命令，将其打散转化为基本图形，才能创建补间形状动画。

（2）设置结束帧：在第 40 帧处按 F7 键，从库中将飞机元件拖入到舞台中，按 Ctrl+B 组合键将其打散，利用任意变形工具 ，调整飞机元件实例合适的大小和位置，如图 4-52 所示。

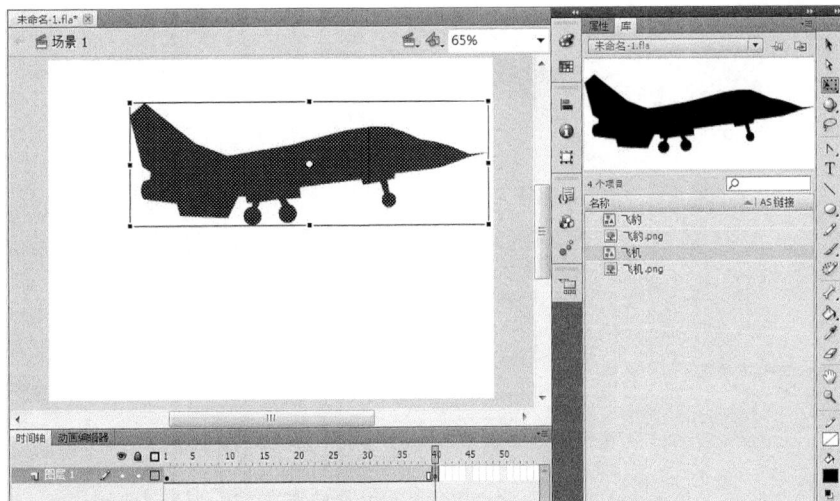

图 4-52　设置结束帧

（3）创建补间形状：在 1～39 帧处右击，在弹出的快捷菜单中选择"创建补间形状"命令，即可创建补间动画，如图 4-53 所示。

图 4-53　创建补间形状

　　形状补间动画是 Flash 的一种基础动画，它制作的是图形之间的变形效果。分布在时间轴同一个图层上的两个关键帧之间可以创建形状补间动画，前一关键帧的图形是变形的初始状态，后一关键帧中的图形是变形的最终状态。

　　（4）查看帧变形效果：如果要查看帧间变形的效果，单击"时间轴"面板下方的"绘图纸外观轮廓"按钮查看时间轴中所有帧的轨迹，如图 4-54 所示。

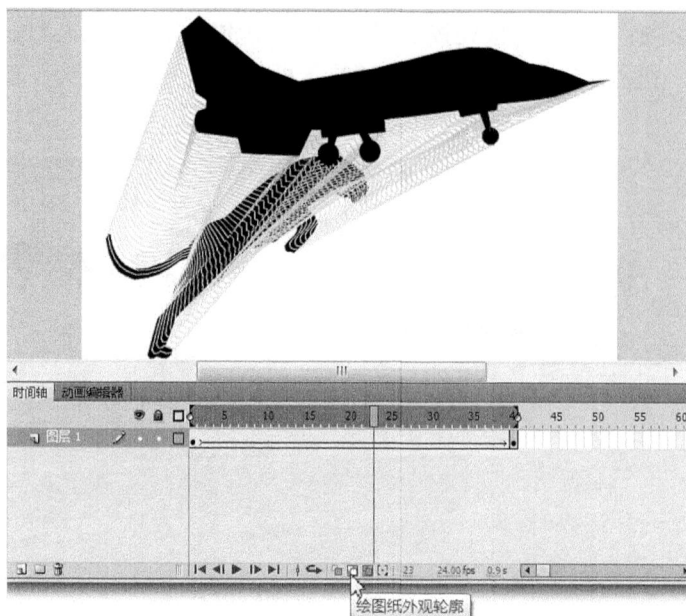

图 4-54　图形变形动画轨迹

　　在形状补间动画，有时候会觉得变形的效果不够理想，可通过添加形状提示点来控制变形效果，使变形更加流畅、美观。通过形状提示控制变形效果的方法参见本节"相关知识"部分。

### 3. 测试与保存文件

（1）测试文件：选择"控制"→"测试影片"命令，或按 Ctrl+Enter 组合键，测试影片的播放效果，如有不满意的地方可以继续修改，直到满意为止。

（2）保存文件：选择"文件"→"保存"命令，将源文件以飞豹变飞机.fla 保存在指定的文件夹内。

（3）导出影片：选择"文件"→"导出"→"导出影片"命令，将该任务的影片文件以飞豹变飞机.swf 保存。

**相关知识**

### 1. 添加形状提示点控制变形

通过添加设置形状提示点，可以控制形状补间动画的变形效果，如果感觉动画不够理想，可以添加形状提示来控制变形的效果。

以文本 1 变形到 2 的变形为例，在变形动画中，系统默认的变形效果如图 4-55 所示，效果并不流畅。

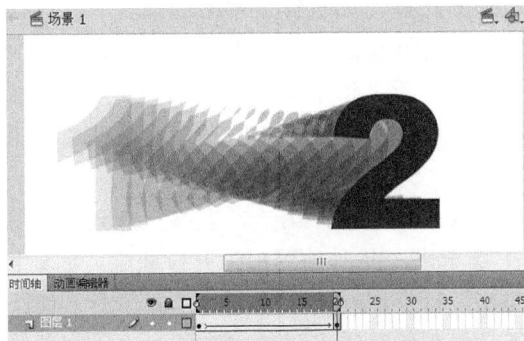

图 4-55　1 到 2 的变形动画

添加形状提示点来控制变形，可以使效果变得流畅、美观。选中第 1 帧，选择"修改"→"形状"→"添加形状提示"命令，文字 1 边缘会出现一个红色控制点 a，将形状提示点移动到 1 的右上角，如图 4-56 所示。

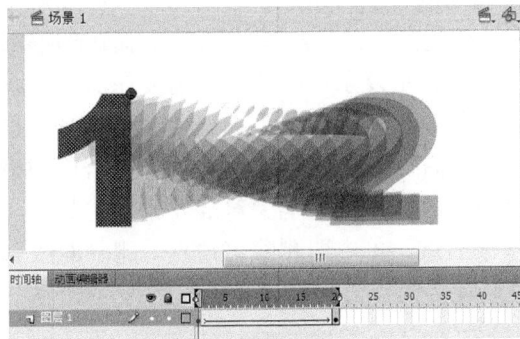

图 4-56　移动形状提示点

用同样的方法，在目标关键帧上将形状提示点移动到 2 的右上角，如图 4-57 所示。可以发现变形的效果发生了变化。1 的形状提示点所在的位置和 2 的提示点所在的位置产生了对应关系，从而导致了整个变形效果的变化。

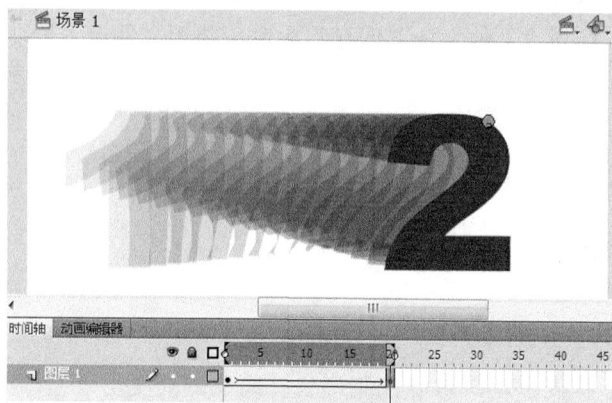

图 4-57　在目标关键帧移动提示点

### 2. 钢笔工具

钢笔工具用于绘制精确的路径，如直线或平滑的曲线。在使用时，一般要先创建大致的直线或曲线，然后调整线段的角度和长度以及曲线的斜率。

（1）画直线：选中钢笔工具后，每单击一下，就会产生一个锚点，并且同前一个锚点自动用直线相连。在绘制的同时，如果按住 Shift 键，则将线段约束为 45° 的倍数角方向上直接单击生成的锚点为角点。

结束图形的绘制可以采取三种方法：第一，在终止点双击；第二，单击工具箱中的钢笔工具；第三，按住 Ctrl 键单击。此时的图形为开口曲线。如果将钢笔工具移至曲线起始点处，当指针变为 时单击，即连成一个闭合曲线，并填充上默认的颜色。

（2）画曲线：钢笔工具最强的功能在于绘制曲线。在添加新的线段时，在某一位置按下鼠标左键后不要松开，拖动鼠标，指针变为 ，新锚点自动与前一锚点用曲线相连，并且显示出控制曲率的切线控制点。这样生成的带曲率控制点的锚点，称为曲线点。角点上没有控制曲率的切线控制点。

（3）曲线点转换为角点：选择钢笔工具，将钢笔移动到曲线的某一个曲线点上，指针变为 ，表示可以使这个曲线点转换为角点。单击则将该曲线点转换为角点。注意不能在用钢笔绘制图形的过程中，使用此功能，结束绘制后或刚刚启用钢笔工具时有效。

（4）添加锚点：如果要制作更复杂的曲线，则需要在曲线上添加一些锚点。选择钢笔工具，笔尖对准要添加锚点的位置，指针的下面出现一个加号标志 ，单击则在该点上添加了一个锚点。注意，只能在曲线上添加锚点，在直线上无法添加锚点。

（5）删除锚点：删除角点时，钢笔的笔尖对准要删除的节点，指针的下面出现一个减号标志 ，表示可以删除该节点，单击即删除该角点。删除曲线点时，用钢笔工具单击一次该曲线点，将该曲线点转化为角点，再一次单击，将该点删除。

# 4.5  传统补间动画

## 任务 3  制作飞机穿越云层动画

### 任务描述

一架飞机从边缘半透明的云层中穿过，近处及远处的云层同时做着相对运动，完成效果如图 4-58 所示。具体要求如下所示。

（1）将给定的飞机图片、云层图片导入到库。

（2）设置飞机由左到右、云层由右到左的运动效果，共 30 帧。

图 4-58  飞机穿越云层示意图

### 学习要点

（1）选择工具。

（2）任意变形工具。

（3）元件。

（4）传统补间。

### 操作实战

**1. 导入图片素材**

（1）新建空文档：启动 Flash 并新建一文档，在属性面板将大小设为 550×400 像素，背景色设为蓝色（#0033FF），帧频（FPS）设为 12，如图 4-59 所示。

（2）外部素材导入到库：选择"文件"→"导入"→"导入到库"命令，将素材文件夹下的飞机.PNG 和云.PNG 图像文件导入，文件导入后可以在库面板中看到，如图 4-60 所示。如果面板没有显示，可以通过"窗口"→"库"命令打开。

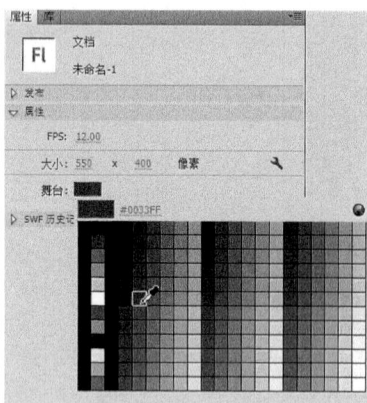

图 4-59 文档属性

图 4-60 库中的飞机元件和云元件

### 2. 设置动画效果

（1）创建"飞机图层"：双击"时间轴"中"图层 1"名称，将"图层 1"重命名为"飞机"，如图 4-61 所示。将"飞机元件"拖入到舞台工作区，利用任意变形工具调整飞机的大小，并拖动到合适位置，如图 4-62 所示。

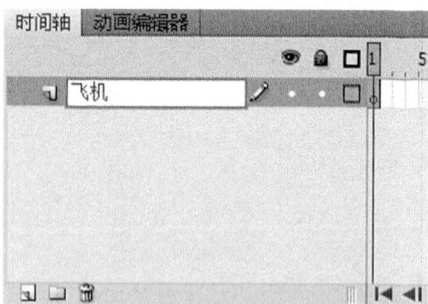

图 4-61 命名图层

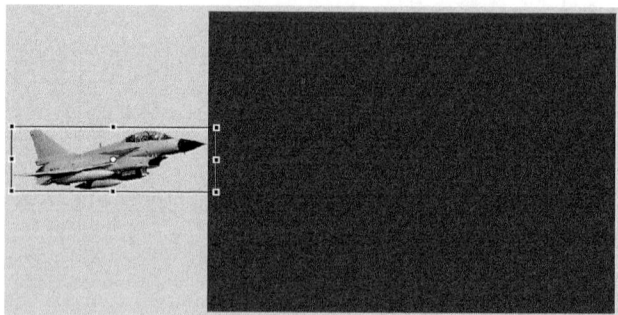

图 4-62 调整飞机元件位置及大小

（2）新建"云图层"：在时间轴面板中单击插入图层按钮，新建 2 个图层，分别将其命名为"近云"和"远云"，如图 4-63 所示。分别在"近云"和"远云"图层中拖入"云元件"，适当调整云的大小和位置，近处的云调整得大些，远处的云小些，如图 4-64 所示。

图 4-63　插入图层

图 4-64　调整云元件位置及大小

　　远处的云在画面中比近处的云小得多，所以在设置位移动画时，远处的云在画面中也要比近处的云位移距离小得多，这样就可以形成近景快、远景慢的动画效果。只有将近景的运动与远景的运动配合得恰当，才会使动画显得真实有层次感。

　　（3）插入关键帧：按住 Ctrl 键，单击每一图层的第 30 帧，选中所有图层的第 30 帧，如图 4-65 所示。选择"插入"→"时间轴"→"关键帧"命令，所有图层在第 30 帧插入关键帧，如图 4-66 所示。利用选择工具，将飞机从左侧拖到右侧合适位置，两朵云分别从右侧拖到左侧合适位置，如图 4-67 所示。

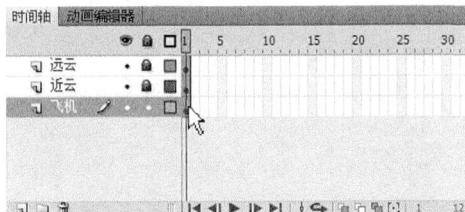

图 4-65　选中所有图层的第 30 帧

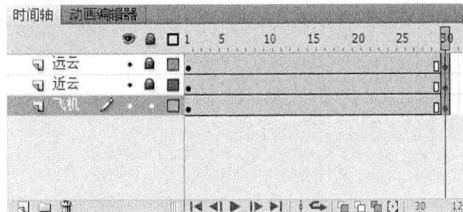

图 4-66　在第 30 帧插入关键帧

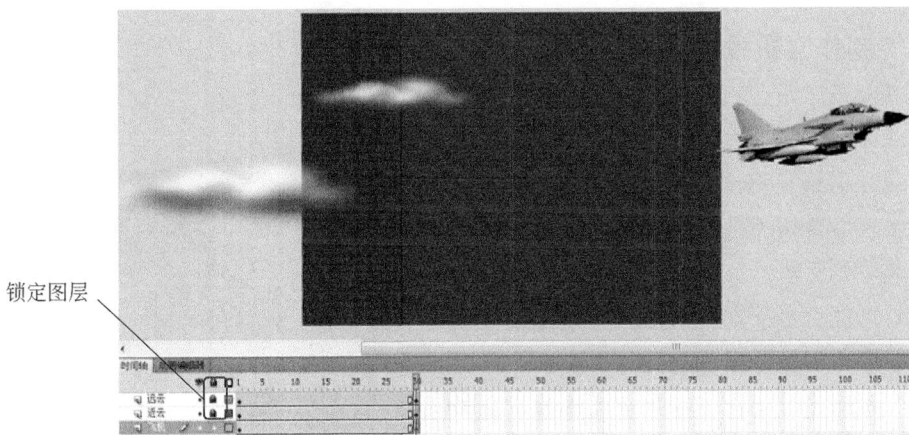

锁定图层

图 4-67　第 30 帧各对象的位置

**提 示**

　　在多个图层操作时，修改其中一个图层，为了防止对其他图层改变，可以对调整好的图层锁定，单击图层上的锁按钮即可。

　　（4）创建动画：回到第 1 帧，选择所有图层，选择"插入"→"传统补间"命令，右击选择"创建补间动画"，完成后的时间轴面板如图 4-68 所示，按 Enter 键观察动画效果。

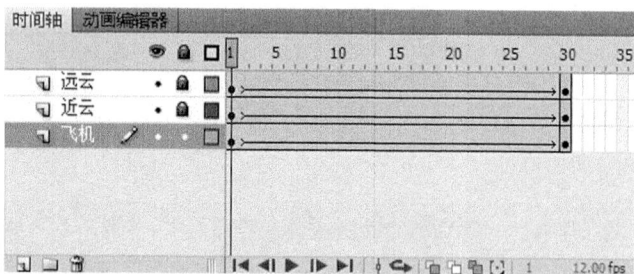

图 4-68　创建补间动画

**3. 测试与保存文件**

　　（1）测试文件：选择"控制"→"测试影片"命令，或按 Ctrl+Enter 组合键，测试影片的播放效果，如有不满意的地方可以继续修改，直到满意为止。

　　（2）保存文件：选择"文件"→"保存"命令，将源文件以飞机穿越云层.fla 保存在指定的文件夹内。

　　（3）导出影片：选择"文件"→"导出"→"导出影片"命令，将该任务的影片文件以飞机穿越云层.swf 保存。

# 4.6　新型补间动画

## 任务 4　制作飞机投弹动画

### 任务描述

　　设计一个模拟飞机轰炸地面目标的动画，并添加相关的音效，完成效果如图 4-69 所示。具体要求如下所示。

　　（1）飞机沿水平方向从左到右做匀速直线运动。

　　（2）炸弹沿抛物线轨迹飞行。

　　（3）添加飞机飞行、投弹及爆炸的声音效果。

　　（4）声音、动画的内容协调同步，效果逼真。

图 4-69　飞机投弹动画示意图

## 学习要点

（1）选择工具、任意变形工具。

（2）Deco 工具及其应用。

（3）库、元件。

（4）补间动画。

（5）添加音频媒体。

## 操作实战

### 1. 导入素材

（1）新建空文档：启动 Flash 并新建一文档，在属性面板将大小设为 800×600 像素，背景色设为白色，帧频（FPS）设为 24。

（2）外部素材导入到库：选择"文件"→"导入"→"导入到库"命令，将素材文件夹下的战场.PNG、坦克.PNG、飞机.PNG、炸弹.PNG、飞机声音.WAV、爆炸声音.MP3 文件导入，文件导入后可以在库面板中看到，主要素材如图 4-70 所示。如果面板没有显示，可以通过"窗口"→"库"命令打开。

图 4-70　库中主要素材

## 2. 创建图层

在时间轴面板创建三个图层，分别命名为"战场"、"坦克"、"飞机"，选择"战场"层第 1 帧，从库中将战场.PNG 拖入到舞台中央，类似地，分别将坦克.PNG 和飞机.PNG 拖入到"坦克层"和"飞机层"的右下角和左上角，并利用任意变形工具 ▦ 调整两者到合适大小，如图 4-71 所示。

图 4-71　创建设置各图层

## 3. 创建飞机补间动画

（1）创建前景补间动画：在舞台上选择飞机对象，然后选择"插入"→"补间动画"命令，右击补间范围的最后一帧（第 80 帧），在弹出快捷菜单中选择"插入关键帧"→"位置"命令，即会在当前帧插入一个菱形的属性关键帧，如图 4-72 所示。然后，将飞机对象水平拖动至舞台右侧外，这时在舞台显示运动路径，如图 4-73 所示。按 Enter 键测试，飞机将沿此路径由左至右水平运动。

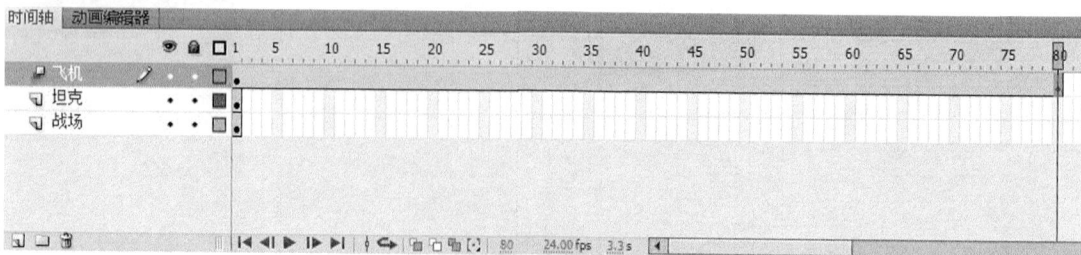

图 4-72　插入关键帧

图 4-73　补间运动路径

**技　巧**

　　在时间轴中拖动补间范围的任一端，可根据所需长度缩短或延长补间范围。

　　（2）延长背景图层：分别在战场层和坦克层的第 80 帧右击，在弹出快捷菜单中选择"插入关键帧"命令，以使这两个图层延长到整个补间动画范围，如图 4-74 所示。

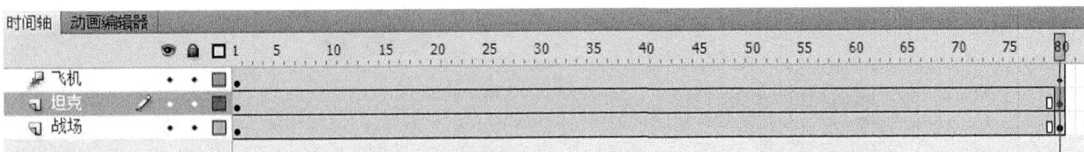

图 4-74　延长图层

**技　巧**

　　按住 Alt 键的同时，用鼠标拖动关键帧到目标位置，即可添加一个关键帧。利用该方法按住 Alt 键并拖动第 1～80 帧，也可起到延长作用。

### 4. 创建炸弹补间动画

　　（1）创建炸弹图层：在时间轴面板中单击插入图层按钮，新建一个图层，将其命名为"炸弹"，单击该图层的第 20 帧，从库中将炸弹.PNG 拖入到舞台飞机下方位置，并利用任意变形工具调整其大小，如图 4-75 所示，在时间轴面板选择炸弹第 1 帧，拖动到第 20 帧（因为在这里设定炸弹在飞机动画的第 20 帧出现），如图 4-76 所示。

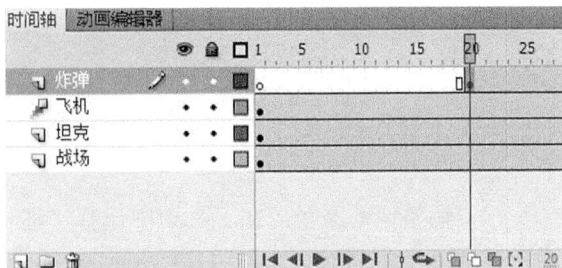

图 4-75　炸弹在舞台中的位置　　　　图 4-76　调整炸弹的起始帧到第 20 帧位置

　　（2）创建补间动画：在舞台上选择炸弹对象，然后选择"插入"→"补间动画"命令，右击补间范围的最后一帧（第 60 帧），在弹出快捷菜单中选择"插入关键帧"→"位置"命令，即会在当前帧插入一个菱形的属性关键帧，如图 4-77 所示。然后，将炸弹对象拖动至坦克上部位置，这时在舞台显示运动路径（为了看清运动路径，可以先隐藏战场图层）。按 Enter 键测试，飞机将沿此路径由左至右水平运动。

图 4-77　创建炸弹补间动画

**提 示**

炸弹结束帧的确定：假定飞机沿水平方向做匀速直线运动，若不考虑空气阻力作用，炸弹将沿抛物线运动，即在垂直方向做自由落体运动，水平方向和飞机以相同的速度做匀速直线运动，故当飞机飞到坦克正上方时（大约第 60 帧），即为炸弹的结束帧。

（3）删除炸弹层多余帧：炸弹和坦克在第 60 帧后应消失，用鼠标拖动选择炸弹层的第 61~80 帧，右击，在弹出快捷菜单中选择"删除帧"→"位置"命令，即可删除炸弹层第 61~80 帧。用同样方法，删除坦克第 61~80 帧。删除后时间轴显示如图 4-78 所示。

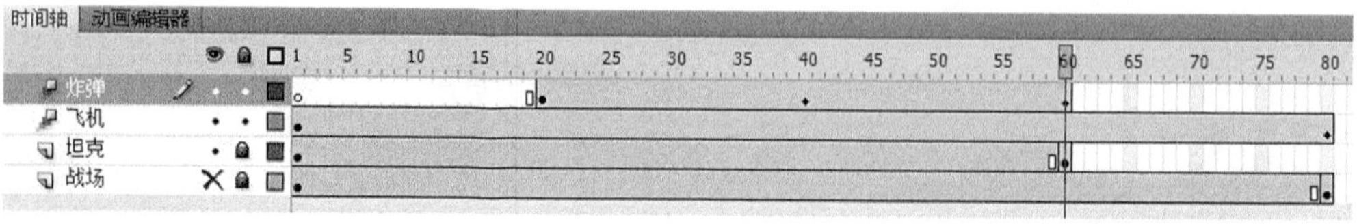

图 4-78　时间轴面板

（4）调整运动路径：在工具箱中选择"选择工具" ，将鼠标光标移动到路径线上，当光标变成 形状时（如图 4-79 所示），通过按住鼠标左键拖动的方式可以编辑运动路径的形状（如图 4-80 所示），将运动路径调整为如图 4-81 所示的抛物线形状。按 Enter 键测试动画效果，调整到满意为止。

**技 巧**

使用部分选择工具可以更改路径的曲线形状和位置，在路径端点处单击添加控制手柄，然后拖动控制手柄更改曲线形状，也可直接移动曲线位置。也可使用转换锚点工具更改路径的曲线形状。

使用任意变形工具选择运动路径，可以进行缩放、倾斜或旋转操作。使用部分选择工具选择路径，然后按 Ctrl 键显示与任意变形工具相同的控制效果。

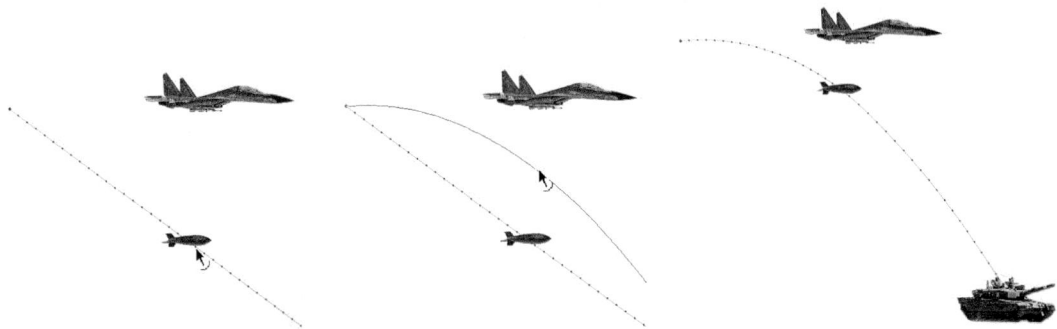

图 4-79　鼠标移动到路径线上　图 4-80　拖动鼠标调整路径形状　图 4-81　运动路径调整为抛物线形状

注　意

因炸弹在水平方向和飞机运动速度相同，调整运动路径时，应始终使炸弹位于飞机的下方。

**5. 创建炸弹爆炸效果**

（1）新建爆炸元件：选择"插入"→"新建元件"命令（快捷键：Ctrl+F8），弹出"创建新元件"对话框，如图 4-82 所示，输入名称为"爆炸"，选择类型"影片剪辑"，单击"确定"按钮后进入图形元件"爆炸"的编辑模式。

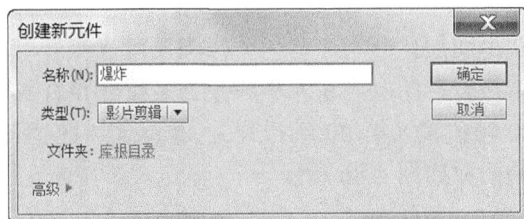

图 4-82　"创建新元件"对话框

（2）创建火焰动画：在工具箱选择 Deco 工具，在 Deco 工具属性面板中设置绘制效果为"火焰动画"，火大小为 250%，火速为 200%，火持续时间为 20 帧，火花为 5，其他选项为默认值，如图 4-83 所示。利用 Deco 工具在舞台中心单击创建火焰动画，在时间轴面板可以看到产生 20 帧逐帧动画，如图 4-84 所示。

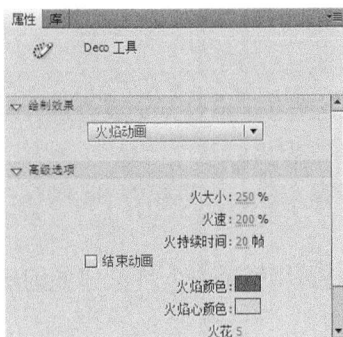

图 4-83　Deco 工具属性面板　　　图 4-84　利用 Deco 工具创建火焰动画

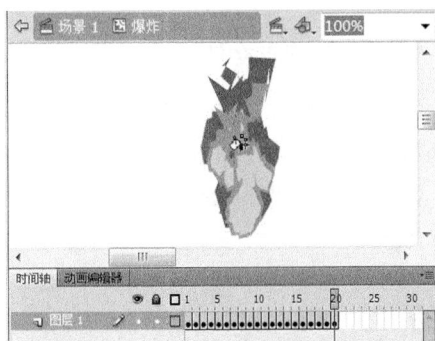

（3）创建炸弹图层：单击"场景 1"，由元件编辑返回场景 1，在时间轴面板中单击插入图层按钮▣，新建一个图层，将其命名为"爆炸"，从库中将"爆炸"元件拖入到舞台坦克上方位置，并利用任意变形工具▦调整其大小。在时间轴面板选择炸弹第 1 帧，拖动到第 60 帧（因为炸弹在第 60 帧爆炸），如图 4-85 所示。按 Ctrl+Enter 组合键测试动画效果。

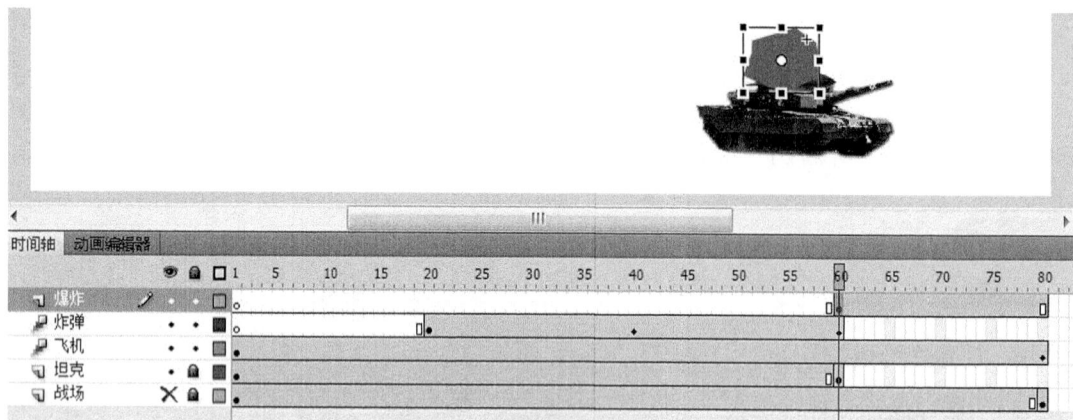

图 4-85　创建爆炸效果

### 6. 添加声音效果

在时间轴面板新建 2 个图层，分别命名为"投弹及爆炸声音"和"飞机声音"。在时间轴面板选择"投弹及爆炸声音"图层，从库中将投弹及爆炸声音.MP3 拖入到舞台中，并用鼠标拖动该图层第 1～20 帧位置（第 20 帧投弹）。类似地，在"飞机声音"图层添加飞机声音。添加音效后时间轴面板如图 4-86 所示。

图 4-86　"创建新元件"对话框

### 7. 测试与保存文件

（1）测试文件：选择"控制"→"测试影片"命令，或按 Ctrl+Enter 组合键，测试影片的播放效果，如有不满意的地方可以继续修改，直到满意为止。

（2）保存文件：选择"文件"→"保存"命令，将源文件以飞机投弹.fla 保存在指定的文件夹内。

（3）导出影片：选择"文件"→"导出"→"导出影片"命令，将该任务的影片文件以飞机投弹.swf 保存。

**相关知识**

**新型补间动画与传统补间动画的差别**

新型补间动画是 Flash CS 4 以上版本中的新功能，容易建立且功能强大。新型补间动画可以精确地控制补间动画。传统补间动画包含使用旧版 Flash 建立的所有补间动画，在建立时更为复杂。新型补间动画可提供对补间动画更完整的控制，而传统补间动画则可提供部分用户所需的特殊功能。两者的主要差异如表 4-4 所示。

表 4-4　新型补间动画与传统补间动画比较

| 新型补间动画 | 传统补间动画 |
| --- | --- |
| 一个对象的两个不同状态生成一个补间动画，即在整个补间动画范围内由一个目标对象组成 | 两个对象生成一个补间动画，即允许在两个关键帧之间建立补间动画 |
| 只能具有一个与之关联的对象实例，使用属性关键帧而不是关键帧 | 使用关键帧，关键帧是其中显示对象的帧 |
| 将文字视为可补间的类型，而且不会将文字对象转换为影片片段 | 将文字对象转换为图形元件 |
| 不允许使用帧脚本 | 可以使用帧脚本 |
| 补间动画范围可以在时间轴中延伸及重设大小，而且会被视为单一对象 | 时间轴中可分别选择帧和组 |
| 缓动可应用于补间动画范围的整个长度，若要仅对特定帧应用缓动，则需要创建自定义缓动曲线 | 缓动可应用于补间内关键帧之间的帧组 |
| 可以对每一帧应用一种颜色效果 | 可在两个不同的颜色效果（如色调和 Alpha 透明度）之间建立动画 |
| 可以用来为 3D 对象建立动画 | 无法使用 3D 对象建立动画 |

# 4.7　引导线动画

## 任务 5　制作飞行特技动画

**任务描述**

一架飞机在空中做特技飞行表演，即沿着曲线飞行，如图 4-87 所示。具体要求如下所示。

（1）将给定的飞机图片导入到库。

（2）绘制飞行的路径。

（3）设置飞机沿路径飞行。

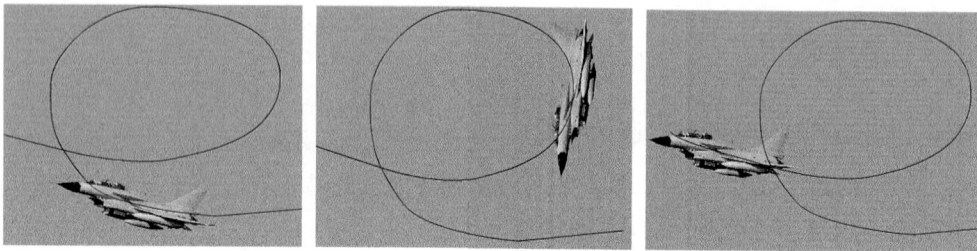

图 4-87　飞行特技动画示意图

## 学习要点

（1）素材编辑。
（2）引导线绘制与编辑。
（3）钢笔工具。
（4）引导线动画。

## 操作实战

**1. 导入图片素材**

（1）新建空文档：启动 Flash 并新建一文档，在属性面板将背景色设置为蓝色（#59ACFF），其他为默认值，如图 4-88 所示。

（2）外部素材导入到库：选择"文件"→"导入"→"导入到库"命令，将素材文件夹下的战斗机.PNG 图像文件导入，这是一幅飞机的图片，文件导入后可在库面板中看到这幅图，如图 4-89 所示。

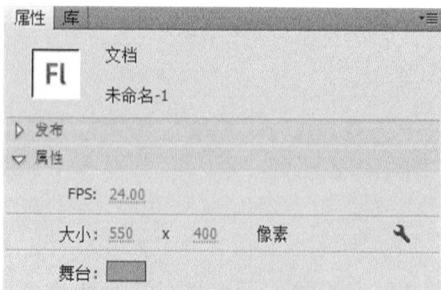

图 4-88　文档属性

图 4-89　库中的飞机文件

（3）调整图片：将库面板中的"战斗机"拖入到舞台工作区，如图 4-90 所示。利用任意变形工具调整飞机大小，选择"修改"→"变形"→"水平翻转"命令，将飞机翻转方向，如图 4-91 所示。

图 4-90　将飞机拖入到舞台工作区

图 4-91　将飞机水平翻转

### 2. 引导线绘制与动画设置

（1）添加引导层：在"图层 1"上右击，在弹出菜单中选择"添加传统运动引导层"，如图 4-92 所示。创建引导层后，引导层下方的图层自动缩进，成为被引导层，如图 4-93 所示。一个引导层可以引导多个图层的动画。

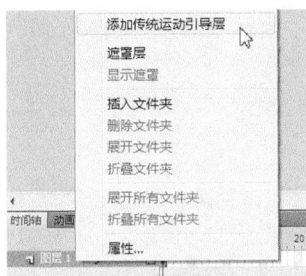

图 4-92　添加传统运动引导层

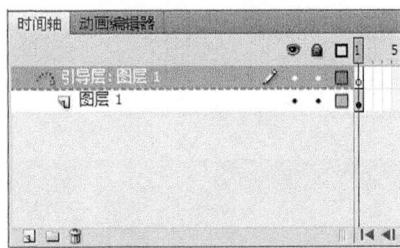

图 4-93　添加运动引导层后

> **提　示**
>
> 在 Flash 中，制作物体路径运动是通过添加引导层来完成的。在时间轴面板下部使用添加运动引导层按钮，即可创建一个引导层，排列在其下部的图层自动成为被引导层，将被引导层两个关键帧中的元件分别对齐引导层中路径的起始、结束点，设置补间动画后即可形成引导线动画。
>
> 引导层在动画播放时是不显示出来的。

（2）绘制并调整引导线：选中运动引导层的第 1 帧，利用钢笔工具或者铅笔工具绘制运动的路径，如图 4-94 所示。

图 4-94　绘制飞行曲线

> **提　示**
>
> 将选择工具移动到某一条线段，然后单击选中该线段，当箭头下方出现一个弧线标志时按住左键不放拖动鼠标，该线段将跟随鼠标移动，移动到所需位置后释放鼠标，直线就会变成曲线，依次调整，将引导线变成平滑的曲线。

（3）延长引导帧：选中运动引导层，在时间轴的第 60 帧处右击选择"插入帧"，将引导路径延长至 60 帧。

（4）设置引导：选择飞机图层，在时间轴的第 60 帧处插入关键帧，并将飞机移动到飞行结束位置，利用"任意变形工具"调整好飞机的方向。在起始与结束关键帧上，将飞机的中心点与引导路径的起始点、结束点重合。

为了更容易地将对象对齐到引导线的端点，可以将工具栏中的"紧贴至对象"工具⋒选中。这样移动对象时，可以明显地感觉到对象的中心点会自动吸附到引导线的端点上。

（5）设置飞机方向：在飞机图层的第 10、20、30、40、50、60 帧处插入关键帧，将飞机利用"选择工具"拖到相应的位置并利用"任意变形工具"调整其方向，如图 4-95 所示。

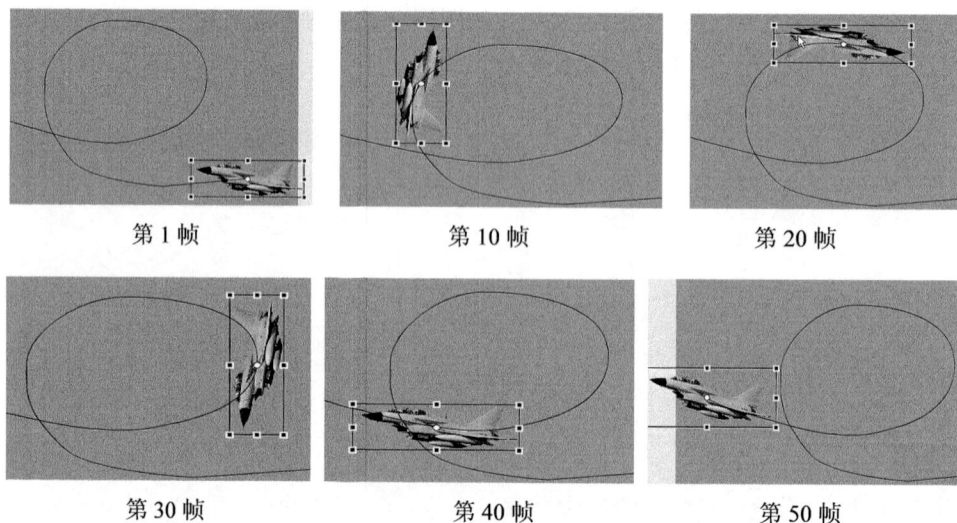

第 1 帧　　　　　　第 10 帧　　　　　　第 20 帧

第 30 帧　　　　　　第 40 帧　　　　　　第 50 帧

图 4-95　调整飞机在曲线上的位置和方向

（6）创建动画：在图层 2 的第 1、10、20、30、40、50 帧处分别右击，选择"创建传统补间"，完成后的时间轴面板如图 4-96 所示。

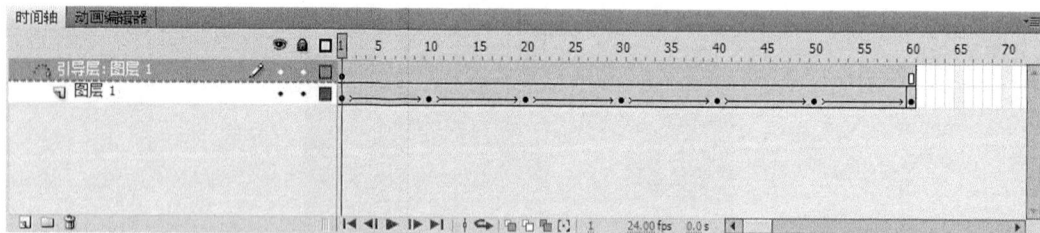

图 4-96　完成后的时间轴面板

### 3. 测试与保存文件

（1）测试影片：选择"控制"→"测试影片"命令，或按 Ctrl+Enter 组合键，测试影片的播放效果，如有不满意的地方可以继续修改，直到满意为止。

（2）保存文件：选择"文件"→"保存"命令，将源文件以飞行特技.fla 保存在指定的文件夹内。

（3）导出影片：选择"文件"→"导出"→"导出影片"命令，将该任务的影片文件以飞行特技.swf 保存。

### 相关知识

#### 1. 引导线动画

在时间轴面板下部使用添加运动引导层按钮，即可创建一个引导层，排列在其下部的图层自动成为被引导层，将被引导层两个关键帧中的元件分别对齐引导层中路径的起始、结束点，设置补间动画后即可形成引导线动画。

运动引导层为对象提供一个路径，使其沿着该路径在包含补间动画的帧中运动。要创建一个运动引导层，右击包含要运动的对象图层，然后选择添加运动引导层。在引导层上插入一个关键帧，作为运动引导层的开始，然后在舞台上绘制一条路径。在对象层上创建一个补间动画，使其与运动引导层在相同的帧的位置开始。在属性检查器中，可选择调整到路径、同步和贴紧。最后在运动引导层的开始为第一个关键帧设置对象，在运动引导层的末尾为结束关键帧再次设置对象。

#### 2. 制作引导线动画几种常见错误

制作引导线动画时，有时被引导对象并没有沿引导线运动，原因主要有以下几个方面。

（1）被引导对象没有正确对齐到引导线的起始位置和结束位置。无论是起始位置还是结束位置，只要有一个没有对齐到引导线的端点，对象就无法沿引导线运动。

（2）没有正确地创建补间动画。引导线动画本质上属于动作补间动画。是具体对象沿引导线运动，而不是引导线本身运动，因此应在需要沿引导线运动的对象层创建动作补间动画，而不是在引导层创建动画。

（3）引导层不正确。被引导的图层应位于引导层下方，缩进显示。如果没有缩进显示，则不受引导层的引导。

## 4.8　遮罩效果动画

### 任务 6　制作飞机穿越山峰动画

### 任务描述

给定飞机和山峰背景图片，制作该飞机从崇山峻岭中穿过的动画效果，如图 4-97 所示。具体要求如下所示。

（1）导入山峰图片作为背景。

（2）导入飞机图片到库。

（3）利用遮罩层实现飞机在山峰中穿梭飞行。

图 4-97　飞机穿越山峰示意图

### 学习要点

（1）补间动画。
（2）钢笔绘制路径。
（3）遮罩层。

### 操作实战

**1. 导入图片素材**

（1）新建空文档：启动 Flash，新建一个 Flash 文档。在属性面板将大小设为 800×600 像素。

（2）外部素材导入到库：选择"文件"→"导入"→"导入到库"命令，将素材文件夹下的飞机.PNG 和山峰.JPG 图像文件导入，文件导入后可以在库面板中看到，如图 4-98 所示。如果面板没有显示，可以通过"窗口"→"库"命令打开。

图 4-98　库中的飞机图片和山峰图片

### 2. 创建图层

（1）创建背景层（山峰层）：将"图层 1"重新命名为"山峰"， 选择第 1 帧，将石洞图片拖入到舞台中央，然后在第 40 帧处右击，选择"插入帧"，如图 4-99 所示。

图 4-99  设置石洞图层

（2）创建前景层（飞机层）："山峰"图层锁定，然后单击新建图层按钮，插入新图层，命名为"飞机"，选择第 1 帧，将战斗机图片拖入"飞机图层"，放置在图片左侧，利用任意变形工具调整飞机到合适大小，如图 4-100 所示。

### 3. 设置动画

在时间轴面板第 40 帧处，右击选择"插入关键帧"，将飞机拖动到屏幕右侧合适位置，如图 4-101 所示。回到第 1 帧，右击选择"创建传统补间"，如图 4-102 所示。

图 4-100  设置飞机第 1 帧位置

图 4-101  设置飞机第 40 帧位置

图 4-102　创建补间动画

### 4. 创建遮罩效果

（1）建立遮罩层：新建图层，命名为"遮罩层"，在"遮罩层"上右击，弹出如图 4-103 所示菜单，选择"遮罩层"命令后，"时间轴"面板如图 4-104 所示。

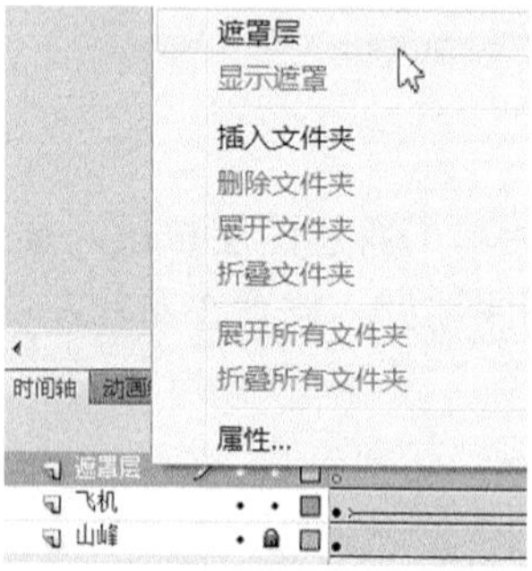

图 4-103　设置遮罩层

图 4-104　绘制遮罩区域

**提　示**

设置为遮罩层后，其下方的飞机图层自动缩进显示，成为被遮罩层。

在时间轴中，被遮罩层位于遮罩层的下方。

（2）绘制遮罩区域：利用"钢笔"工具沿山峰绘制图形路径，如图 4-105 所示。

图 4-105　绘制遮罩区域

（3）填充遮罩区域：利用"颜料桶"工具填充绘制区域，如图 4-106 所示，该区域即为飞机"遮罩层"中可显示的区域。

图 4-106　填充遮罩区域

　　操作时注意遮罩区域应填充，且是形状而不是对象，否则仅一个对象有效。

（4）锁定遮罩与被遮罩图层：在"时间轴"面板上，分别单击 🔒 下方"遮罩层"和"飞机"图层的"圆点"标志，锁定这两个图层，则出现遮罩效果，如图 4-107 所示。

图 4-107　锁定遮罩与被遮罩图层

　　（1）"遮罩层"中的内容可以是按钮、影片、图形、位图、文字等，但不能使用线条，如果一定要用线条，可以对线条执行"修改"→"形状"→"将线条转换为填充"命令。在"被遮罩层"中可以使用按钮、影片、图形、位图、文字和线条。

　　（2）在"遮罩层"和"被遮罩层"中可以分别或者同时使用形状补间动画、动作补间动画、引导线动画等各种动画手段，从而使遮罩动画成为一个可以自由发挥的创作空间。

### 5. 测试与保存文件

（1）测试影片：选择"控制"→"测试影片"命令，或按 Ctrl+Enter 组合键，测试影片的播放效果，如有不满意的地方可以继续修改，直到满意为止。

（2）保存文件：选择"文件"→"保存"命令，将源文件以飞机穿越山峰.fla 保存在指定的文件夹内。

（3）导出影片：选择"文件"→"导出"→"导出影片"命令，将该任务的影片文件以飞机穿越山峰.swf 保存。

### 相关知识

**1. 遮罩层的概念**

遮罩动画是 Flash 中的一个很重要的动画类型，很多效果丰富的动画都是通过遮罩动画来完成的。在 Flash 图层中有一个遮罩图层类型，为了得到特殊的显示效果，可以在遮罩层上创建一个任意形状的"视窗"，遮罩层下方的对象可以通过该"视窗"显示出来，而"视窗"之外的对象将不再显示。将一个图层设置为遮罩层后，紧排列在其下部的图层会自动成为被遮罩层，一个遮罩层可以有多个被遮罩层。

**2. 遮罩层的原理**

遮罩是需要通过两层实现的，上一层叫遮罩层，下一层叫被遮罩层。遮罩结果显示的是二层的叠加部分，上一层决定看到的形状，下一层决定看到的内容。通常也把遮罩层叫做"透通区"，即透过上一层看下一层的内容。也就是能够透过该图层中的对象看到"被遮罩层"中的对象及其属性（包括它们的变形效果），但是遮罩层中的对象中的许多属性如渐变色、透明度、颜色和线条样式等却是被忽略的。

**3. 遮罩层的作用**

在 Flash 动画中，"遮罩"主要有两种用途，一个作用是用在整个场景或一个特定区域，使场景外的对象或特定区域外的对象不可见，另一个作用是用来遮罩住某一元件的一部分，从而实现一些特殊的效果。

**4. 构成遮罩和被遮罩层的元素**

遮罩层中的图形对象在播放时是看不到的，遮罩层中的内容可以是按钮、影片剪辑、图形、位图、文字等，但不能使用线条，如果一定要用线条，可以将线条转化为"填充"。被遮罩层中的对象只能透过遮罩层中的对象被看到。在被遮罩层，可以使用按钮、影片剪辑、图形、位图、文字、线条。

**5. 遮罩中可以使用的动画形式**

可以在遮罩层、被遮罩层中分别或同时使用形状补间动画、动作补间动画、引导线动画等动画手段，从而使遮罩动画变成一个可以施展无限想象力的创作空间。在 Flash 作品中，不少就是用"遮罩"完成的，如水波、万花筒、百页窗、放大镜、望远镜等。

**6. 应用遮罩时的技巧**

要在场景中显示遮罩效果，可以锁定遮罩层和被遮罩层；可以用 Actions 动作语句建立遮罩，但这种情况下只能有一个"被遮罩层"，且不能设置 Alpha 属性；不能用一个遮罩层试图遮蔽另一个遮罩层；在被遮罩层中不能放置动态文本。

# 4.9 骨骼动画

## 任务7 制作卡通人奔跑动画

### 任务描述

绘制一个卡通人，并利用 IK 骨骼工具制作奔跑的动画效果，如图 4-108 所示。具体要求如下所示。

（1）利用矩形工具和椭圆工具分别创建矩形和圆形元件。

（2）利用矩形和圆形元件构建卡通人。

（3）利用骨骼工具给卡通人搭建骨骼并创建动画。

图 4-108 卡通人奔跑动画示意图

### 学习要点

（1）矩形工具、椭圆工具、任意变形工具、选择工具。

（2）创建元件。

（3）骨骼工具。

（4）搭建骨骼。

（5）调整骨骼姿势。

### 操作实战

**1. 绘制卡通人**

（1）新建空文档：启动 Flash，新建一个 Flash 文档。在属性面板将大小设为 550×400 像素。

（2）新建元件：选择"插入"→"新建元件"命令（快捷键：Ctrl+F8），弹出"创建新元件"对话框，如图 4-109 所示，将"名称"设置为"圆形"，类型设置为"图形"，单击"确定"按钮后进入图形元件的编辑模式，利用"椭圆"工具绘制圆形，笔触颜色为红色、填充颜色微黄色，如图 4-110 所示。用类似方法创建一个矩形元件。

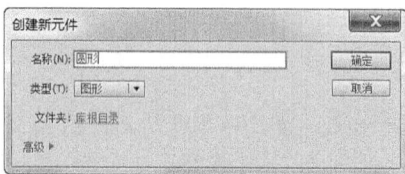

图 4-109　"创建新元件"对话框

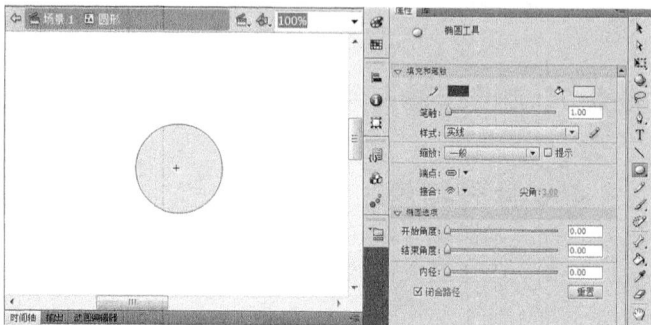

图 4-110　绘制圆形

（3）利用元件构造卡通人：从"库"面板中拖动元件到舞台上，并调整其位置和形状，组合一个奔跑的卡通人，如图 4-111 所示。

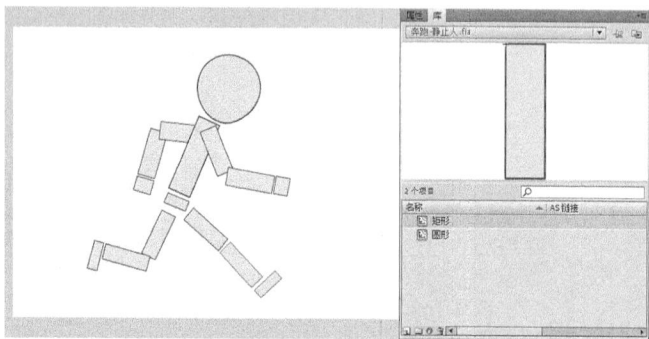

图 4-111　构造卡通人

### 2. 搭建骨骼

（1）搭建躯干骨骼：在工具箱中，选择骨骼工具，单击卡通人腰部元件实例，然后拖动到躯干元件实例上部，释放鼠标，创建连接腰部和躯干的骨骼，如图 4-112 所示。同时，在时间轴面板中产生一个新的骨架图层。

**提　示**

在拖动时，将显示骨骼。释放鼠标后，在两个元件实例之间将显示实心的骨骼。每个骨骼都具有头部、圆端和尾部（尖端）。若要添加其他骨骼，从第一个骨骼的尾部拖动到要添加到骨架的下一个元件实例即可。

（2）搭建头部骨骼：在第一根骨骼（连接腰部和躯干）的尾部按下鼠标左键，拖动到头部中心位置释放，创建连接躯干和头部的骨骼，如图 4-113 所示。

**技　巧**

为了便于将新骨骼的尾部拖动到所需的特定位置，可以选择"视图"→"贴紧"→"贴紧至对象"命令。

（3）搭建前手臂骨骼：在第一根骨骼（连接腰部和躯干）的尾部按下鼠标左键，拖动到前大臂上端位置释放，创建连接躯干和前大臂的骨骼。在刚创建的骨骼末端按下鼠标左键，拖动到前小臂上端释放，创建连接前大臂和前小臂的骨骼。类似地，继续创建连接前小臂和手部的骨骼。至此，整个前手臂骨骼搭建完成，如图 4-114 所示。

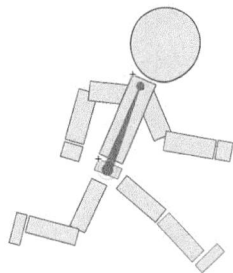

| 图 4-112　搭建躯干骨骼 | 图 4-113　搭建头部骨骼 | 图 4-114　搭建手臂骨骼 |

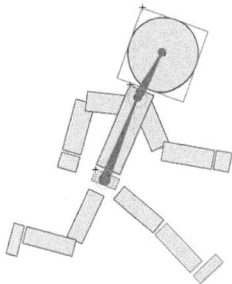

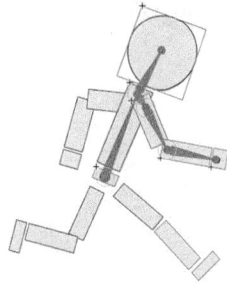

（4）搭建其他部分骨骼：使用同样方法为后手臂、前腿、后腿创建骨骼，如图 4-115～图 4-117 所示。

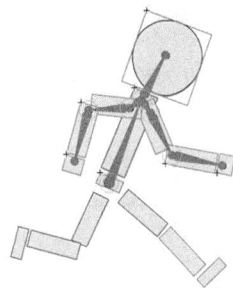

| 图 4-115　搭建后手臂骨骼 | 图 4-116　搭建前腿骨骼 | 图 4-117　搭建后腿骨骼 |

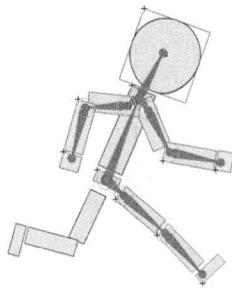

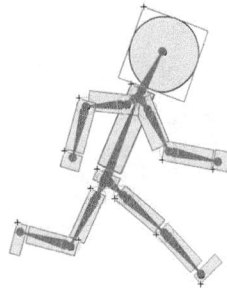

### 3. 调整身体各部分的层次

在搭建骨骼过程中，可能造成某些元件实例的层次关系出现问题，这时需进行调整。为了更清楚地显示元件实例层次关系，在时间轴面板单击"卡通人"图层，如图 4-118 所示，隐去骨骼，发现卡通人后胳膊层次出现问题，如图 4-119 所示。利用选择工具 在后大臂元件实例上右击，在弹出的快捷菜单中选择"排列"→"移至底层"，将其调到最底层，类似地，调整后小臂层次关系，调整后如图 4-120 所示。

| 图 4-118　选择卡通人图层 | 图 4-119　元件实例层次出现问题 | 图 4-120　元件实例层次调整效果 |

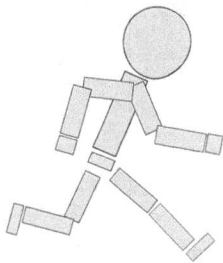

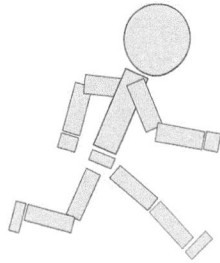

**4. 添加姿势**

（1）单击时间轴面板的"骨架"图层，显示骨架，在第40帧处右击，在弹出的快捷菜单中选择"插入姿势"命令，插入后时间轴面板如图4-121所示。

（2）在第20帧处右击，在弹出的快捷菜单中选择"插入姿势"命令，并利用选择工具更改骨架姿势，如图4-122所示。

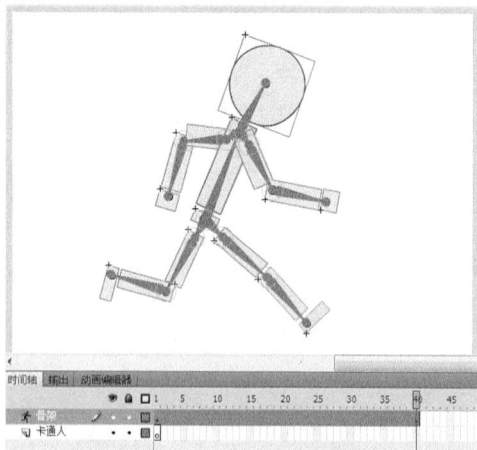

图 4-121　在第 40 帧插入姿势

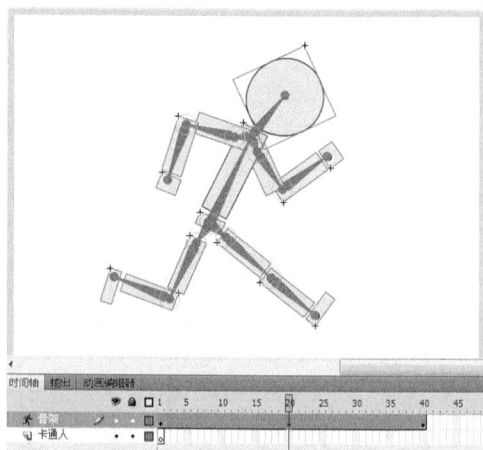

图 4-122　在第 20 帧插入姿势

**提 示**

在时间轴面板底部单击"绘制图纸外观"，可显示动画运动轨迹，如图4-123所示。

图 4-123　显示动画运动轨迹

**5. 测试与保存文件**

（1）测试影片：选择"控制"→"测试影片"命令，或按 Ctrl+Enter 组合键，测试影片的播放效果，如有不满意的地方可以继续修改，直到满意为止。

（2）保存文件：选择"文件"→"保存"命令，将源文件以卡通人奔跑.fla 保存在指定的文件夹内。

（3）导出影片：选择"文件"→"导出"→"导出影片"命令，将该任务的影片文件以卡通人奔跑.swf 保存。

### 拓展提高

**利用相对运动增强动画效果**

为了增强动画效果，可为卡通人奔跑动画再加一个背景图片，并利用补间动画使背景图片从右到左运动，这样看起来卡通人就有向右运动的效果，运动效果图如图 4-124 所示。其操作界面如图 4-125 所示。

图 4-124　添加背景的卡通人奔跑动画

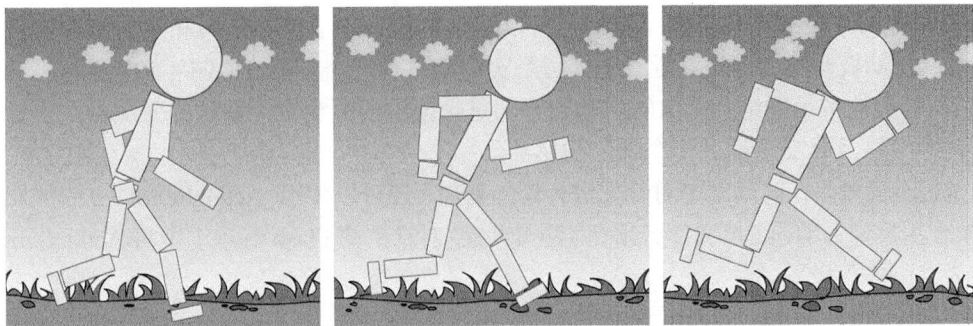

图 4-125　添加背景动画操作界面

反向运动（IK）是一种使用骨骼对对象进行动画处理的方式，这些骨骼按父子关系连接成线性或枝状的骨架。源于同一骨骼的骨架分支称为同级。骨骼之间的连接点称为关节。当一个骨骼移动时，与其连接的骨骼也发生相应的移动。使用反向运动可以方便地创建自然运动。若要使用反向运动进行动画处理，只需在时间轴上指定骨骼的开始和结束位置。Flash 自动在起始帧和结束帧之间对骨架中骨骼的位置进行内插处理。例如，通过反向运动可以更加轻松地创建人物动画，如胳膊、腿和面部表情。

### 1. 使用方式

Flash 可以通过两种方式使用 IK。

（1）使用形状作为多块骨骼的容器。例如，可以向蛇的图画中添加骨骼，以使其逼真地爬行。可以在"对象绘制"模式下绘制这些形状。如图 4-126 所示为一个已添加 IK 骨架的形状。请注意，每块骨骼的头部都是圆的，而尾部是尖的。所添加的第一个骨骼（即根骨）的头部有一个圆。

（2）将元件实例链接起来。例如，可以将显示躯干、手臂、前臂和手的影片剪辑链接起来，以使其彼此协调而逼真地移动。每个实例都只有一个骨骼。如图 4-127 所示为一个已附加 IK 骨架的多元件组。人像的肩膀和臀部是骨架中的分支点。默认的变形点是根骨的头部、内关节以及分支中最后一个骨骼的尾部。

注：不仅可以在时间轴中对骨架进行动画处理，还可以使用 ActionScript 3.0 完成此项工作。要使用反向运动，FLA 文件必须在"发布设置"对话框的 Flash 选项卡中将 ActionScript 3.0 指定为"脚本"设置。

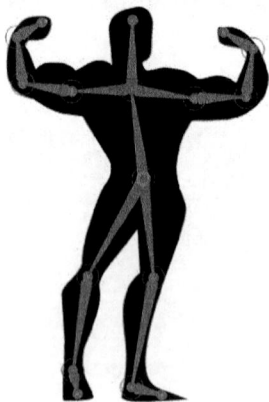

图 4-126　一个已添加 IK 骨架的形状

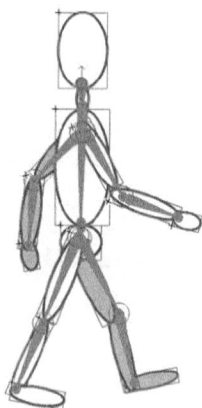

图 4-127　一个已附加 IK 骨架的多元件组

### 2. 骨骼工具

Flash 包括两个用于处理 IK 的工具。

（1）骨骼工具 ![骨骼工具图标]：使用骨骼工具可以向元件实例和形状添加骨骼。

（2）绑定工具 ![绑定工具图标]：使用绑定工具可以调整形状对象的各个骨骼和控制点之间的关系。

### 3. 骨骼样式

Flash 可以使用 4 种方式在舞台上绘制骨骼。

（1）实线。这是默认样式，如图 4-128(a)所示。

（2）线框。此方法在纯色样式遮住骨骼下的插图太多时很有用，如图 4-128(b)所示。

（3）线。对于较小的骨架很有用，如图 4-128(c)所示。

（4）无。隐藏骨骼，仅显示骨骼下面的插图，如图 4-128(d)所示。

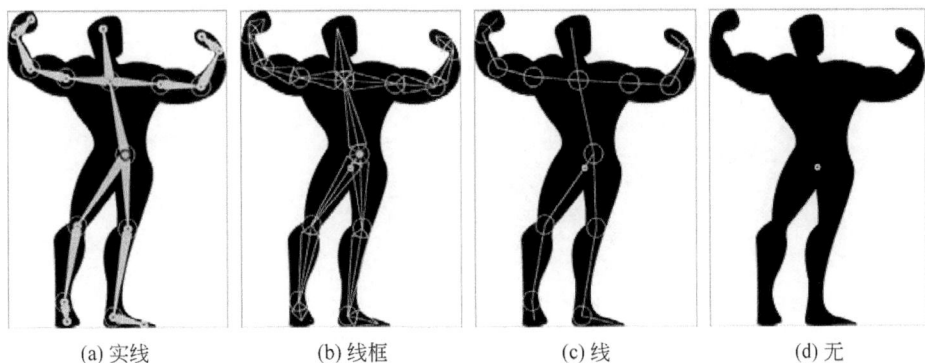

(a) 实线　　　　　　(b) 线框　　　　　　(c) 线　　　　　　(d) 无

图 4-128　骨骼显示样式

若要设置骨骼样式，请在时间轴中选择 IK 范围，然后从"属性"面板的"选项"部分中的"样式"菜单中选择样式。

注：如果将"骨骼样式"设置为"无"并保存文档，Flash 在下次打开文档时会自动将骨骼样式更改为"线"。

### 4. 姿势图层

向元件实例或形状中添加骨骼时，Flash 会在时间轴中为它们创建一个新图层。此新图层称为姿势图层。Flash 向时间轴中现有的图层之间添加新的姿势图层，以使舞台上的对象保持以前的堆叠顺序。

需要注意的是，在 Flash CS 5 中，每个姿势图层只能包含一个骨架及其关联的实例或形状。在 Flash CS 5.5 中，除了一个或多个骨架外，姿势图层还可以包含其他对象。

# 实 践 练 习

1. 利用给定的图片素材，如图 4-129 所示，制作一个逐帧动画。

图 4-129　飞机图片素材

2. 设计制作某军事网站的片头动画，具体要求如下：文档大小为 $800 \times 80$ 像素；动画右侧为歼十战机，左侧为文字"中国歼十战机"；为"中国歼十战机"文字设置动画效果。

动画示意图如图 4-130 所示。

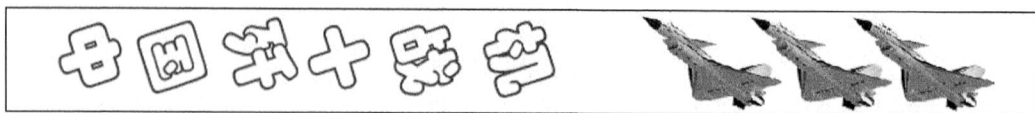

图 4-130　军事网站片头动画

3. 制作一个红色的五角星逐渐变形成为一个黄色的花朵图形，再由花朵逐渐变回五角星的动画，如图 4-131 所示。

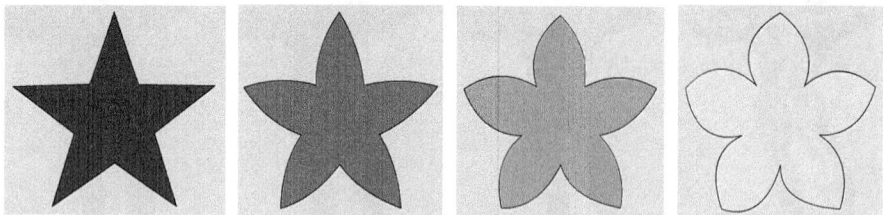

图 4-131　五角星变形动画

4. 使用形状补间动画制作一个猎豹变袋鼠的动画效果（注意形状提示功能的应用），如图 4-132 所示。

图 4-132　动物变形动画

5. 分别使用传统补间动画和新型补间动画制作汽车在崎岖道路上行驶的动画，使用缓动功能实现汽车慢慢加速运动效果，同时注意体会两种类型动画的差别。动画示意图如图 4-133 所示。

图 4-133　汽车行驶动画

6. 使用引导层动画原理制作"庄周梦蝶"动画场景，一只或多只蝴蝶在庄子周围飞舞，如图 4-134 所示。

图 4-134　庄周梦蝶动画（图片选自范曾先生画作"庄周梦蝶"）

7. 给定世界地图图片素材，如图 4-135 所示，利用遮罩效果动画设计旋转的地球，动画示意图如图 4-136 所示。

图 4-135　地图平面图

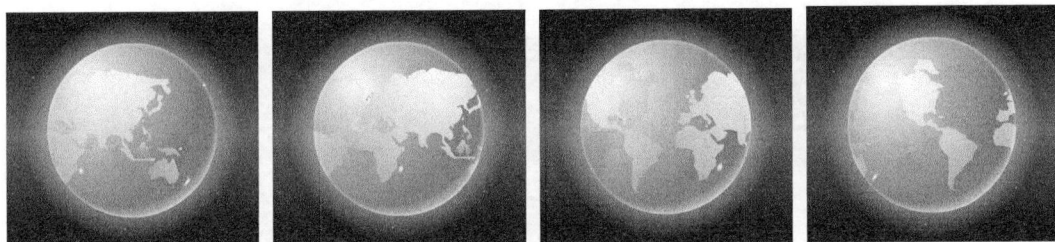

图 4-136　地球旋转动画示意图

8. 给定飞机和山洞背景图片，利用遮罩效果动画制作该飞机从山洞中穿过的动画效果，如图 4-137 所示。

图 4-137　飞机穿越山洞示意图

9. 设计一个模拟飞机从航母滑跃起飞的动画，并添加合适的音效。要求利用补间动画制作飞机起飞，利用形状补间动画制作红旗飘扬效果，利用遮罩效果动画模拟海水波涛效果，动画效果如图 4-138 和图 4-139 所示。

图 4-138　飞机在航母甲板滑行

图 4-139　飞机从航母滑跃起飞瞬间

不愤不启，不悱不发，举一隅不以三隅反，则不复也。

I NEVER ENLIGHTEN ANYONE WHO HAS NOT TO BEEN DRIVEN TO
DISTRACTION BY TRYING TO UNDERSTAND A DIFFICULTY OR WHO HAS NOT
GOT INTO A FRENZY TRYING TO PUT HIS IDEAS INTO WORDS.
WHEN I HAVE POINTED OUT ONE CORNER OF A SQUARE TO ANYONE
AND HE DOES NOT COME BACK WITH OTHER THREE,
I WILL NOT POINT IT OUT TO HIM A SECOND TIME.

——《论语·述而》

# 第 5 章　音频编辑与处理

声音是多媒体设计中最能触动人们的元素之一，声音比文字、符号等表示信息的载体更直观、更容易被人们接受。充分利用声音的魅力是实现优秀多媒体作品的关键，使用错误的声音将会削弱作品的表现力。声音是携带信息的重要媒体，清晰流畅的解说、娓娓动听而又恰如其分的背景音乐，会使多媒体作品变得更加丰富多彩。

本章主要介绍数字音频的基础知识，并以 Adobe Audition 3.0 为例来介绍音频采集、编辑与处理技能。

## 本章能力目标

- 了解数字音频的基础知识。
- 掌握 Audition 采集与编辑音频素材的基本方法。
- 掌握 Audition 常用的音频效果处理方法。

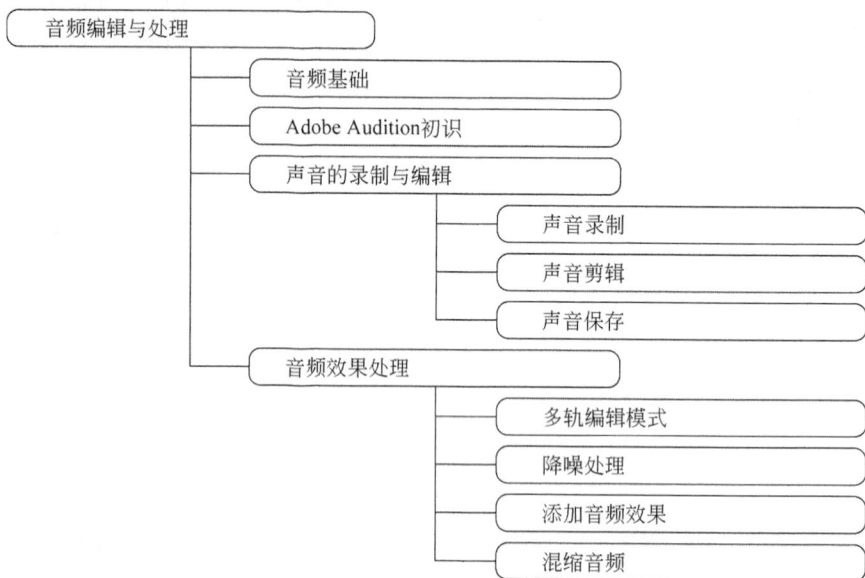

# 5.1 音 频 基 础

作为一种重要的媒体形式,音频在多媒体中能起到文本、图像、动画等媒体形式无法替代的作用。音频包括声音和音乐,在多媒体设计中用于文字解说、语音帮助和提示、音效、背景音乐。当然,在多媒体作品中广泛应用的数字化音频文件有两类:一类是专门用于记录乐器声音的 MIDI 文件,另一类是采集各种声音信号的数字文件(称为波形文件)。波形文件包括乐器的数字音乐、数字语音及数字化的自然效果音等。

## 5.1.1 音频的参数和指标

要得到数字化的音频,必须将各种模拟的音响通过一定的手段转化为二进制数据。数字音频的声音质量和音频文件的大小受以下几个因素的影响。

### 1. 采样率

每秒钟对声音信号的采样次数。采样率越高声音质量越好,如 CD 音质通常使用 44kHz 的采样率,质量很高。不过采样率越高,文件越大。

**2. 采样位数**

用来描述声音波形的二进制数据位数，通常有 8b、16b、32b 几种。采样位数越大，解析度越高，录制和回放声音时就越真实，当然文件也就越大，标准 CD 音乐的质量为 16b。

**3. 声道类型**

通常分单声道、双声道（立体声）和四声道 3 种，声道越多声音越真实，听众越有身临其境的感觉。当然声道的增加也让文件变大。

**4. 压缩率**

指音频文件压缩前和压缩后大小的比值。压缩率越高，文件越小。音频压缩分为无损压缩和有损压缩两种，无损压缩是一种较简单的压缩方法，压缩能力较为有限，有损压缩后回放的声音质量依赖于压缩算法，如 MP3 虽然是有损压缩，但质量仍然可以接受。一般情况下，使用 22kHz、16b、单声道录制的声音是基本可以接受的，对于对于一般的多媒体作品就够了。标准的 CD 格式使用 44.1kHz 的采样率，16b 采样位数，能达到原声效果。

## 5.1.2　音频文件格式

表 5-1 列出常用的音频格式。在多媒体作品中既要考虑素材文件大小，更要考虑其保真性和普适性。WAV 格式是单机版多媒体作品首选格式，因为它不依赖于任何硬软件环境。对于网络多媒体来说，应当选择 WMA、MP3 或 RA。MIDI 适合做背景音乐，但是 MIDI 音乐需要波表支持，给多媒体的集成和推广带来一些不便。

表 5-1　常用的音频文件格式

| 格式 | 扩展名 | 说　　明 |
| --- | --- | --- |
| CD | cda | CD 音轨，通常被认为是具有最好音质的音频格式 |
| WAV | wav | WAV 文件作为最经典的 Windows 多媒体音频格式，应用非常广泛 |
| MP3 | mp3 | MPEG 标准中的音频部分是一种有损压缩，保持低音频部分不失真而牺牲了高音频部分，音质次于 CD 和 WAV 格式，因较高压缩率而被大量应用。制作和播放 MP3 都需要相应的压缩和播放软件 |
| WMA | wma | 微软的新一代 Window 平台音频标准，压缩率可以达到 18:1，而音质要强于 MP3 格式和 RA 格式，支持音频流技术（适合网络在线和实时播放），使用 Windows Media Player 播放，制作 WMA 需要相应的制作软件 |
| RealAudio | ra | RealAudio 使用音频流技术，适用于网络上的播放（尤其是在线音乐），支持窄带网络。与 WMA 相比，RealAudio 的质量差一些。制作和播放此类文件需要相应的软件 |
| MIDI | mid | MIDI 记录的不是完整的声音波形，而是像记乐谱一样地记录下演奏的音乐特征，特别适合于记录电子乐器的演奏信息，通常称为电子音乐。最大优点是文件非常小，缺点是由于不是真正的记录数字化声音，因此只能播放简单的电子音乐 |

### 5.1.3 音频素材的获取途径

除了自行录制和编辑音频素材外,可以从其他途径获取音频素材。

(1)从网络和光盘上获取通用音频素材。Internet 上提供大量的免费音频,一些配套光盘中也提供许多 WAV、MIDI 格式的声音文件。

(2)用专门的软件抓取 CD 或 VCD 光盘中的音频,生成音频素材。再利用声音编辑软件对素材进行剪辑、合成,最终生成所需的音频文件。

(3)从视频文件中获取音频。使用工具软件能很方便地从视频文件(AVI、WMV、MPEG 等格式)中分离出音频。

(4)对现有的音频文件进行格式转换,获得所需的音频文件。

## 5.2 Adobe Audition 初识

Adobe Audition 是 Adobe 公司开发的一款专门音频编辑软件,是定位于专业数字音频的工具,提供了录制、混合、编辑和控制音频的功能。Adobe Audition 3.0 几乎支持所有数字音频格式,功能非常强大,可提供先进的混音、编辑、控制和效果处理功能,无论是录制音乐,制作广播节目还是配音,均可提供充足动力,深受广大用户喜爱。

### 5.2.1 Adobe Audition 3.0 的功能特点

Adobe Audition 主要功能特点如表 5-2 所示。

**表 5-2 Adobe Audition 3.0 的功能特点**

| 功能特点 | 描 述 |
|---|---|
| 文件操作 | 新建数字音频文件,此项功能通常用于录制一段新的声音;调入数字音频文件;保存数字音频文件 |
| 以不同的采样频率录制声音信号 | 通过声卡的线性输入(line-in)接口和传声器(speak-in)接口,以不同的采样频率、声道数录制声音信号。录制声音时,声源可以是 CD-ROM 播放的 CD 音乐,可以是音频电缆传送过来的录音机信号,也可以通过传声器直接进行现场录音,录制效果极佳。并能将录制结果存储为 wav、mp3、mp4 等格式的音频文件 |
| 声音编辑 | 删除一段不需要的声音;截取一段声音,并复制到另外的位置;将某段声音移动到另外的位置;连接两段声音;合成两段声音,例如,把语音与背景音乐合成在一起;制作现场音乐会的效果等 |
| 增加特殊效果 | 增加混响时间,可达到润色音色,生成回声效果,产生空旷感觉;制作声音的淡入、淡出效果;把声音数据的排列顺序颠倒过来,产生只有计算机才有的"倒序音乐";机器人声音等 |

## 5.2.2 Adobe Audition 3.0 的工作界面

Adobe Audition 的用户界面直观、操作简便，提供两种编辑方式：单轨编辑和多轨编辑。单轨编辑模式用来对单个声音文件进行编辑和效果处理，多轨编辑模式主要用来合成多个声音文件。由于目的不同，多轨编辑模式和单轨编辑模式的菜单栏和工具栏也有所不同，可通过工具栏中的模式按钮随时切换。Adobe Audition 3.0 的应用程序窗口如图 5-1 所示。

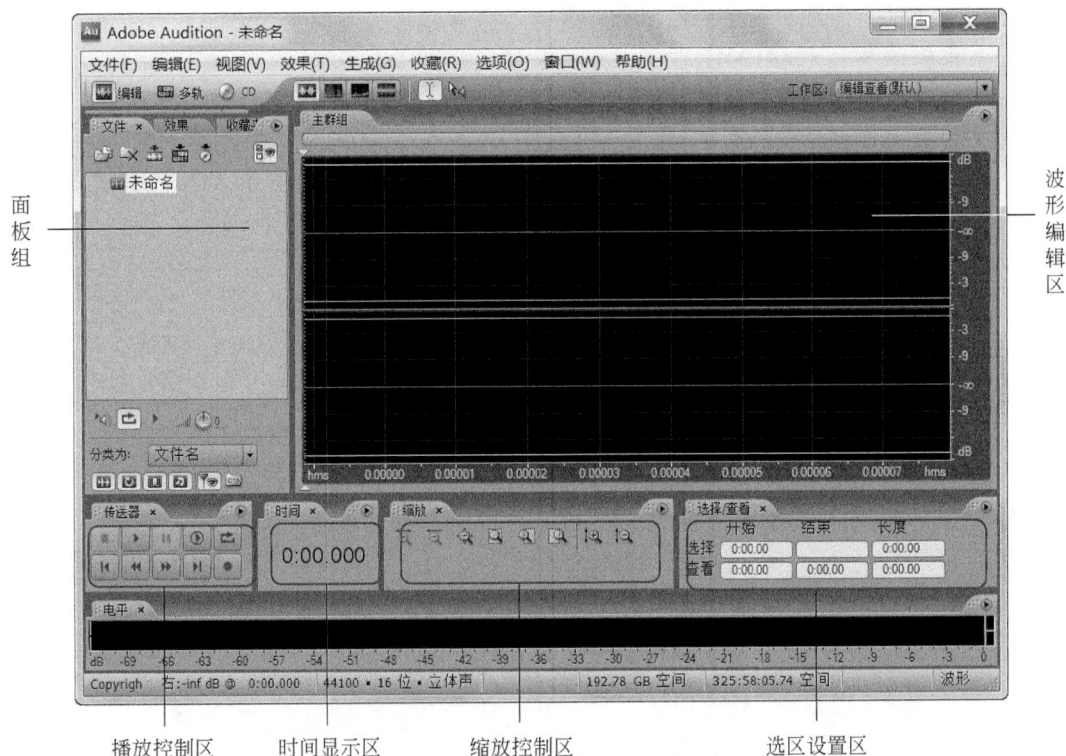

图 5-1　Adobe Audition 3.0 的工作界面

播放控制区用来控制音频数据的录制、播放、快进、快退等操作。

缩放控制区可以对波形进行任意缩放，便于细致观察波形。

选区设置区可以确定指针所在的起始位置、音频文件的时长、当前选择的数据范围长度、设置精确选区等。

波形编辑区中可以显示声音文件的波形，单声道音频显示一个波形，立体声则显示两个波形，可以利用菜单或命令按钮对波形编辑区的音频进行编辑。

# 5.3 声音的录制与编辑

## 任务 1 录制并编辑课件配音

### 任务描述

录制《飞机基本维护》课件的配音，并进行简单编辑。具体要求如下所示。

（1）设置采样率为 44100Hz，立体声，采样精度为 16b。

（2）删除录制中的静音区。

（3）根据内容将录音分为五段，分别保存为 wav 和 mp3 格式，并比较文件大小。

### 学习要点

（1）声音的采集。

（2）声音的基本编辑方法。

### 操作实战

#### 1. 启动 Adobe Audition

安装 Adobe Audition 3.0 程序后，首次启动 Adobe Audition 3.0 窗口，进入的是多轨编辑模式。如图 5-2 所示，其中 ▇▇ 编辑 为单轨模式，▇▇ 多轨 为多轨模式，根据本任务需要通过单击工具面板上的按钮进入到单轨模式。

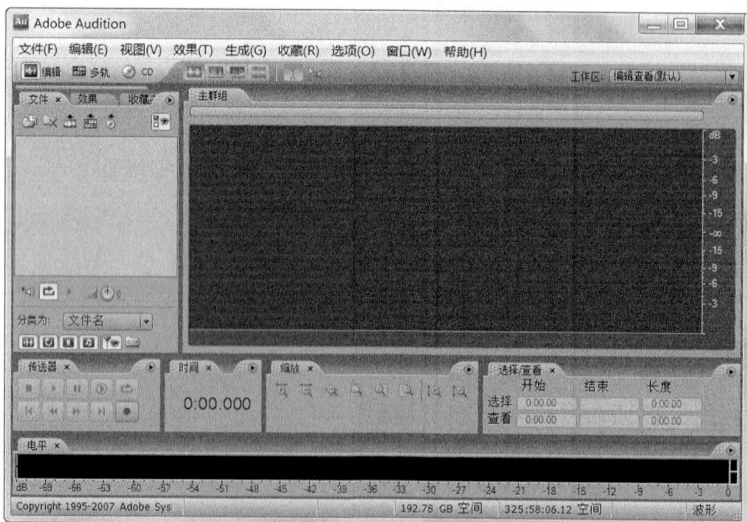

图 5-2　Adobe Audition 3.0 的启动界面

## 2. 新建文件

选择"文件"→"新建"命令，出现"新建波形"对话框，选择采样率为 44100Hz，立体声，采样精度为 16b，如图 5-3 所示。

## 3. 录制音频

（1）连接录音设备：录音之前，先将麦克风接线插头插入声卡的 MIC 输入插孔内。

（2）调整录制音量：选择"选项"→"Windows 录音控制台"命令，调整"麦克风"选项的音量大小。

（3）开始录音：切换到播放控制区，单击"录音"按钮 ，根据"飞机基本维护"课件素材录制音频。

（4）结束录音：录音结束后，单击"停止"按钮 ，结束录音。录制好音频后，波形编辑区显示两个波形，如图 5-4 所示。

图 5-3　新建文件

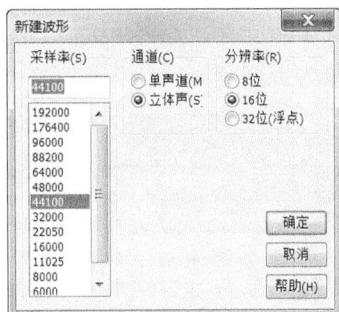

图 5-4　录制好的音频波形

## 4. 删除静音区

录制好音频后，音频文件中会有部分静音，从静音部分的开始处单击并拖动直至静音结束部分松开，在"选择/查看面板"区会显示选择声音的时间长度，如图 5-5 所示。单击"编辑"菜单，选择"删除所选"命令即可删除选定的静音区。

图 5-5　选择声音的时间长度

### 5. 将文件分段

根据内容用鼠标单击并拖动，选择第一部分，在界面中波形会以高亮显示，在高亮区域右击，在弹出的快捷菜单中选择"剪切"命令，如图 5-6 所示。然后新建一个空白文件，选中新文件，选择"编辑"→"粘贴"命令，如图 5-7 所示，用同样的方法将录制好的文件分为五部分。

图 5-6　剪切波形

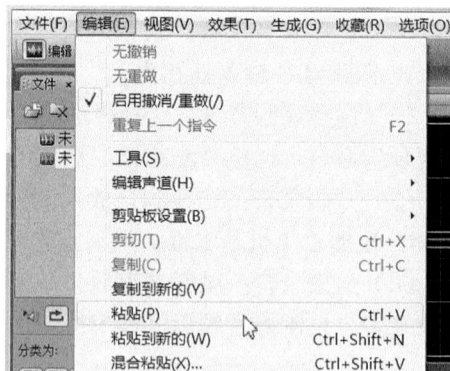

图 5-7　粘贴波形

> **提 示**
>
> 剪切文件后，也可直接选择"编辑"→"复制到新的"命令，即可省略新建文件。

### 6. 保存文件

在文件面板区选择要保存的文件，选择"文件"→"另存为"命令，出现"另存为"对话框，如图 5-8 所示，设置保存路径、文件名等，在保存类型中分别选择类型为"Windows PCM(*.wav;*.bwf)"即可。

图 5-8　保存文件

> **提 示**
>
> 查看文件大小，可以看到 wav 格式的文件远大于 mp3 格式的文件。

# 5.4　音频效果处理

## 任务 2　录制配乐诗朗诵

### 📁 任务描述

录制毛泽东的词《沁园春·雪》并添加背景音乐《红旗颂》。具体要求如下所示。

（1）录制词朗诵《沁园春·雪》，并消除录制中的噪音。

（2）为诗词添加回声效果。

（3）为背景音乐添加淡入淡出效果。

（4）将诗词和背景音乐混缩到新文件。

（5）为新文件添加完美混响效果。

（6）将文件保存为 mp3 格式。

### ✏️ 学习要点

（1）Adobe Audition 多轨编辑模式的使用。

（2）Adobe Audition 的音频效果编辑功能。

### 💻 操作实战

**1. 新建文件**

启动 Adobe Audition 软件，选择多轨编辑模式，选择"文件"→"新建会话"命令，在弹出的"新建会话"对话框中选择采样率，默认值为 44100Hz，单击"确定"按钮，出现如图 5-9 所示界面。

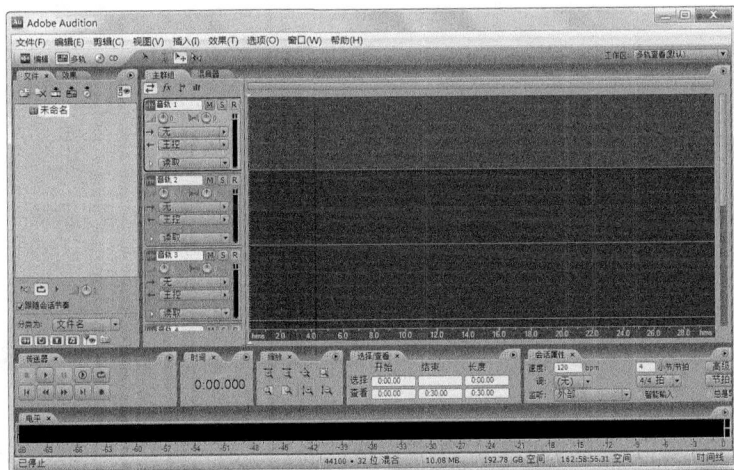

图 5-9　新建多轨文件

### 2. 导入背景音乐

选择音频 2，右击，选择"插入"→"音频"命令，如图 5-10 所示，在弹出的对话框中选择背景音乐红旗颂.mp3，则音频 2 中出现背景音乐的波形，如图 5-11 所示。

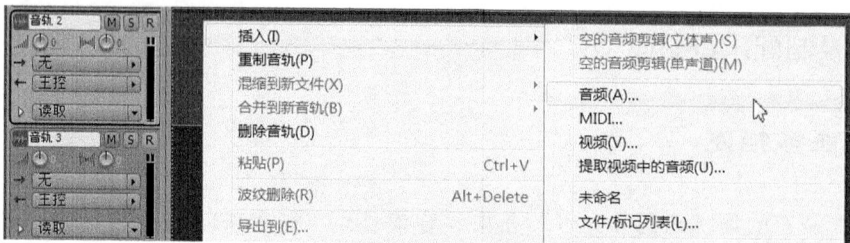

图 5-10　导入背景音乐

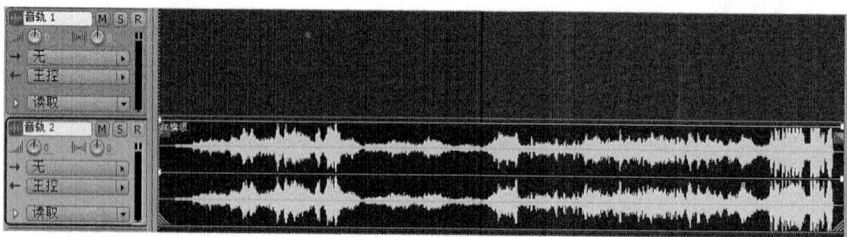

图 5-11　导入背景音乐后的波形

### 3. 录制诗词朗诵

（1）设置录音音轨：连接好麦克风后，选择音轨 1，单击录音按钮 R，如图 5-12 所示，会出现"保存会话"对话框，设置保存文件的路径及文件名，如图 5-13 所示。

图 5-12　音轨 1 控制面板

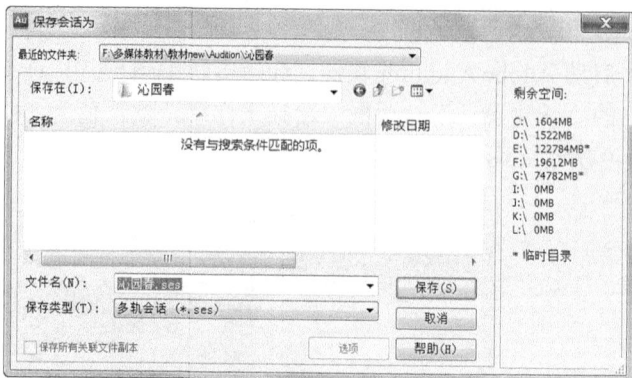

图 5-13　保存录制的音频

**提　示**

为防止录音时录入背景音乐，请连接耳机，可一边听背景音乐一边朗诵诗词，以达到更好的配合效果。

（2）开始录音：单击录音控制区的录音按钮，开始录制诗词，音轨 1 中会出现录制的音频波形，如图 5-14 所示。从图中可以看到背景音乐的长度远大于录制的音频，可选择背景音乐长出的部分，然后删除。

图 5-14　录制的诗词朗诵音频波形

### 4. 为诗词朗诵消除噪音

双击文件面板中的音轨 1-001.wav 即可转换到单轨编辑界面。选择"效果"→"修复"→"降噪器（进程）"命令，出现"降噪器"对话框，如图 5-15 所示；单击"获取特性"按钮采集当前噪音样本并作为采样降噪的样本依据，捕获噪音特性完成后如图 5-16 所示，在降噪设置中，设置衰减值为 40dB，精度因数为 7，平滑总量为 1，频谱衰减比率为 65%，单击"确定"按钮即可。

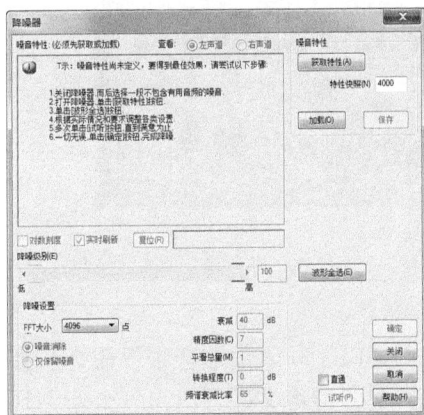

图 5-15　"降噪器"对话框

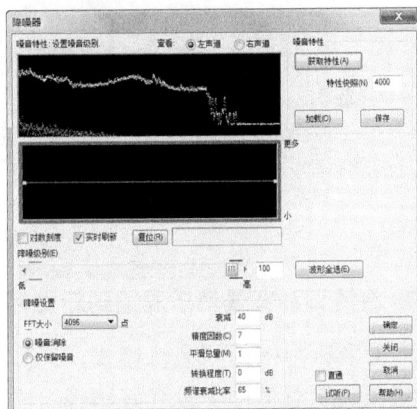

图 5-16　捕获噪音特性完成后对话框

### 5. 为诗词添加回声效果

选择"效果"→"延迟和回声"→"回声"命令，弹出"回声"对话框，如图 5-17 所示，选择默认回声 Default 效果即可，然后单击"确定"按钮。

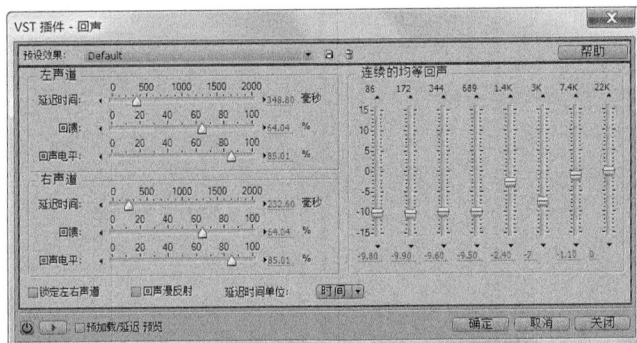

图 5-17　"回声"效果对话框

在预设效果选项的下拉列表中，有多种回声效果，可根据需要自行选择。

### 6. 为背景音乐添加淡入淡出效果

双击文件面板中的红旗颂.mp3 切换到单轨界面，选择乐曲前 30s 做淡入处理，后 30s 做淡出处理。将鼠标放在左上角小方块上，会显示"淡化"二字，然后按住鼠标左键并拖动，这时声波左侧会出现一条黄色的指示线，如图 5-18 所示，鼠标移动时指示线也会随之发生变化，将鼠标停在淡入结束位置 30s 处即可。淡出操作和淡入操作基本一致。

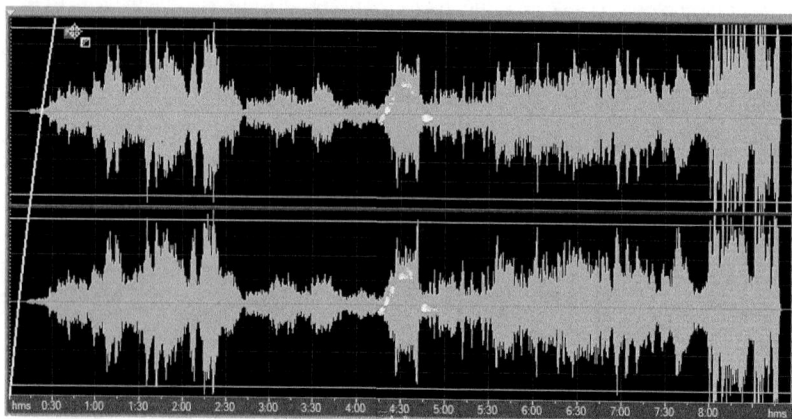

图 5-18 "淡入"效果

### 7. 将诗词和背景音乐混缩到新文件

单击多轨视图返回多轨模式，选择"文件"→"导出"→"混缩音频"命令，在"导出混缩音频"对话框中设置好路径、文件名和文件类型即可将文件导出为一个新文件沁园春_混缩.wav，如图 5-19 所示。

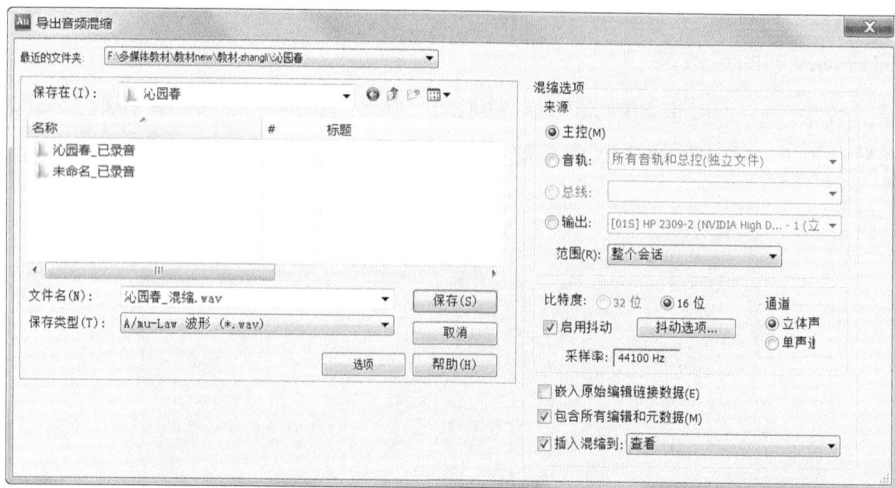

图 5-19 "导出混缩音频"对话框

**8. 为混缩文件添加完美混响效果**

在文件面板中双击沁园春_混缩.wav 切换到单轨编辑界面，选择"效果"→"混响"→"完美混响"命令，在弹出的对话框中选择一种混响效果即可，如图 5-20 所示。

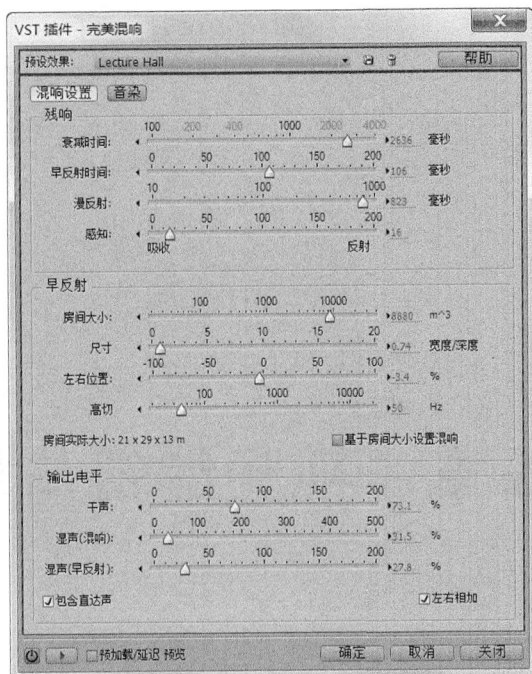

图 5-20 "完美混响"对话框

**9. 保存文件**

选择"文件"→"另存为"命令，在弹出的对话框中设置文件名、路径及保存类型。

# 实 践 练 习

1. 任意选取一些音频素材，通过 Adobe Audition 进行编辑并添加一定效果，制作一段个性的手机铃声。

2. 为一首乐曲添加淡入淡出效果。

3. 通过变调效果调节音频的音调，将女声诗朗诵变为男声诗朗诵。

4. 下载自己喜欢的歌曲伴奏，用 Adobe Audition 录制并合成一首音乐作品。

知之者不如好之者，好之者不如乐之者。

TO BE FOND OF IT IS BETTER THAN MERELY TO KNOW IT,
AND TO FIND JOY IN IT IS BETTER MERELY TO BE FOND OF IT.

—— 《论语·雍也》

# 第6章 视频编辑与集成

数字视频是多媒体设计中最活跃的元素之一，在多媒体作品中穿插视频可以产生很好的渲染效果，具有很强的感染力，一段精彩的视频要比一段文本更有说服力。动画和视频的出现，标志着多媒体质的突破和提高，但同时对计算机硬件和软件也提出了相应的要求。

本章主要介绍数字视频的基础知识，并以会声会影为例来介绍视频编辑与处理技能。

## 本章能力目标

- 💻 了解数字视频的基础知识。
- 💻 了解会声会影的功能。
- 💻 熟悉使用会声会影快速制作影视节目的方法。
- 💻 了解如何对影片进行后期处理。
- 💻 掌握剪辑视频片段的方法。
- 💻 掌握为影片添加各种特效的方法。
- 💻 获得能够综合运用各种复杂手段制作影片的能力。

# 6.1　视　频　基　础

　　视频在多媒体设计中占有非常重要的地位，它本身就可以是由文本、图形图像、声音、动画等多种形式组合而成。视频信息是由一连串连续变化的画面组成，每一幅画面称为"帧"，这样一帧接一帧地在屏幕上快速呈现，形成了连续变化的影像。视频具有声音与画面同步、表现力强的特点，能大大提高多媒体作品的直观性和形象性。电影、电视和录像已属于较为传统的视听媒体，随着计算机网络和多媒体技术的发展，视频信息技术已经成为我们生活中不可或缺的组成部分，并渗透到工作、学习和娱乐的各个方面。多媒体中用到的视频是数字化的视频，用传统摄像机拍摄的视频需要转换为数字视频。

## 6.1.1　基本概念

### 1. 非线性编辑

　　简单地说，使用计算机对视频进行处理通常称为非线性编辑，指应用计算机图形、图像技术，在计算机中对各种原始素材进行各种编辑操作，并将最终结果输出到计算机硬盘、光盘等记录设备上这一系列完整的工艺过程。现有的非线性编辑系统已经完全实现了数字化以及与模拟视频信号的高度兼容，并广泛应用在电影、电视、广播、网络等传播领域。目前基于 PC 平台的非线性编辑软件有 Adobe Premiere、会声会影、SONY Vegas PRO 等。

### 2. 彩色电视的 3 种制式

　　PAL 制（欧洲、中国等）、NTSC 制（美国、加拿大、日本等）、SECAM 制（法国等）。

### 3. 时间码

　　视频素材的长度和它的开始帧、结束帧是由时间码单位和地址来度量的，是由"小时：分钟：秒：帧"的形式确定每一帧的地址。PAL 制采用的是 25 帧/秒的标准，NTSC 制采用的是 29.97 帧/秒的标准，早期的黑白电视使用的是 30 帧/秒的标准。

### 4. 扫描

　　把二维的图像信号转换为一维的电信号。NTSC 制每帧扫描 525 行，每秒扫描 30 帧；PAL 制每帧扫描 625 行，每秒扫描 25 帧。每行扫描完成后的返回过程称为水平消隐。每帧扫描完成后的返回过程称为垂直消隐。

　　扫描方式分为隔行扫描和逐行扫描两种。隔行扫描就是用一次以上的垂直扫描再现一幅完整的图像。在电视系统中，采用两个垂直扫描场表示一帧。

### 5. 帧、帧速率

　　视频是由一系列的、有联系的图像连续播放而形成的，其中的第一幅单独的图像称为帧。帧速率是每秒钟顺序播放多少幅图像。典型的帧速率范围是 24～30 帧/秒。

## 6.1.2　视频文件格式

视频的信息量非常大，数字视频要使用一定的压缩方案进行压缩。压缩的目标是在尽可能保证视觉效果的前提下，减少视频数据量。不同的视频压缩方案使用不同的压缩编码算法，具有不同的压缩比和质量，从而形成多种视频格式。表 6-1 列出了常用的视频格式。

表 6-1　常用的视频文件格式

| 格式 | 扩展名 | 说　明 |
|------|--------|--------|
| AVI | avi | 标准的 Windows 视频格式，使用最广泛，通用性最好，几乎所有的视频编辑软件都能直接操作非压缩的 AVI 格式文件。缺点是压缩比较小，还有些视频文件也以 avi 为文件扩展名，但这些文件并不是标准的 AVI 文件，而是通过特殊压缩算法（如 DivX 或 MPEG-4）压缩成的视频文件 |
| MPEG | mpg | 运动画面及声音的一种压缩标准，将视频信号分段取样，然后对相邻各帧末变化的画面忽略不计，仅仅记录变化了的内容，因此压缩比很大，VCD 使用的就是 MPEG-1 图像压缩法，DVD 则使用 MPEG-2 压缩算法 |
| DAT | dat | 此种格式的文件主要用于 VCD 光盘中，实际上是在 MPEG 文件头部加上了一些运行参数形成的变体，因此视频编辑软件通常把这种格式认为是 MPEG 格式，可使用 DAT2MPG 软件将其转换为更为通用的 MPEG 格式再进行处理 |
| MOV | mov | 苹果公司开发的 MAC 机专用视频格式，在 PC 上也可使用，与 AVI 大体上属于同一级别（品质、压缩比等），在网络应用方面也相当常见 |
| ASF/WMV | asf wmv | ASF 是微软开发的流式视频格式，使用了 MPEG-4 的压缩算法，其压缩率和图像的质量都较好；WMV 是微软最新开发的流式视频格式，在质量、压缩和传输等方面有较好的表现，具有多种优点，如本地或网络回放、可扩充的媒体类型等 |
| RM | rm | 由 RealNetworks 公司开发的流式视频文件格式，是目前 Internet 上跨平台的流式视频应用标准，特别适合带宽较小的网络用户使用，制作和播放需要使用专用的软件，视频质量较一般 |
| RMVB | rmvb | 这是一种由 RM 视频格式升级延伸出的新视频格式，它的先进之处在于 RMVB 视频格式打破了原来 RM 格式的那种平均压缩采样的方式，在保证平均压缩比的基础上合理利用比特率资源，就是说静止和动作场面少的画面场景采用较低的编码速率，这样可以留出更多的带宽空间，而这些带宽会在出现快速运动的画面场景时被利用。这样在保证了静止画面质量的前提下，大幅地提高了运动图像的画面质量，从而图像质量和文件大小之间就达到了微妙的平衡 |

总的来说，如果是本地多媒体应用，应首选 MPEG 或 AVI 格式；对于网络多媒体应用，应首选 WMV 或 RM 格式。

# 6.2　会声会影初识

会声会影是一套影片剪辑和集成软件。首创双模式操作界面，用户可以轻松体验快速操作、专业剪辑、完美输出的影片剪辑乐趣。

## 6.2.1　会声会影的功能与特点

### 1. 会声会影的主要功能

会声会影是一个非线性视频编辑工具，它的功能十分强大，主要功能如表 6-2 所示。

表 6-2　会声会影主要功能

| 功　　能 | 描　　述 |
|---|---|
| 视频素材剪辑 | 使用时间线窗口、剪切窗口进行剪辑，实行非破坏性编辑 |
| 视频素材特技处理 | 包括切换、过滤、叠加、抠像等 |
| 叠加字幕 | 在视频素材之上叠加各种字幕、图标和其他视频效果 |
| 声音编辑 | 给视频配音，对音频素材进行编辑，调整音频与视频的同步 |
| 色彩转换 | 可以将色彩转换成 NTSC 或 PAL 的兼容色彩 |

### 2. 会声会影的特点

会声会影的主要特点如表 6-3 所示。

表 6-3　会声会影主要特点

| 功　　能 | 描　　述 |
|---|---|
| 创新的影片制作向导模式 | 只要三个步骤就可快速作出 DV 影片，即使是初学者也可以在短时间内体验影片剪辑乐趣；同时操作简单、功能强大的会声会影编辑模式，从捕获、剪接、转场、特效、覆叠、字幕、配乐，到刻录，可以全方位剪辑集成影片 |
| 强大的编辑能力 | 使用非线性编辑功能进行即时修改，具有可变的焦距和单帧播放能力。使用时间线、剪切或监视窗口进行编辑 |
| 管理方便 | 按名称、图标或注释对素材进行排序、查看或搜索。多重注释文件可以进行精确控制 |
| 特技效果丰富 | 画面特写镜头与对象创意覆叠，可随意制作出新奇百变的创意效果，让影片精彩有趣 |
| 采集方便 | 其成批转换功能与捕获格式完整支持，让剪辑影片更快、更有效率 |

## 6.2.2　会声会影的工作界面

"会声会影编辑器"编辑界面由菜单栏、选项卡、预览窗口、素材库、设置面板、故事板等组成，如图 6-1 所示。会声会影主要通过捕获、编辑、效果、覆叠、标题、音频、分享 7 个步骤来完成影片的编辑工作。

图 6-1　会声会影界面介绍

在制作影片时，首先要捕获视频素材，然后修整素材，排列各素材的顺序，应用转场并添加覆叠、标题、音乐背景等效果。这些元素被安排在时间轴视图的不同轨上，对某一轨进行修改或者编辑时不会影响到其他轨，如图 6-2 所示。

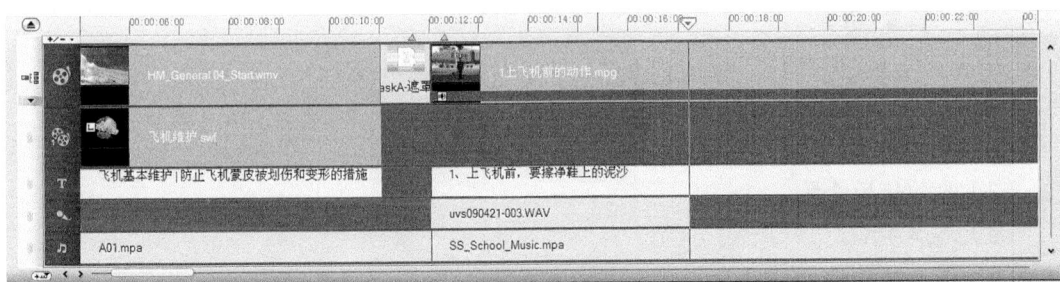

图 6-2　时间轴视图的轨道

在编辑过程中，视频文件是以.VSP 的项目文件的形式存在，它包含了所有素材的路径及对视频的处理方法等信息。编辑完成后，将素材中的所有元素渲染成一个视频文件，再将视频刻录成 DVD、VCD 或 SVCD 等光盘，或者将影片输出为视频文件。

# 6.3　图文影片制作

## 任务 1　制作航母简介电子相册

### 任务描述

给定图片素材，如图 6-3 所示。利用"会声会影编辑器"制作航母简介电子相册。具体要求如下所示。

（1）图片的顺序如图 6-3 所示。

（2）为每张图片添加"摇动和缩放"效果。

（3）图片与图片之间添加恰当的转场效果。

（4）为每张图片添加字幕（字幕包括航母名称和编号，如企业号 CVN-65）。

（5）为影片添加背景音乐。

| | | | | | |
|---|---|---|---|---|---|
| (a) CVN-65企业号.jpg | (b) CVN-68尼米兹号.jpg | (c) CVN-69艾森豪威尔号.jpg | (d) CVN-70卡尔文森号.jpg | (e) CVN-71罗斯福号.jpg | (f) CVN-72林肯号.jpg |
| (g) CVN-73华盛顿号.jpg | (h) CVN-74斯坦尼斯号.jpg | (i) CVN-75杜鲁门号.jpg | (j) CVN-76里根号.jpg | (k) CVN-77布什号.jpg | |

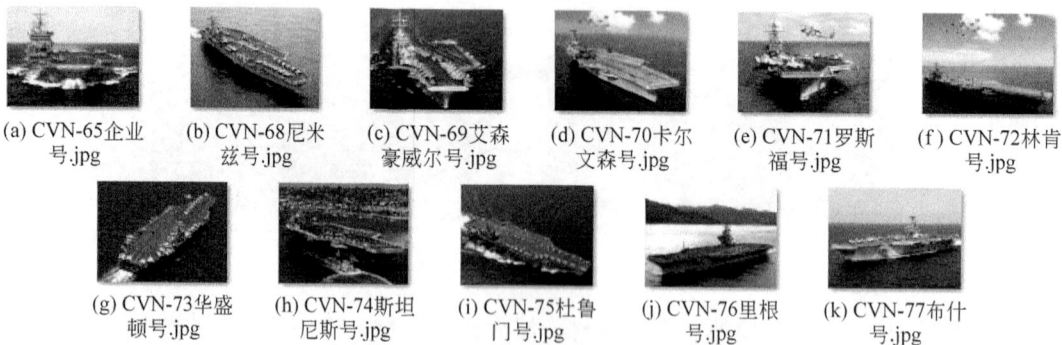

图 6-3　航母图片素材

### 学习要点

（1）添加图片素材。

（2）添加摇动和缩放效果。

（3）添加转场效果。

（4）添加字幕。

（5）添加背景音乐。

### 操作实战

**1. 启动会声会影**

在启动窗口中选择第一项"会声会影编辑器"，打开"会声会影编辑器"界面，如图 6-4

所示。

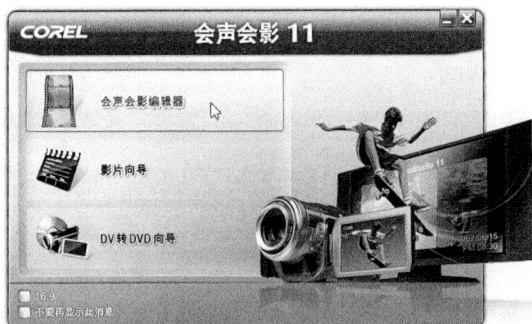

图 6-4　选择会声会影编辑器

### 2. 向素材库添加图像素材

选择"文件"→"将媒体文件插入到素材库"→"插入图像"命令，弹出"打开图像文件"对话框，在该对话框中选择添加的图像文件，如图 6-5 所示；单击"打开"按钮，则图像文件添加到素材库中，如图 6-6 所示。

图 6-5　添加图片对话框

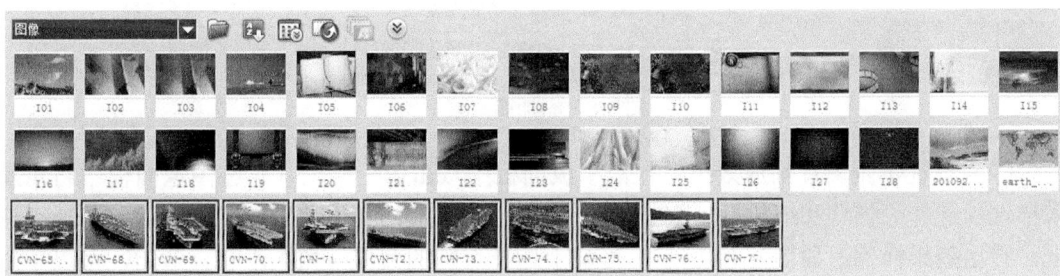

图 6-6　素材库面板

**3. 向故事板中添加图像素材**

使用鼠标拖动新加入的图像素材至故事板中，然后松开鼠标，即可将添加的图像素材添加到视频轨中，如图 6-7 所示。

图 6-7　添加图片素材

**4. 调整图片播放时间与效果**

（1）调整每张图片播放时间长短：在故事板面板中双击第一幅图片，在图像面板中将图像区间调整为 5s（默认为 3s），如图 6-8 所示。用同样方法将其余图片的播放时间均调整为 5s。在该面板可以调整图像区间（播放时间长短）、图像旋转、颜色校正、采样选项等。

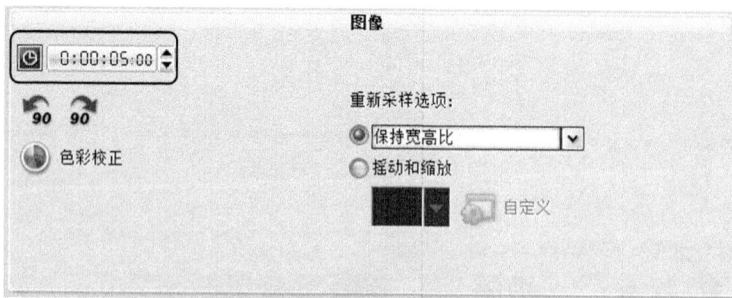

图 6-8　添加图片素材

（2）设置每张图片播放效果：在故事板面板中双击第一幅图片，在图像面板中将重新采样选项选择"摇动和缩放"，如图 6-9 所示。单击"摇动和缩放"选项下面的三角形下拉框，弹出效果样例，如图 6-10 所示，可从中选择合适的效果。如果没有合适的，可以单击右边的"自定义"按钮，自己调节摇动和缩放的范围和速度，如图 6-11 所示。

图 6-9　添加图片素材

图 6-10　摇动和缩放效果

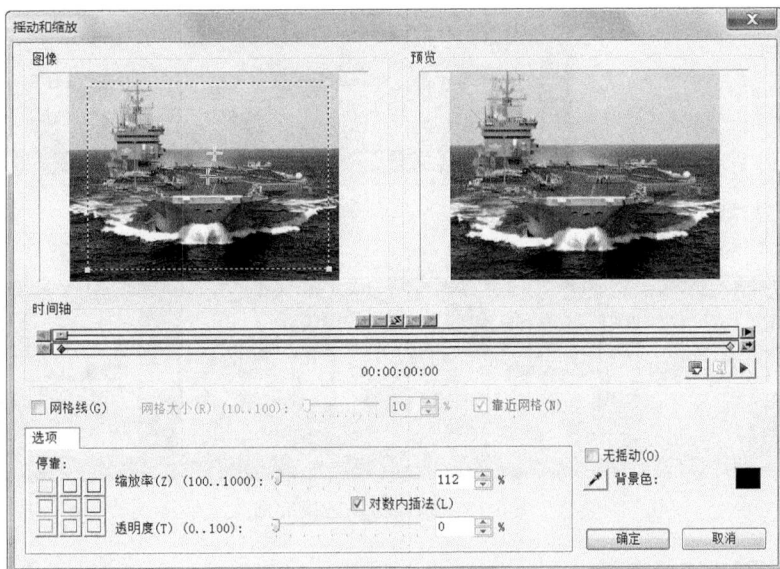

图 6-11　自定义摇动和缩放效果

**提　示**

使用会声会影的"摇动和缩放"功能，可以将图片做成动画，从而使图像更加生动，获得更加引人入胜的视觉效果。

**5. 添加转场效果**

（1）切换视图：单击"效果"选项卡，进入效果选项界面，如图 6-12 所示。

图 6-12　效果选项卡

（2）选择转场效果：单击"收藏夹"后的下拉框，选择"相册"，如图 6-13 所示，进入"相册"转场效果素材库。在"相册"转场中，找到"翻转"，用鼠标将"翻转"效果拖动到故事板中第一张和第二张图片之间，添加"相册翻转"转场效果，如图 6-14 所示。

（3）使用同样的方法，为其他图片之间添加合适的转场效果，如图 6-15 所示。

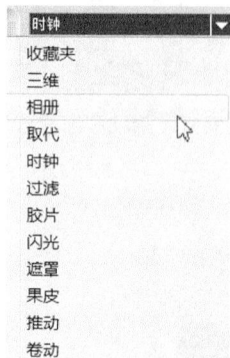

图 6-13　选择"相册"

图 6-14　添加转场效果

图 6-15　添加转场效果完成

### 6. 为每张图片编辑字幕

（1）切换视图：单击"效果"选项卡，将视图切换至标题素材库，如图 6-16 所示。此时，会声会影的"故事板"自动切换为"时间轴"状态，在"时间轴"上有 5 个轨道，分别为"视频轨"、"覆叠轨"、"标题轨"、"声音轨"和"音乐轨"，如图 6-17 所示。

图 6-16　标题选项卡

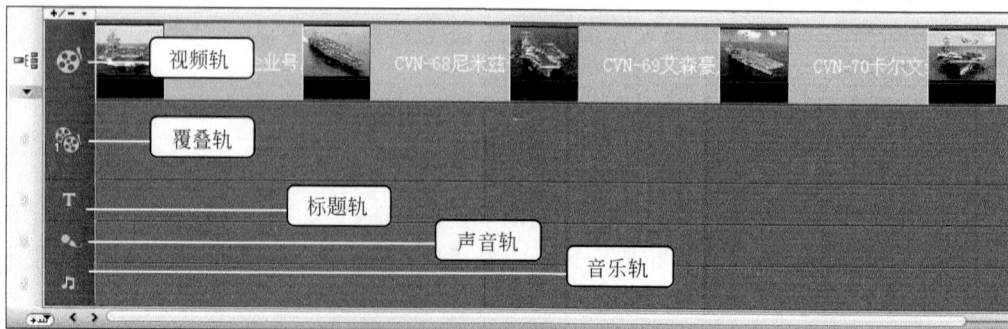

图 6-17　"时间轴"轨道视图

（2）添加字幕：在"标题"选项卡下，双击视频预览窗口，然后在预览窗口中输入航母名称和编号企业号 CVN-65，作为该图片的字幕。此时，新加入的字幕会显示在"时间轴"的"标题轨"上，如图 6-18 所示。

图 6-18　为第一张图片添加标题

（3）设置字幕效果：保持标题框的位置，在标题"编辑"选项卡当中将文字的"标题样式预设值"改为绿色带边框文字，如图 6-19 所示。将选项卡切换至"动画"，勾选"动画"选项卡下的应用动画，"动画类型"选择"淡化"，样式使用第 1 个，如图 6-20 所示，将字幕文本框调整至图片底部中央，效果如图 6-21 所示。

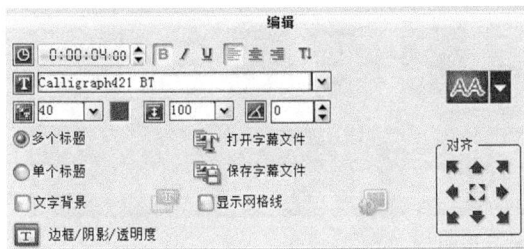

图 6-19　改变文字样式

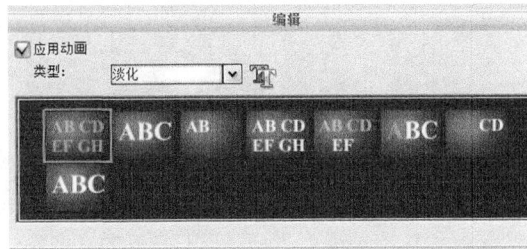

图 6-20　修改文字动画效果

**技 巧**

利用文字编辑面板上的对齐按钮可以方便地调整文字位置，提供 9 种文本对齐方式。

（4）依次按照任务说明的要求，为其余图片添加字幕，字幕属性与第一张图片的字幕属性相同。

图 6-21　字幕文字效果

（5）调整字幕播放时间：在"标题轨"中选中字幕，拖动尾部的黄线可以调整其播放长度，如图 6-22 所示；调整各段字幕的播放时间与对应图片播放长度相同，如图 6-23 所示。

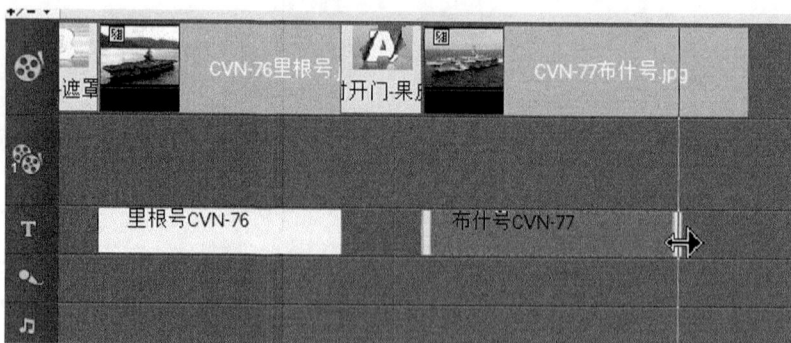

图 6-22　调整字幕播放时间

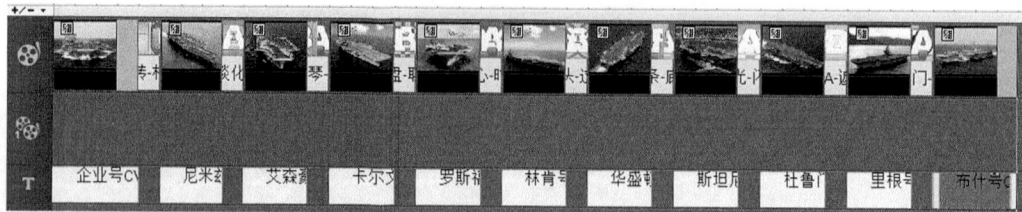

图 6-23　字幕与视频片段对应关系

**提 示**

在"时间轴"中，不论哪条轨道，每一个素材的播放时间都是由素材在时间轴上的长短来表示的，并且以黄色的竖线作为开始和结束，要调整某个素材的播放时间，只要用鼠标拖动黄线，改变素材在时间轴上的长短即可。

**7. 添加背景音乐**

（1）切换视图：单击"音频"选项卡，将视图切换至音频素材库，如图 6-24 所示。

图 6-24　效果选项卡

（2）添加音频文件：在音频媒体库中，选择音频文件 A01，将其拖动到时间轴视图的"音乐轨"上，该音频即可作为影片的背景音乐，如图 6-25 所示。

图 6-25　添加背景音乐

（3）调整背景音乐播放时间：通过图 6-25 可以看到，添加的背景音乐，播放时间比影片的播放时间长，因此需要将音乐的播放时间缩短。在"音乐轨"中选中刚刚添加的音乐，拖动尾部的黄线至最后一张图片结尾的位置，即可缩短音乐播放时间，使其与影片播放时间同步，如图 6-26 所示。

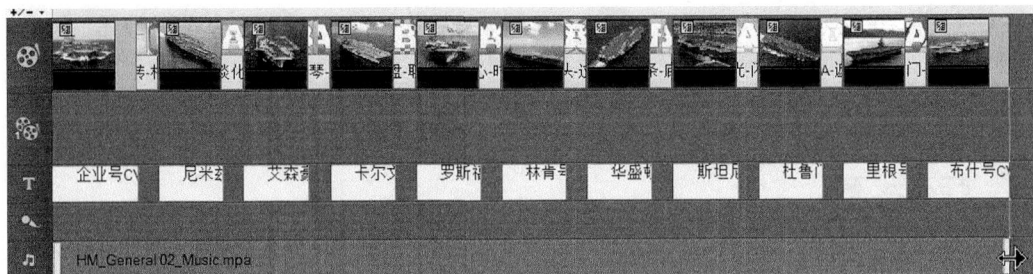

图 6-26　调整音乐播放时间

**注 意**

音乐文件可以随意缩短播放时间,但是由于音乐有其固定的播放时间,因此不能随意延长播放时间。如果遇到音乐播放时间比影片播放时间短的情况,最好不要通过修改音乐的回放速度的方式延长音乐播放时间,这样会造成音乐文件的播放效果和音质。在插入背景音乐的时候可以采用多个音乐连续播放或者单个音乐循环播放的方法配合视频的播放时间,也可以使用音频切割软件调整音乐的播放时间。

音乐文件也可以使用硬盘中的音频,只要将硬盘中的音频添加到音频媒体库中,然后拖动到音乐轨上即可。

#### 8. 输出视频文件

选择"分享"选项卡,进入视频分享界面,如图 6-27 所示。

图 6-27　选择"分享"选项卡

在"分享"选项卡下,选择"创建视频文件"→WMV→Zune WMV(640×480,30fps)格式作为输出格式,如图 6-28 所示。

图 6-28　视频输出格式

在弹出的"保存"对话框中的"文件名"一栏填入视频的文件名"航母电子相册",然后单击"保存"按钮,将视频文件保存到本地硬盘当中。

**提 示**

会声会影提供了 DVD、HDV、MPEG 1、MPEG 2、WMV、HD DVD 等多种多样、丰富多彩的视频输出格式。用户可以根据自己的实际情况来选择任意一种格式作为视频文件的输出格式。

#### 拓展提高

**利用"影片向导"快速制作影片**

事实上,对于本任务完成的案例可以利用会声会影提供的"影片向导"功能快速完成。主要操作步骤如下所示。

（1）启动会声会影：在启动窗口中选择第二项"影片向导"，打开"影片向导"界面，如图 6-29 所示。

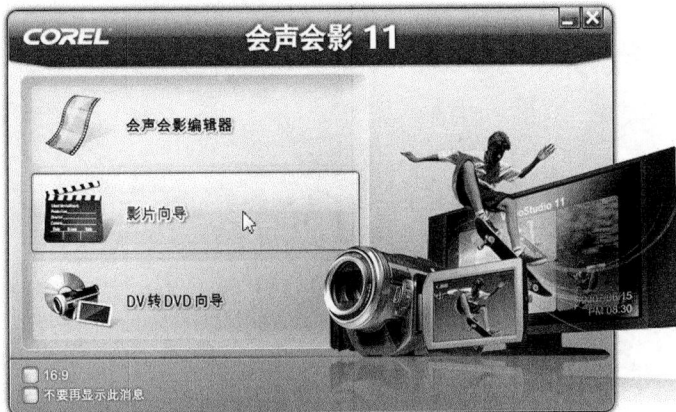

图 6-29　会声会影影片向导

（2）添加图片素材：在影片向导界面中单击"插入图像"，在弹出的"添加图像素材"对话框中寻找并选择要添加到影片中的相片素材，将图片添加到"影片向导"中，如图 6-30 所示。

图 6-30　插入图像

（3）选择主题模板：在向导的第二步为相册添加一个主题模板。在左边的主题模板中选择"相册"→"多显示器 03"，作为该电子相册的主题，如图 6-31 所示。

图 6-31　选择相册主题

（4）设置开始标题：单击"标题"后面的下拉菜单，选择开始标题（第一个），如图 6-32 所示。选好标题后，视频预览区就会显示出刚才选择的相册标题，并且标题文字在一个文本框中显示，如图 6-33 所示。将鼠标放到该文本框上，然后双击，此时文本框的 8 个调整点消失，并出现一个文字光标，然后可以在预览窗口中任意输入标题。此时，输入"航母简介"作为相册标题，如图 6-34 所示。

图 6-32　修改相册标题

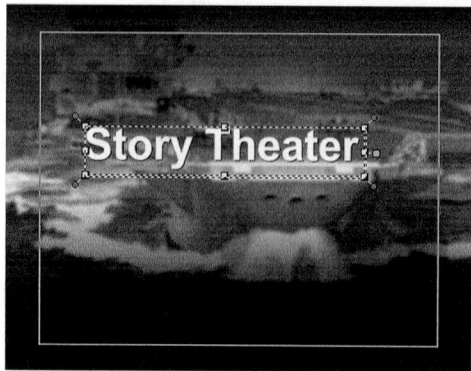

图 6-33　默认开始标题

图 6-34　修改开始标题

（5）设置结束标题：类似地，可以修改结束标题，修改前后如图 6-35 和图 6-36 所示。主题设置好之后，单击"下一步"按钮，进入影片向导第三步。

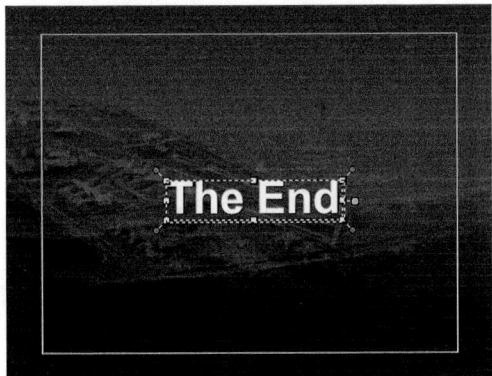

| 图 6-35　默认结束标题 | 图 6-36　修改结束标题 |

（6）输出影片：向导第三步有三个分支，如图 6-37 所示。其中"创建视频文件"和"创建光盘"是将素材根据前面两步的设置输出成视频文件和光盘文件的选项。若要对影片进一步编辑可选择"在会声会影编辑器中编辑"，进入影片编辑界面，如图 6-38 所示。

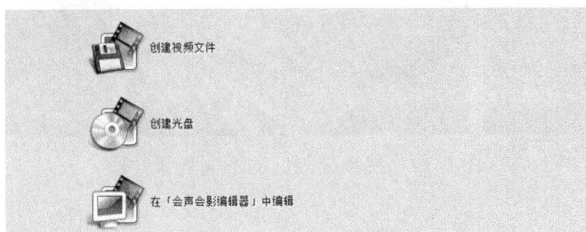

图 6-37　影片输出方式选项

图 6-38　影片编辑界面

# 6.4 视频素材编辑

## 任务 2 剪辑视频片段

### 任务描述

按照不同场景内容将给定的视频片段分割成 3 段，将多余的视频内容删除，分别保存。如图 6-39 所示。具体要求如下所示。

（1）将给定视频素材分割为三个片段：三军仪仗队、武器装备、遨游太空。

（2）将给定视频素材多余视频删除。

（3）将视频与音频分开。

（4）将三个视频片段与音频输出保存。

图 6-39 视频分割后的不同场景片段

### 学习要点

（1）添加视频。

（2）剪辑视频。

（3）删除视频。

（4）分割音频。

（5）影片保存输出。

### 操作实战

**1. 启动会声会影**

在启动窗口中选择第一项"会声会影编辑器"，打开"会声会影编辑器"界面。

**2. 添加视频素材**

（1）向素材库中添加新的视频素材：选择"文件"→"将媒体文件插入到素材库"→"插入视频"命令，将素材文件夹下的视频文件片头.mpg 添加至媒体库，如图 6-40 所示。

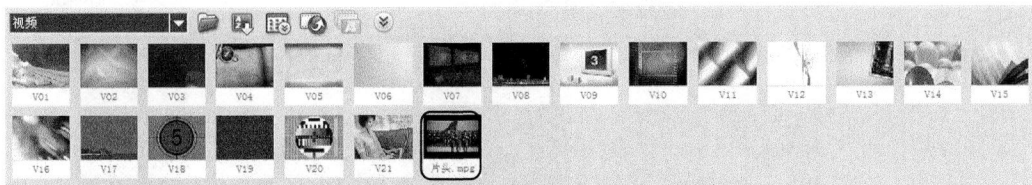

图 6-40　新加入的视频文件

（2）向视频轨中添加视频素材：用鼠标拖动新加入的视频素材至故事板中，然后松开鼠标，即可将添加的视频素材添加到视频轨中，如图 6-41 所示。

图 6-41　拖动视频至视频轨中

### 3. 剪辑视频文件

（1）启动多重修整：将视频文件添加到视频轨之后，单击选中该视频，然后单击"多重修整视频按钮"，如图 6-42 所示，弹出多重修整视频对话框。

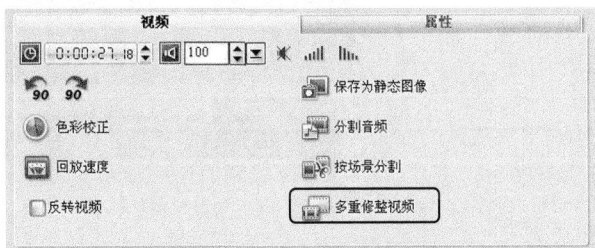

图 6-42　启动多重修整视频

（2）设置开始位置：在该对话框中，拖动飞梭栏上的滑块，到要剪辑的第一段视频的开始位置，本实例该位置为视频的起始位置，然后单击"设置开始标记"按钮即"["按钮保存该段开始位置，如图 6-43 所示。

图 6-43　设置剪辑视频起始位置

（3）设置结束位置：再次拖动滑块至要剪辑的视频的结束位置，本实例该位置为该视频时间轴的 5:15 处（此处时间为估计值，可根据实际情况将滑块拖动至三军仪仗队与武器装备场景转换处即可），然后单击"设置结束标记"按钮即"]"按钮，此时剪出的视频将自动添加到"修整的视频区间中"，如图 6-44 所示。

图 6-44　修整的视频区间

（4）剪辑其他片段：重复刚才的步骤，将素材视频中的时间段 5:16～12:22 和 12:23～17:10 添加到"修整的视频区间中"，如图 6-45 所示。

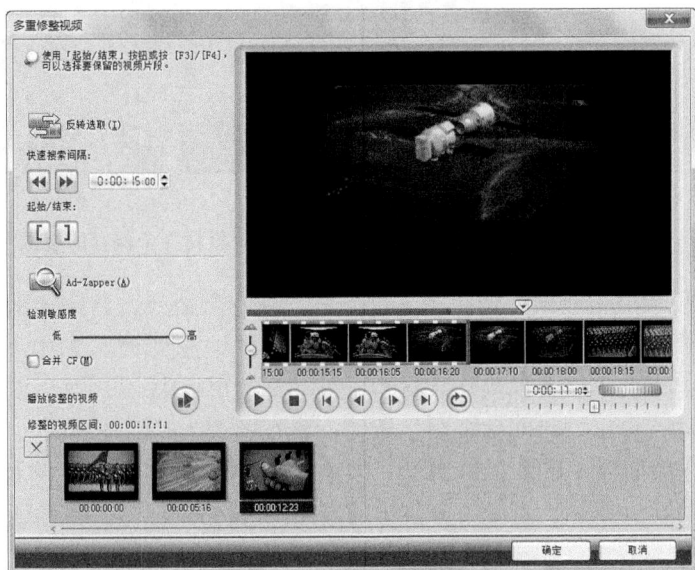

图 6-45 剪辑出来的三段视频

**提 示**

如果有不需要的或者添加不正确的视频，可以单击该视频文件，然后单击"删除所选素材"按钮，即可将该段视频从"修整的视频区间"中删除。

视频剪辑好之后，单击"确定"按钮，回到"会声会影编辑器"界面，此时所有剪辑好的视频都被放在故事板中，原来不需要的视频画面都被删除掉了，如图 6-46 所示。

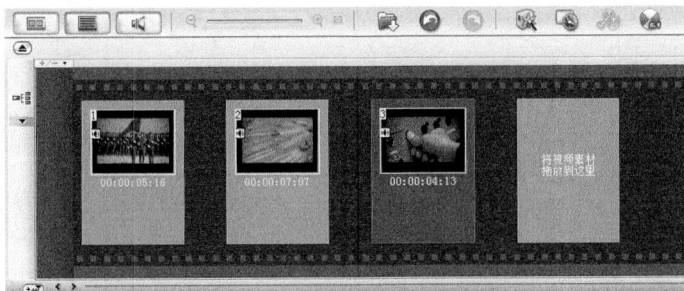

图 6-46 故事板中剪辑好的视频

**4. 影片保存输出**

（1）将剪辑视频保存至素材库：单击"故事板视图"按钮 ，返回故事板视图界面。在故事板中选中剪辑出的第一段视频，在菜单栏中选择"素材"→"保存修整后的视频"命令，如图 6-47 所示，此时会出现一个窗口提示"正在渲染……按 ESC 中止"，表示正在保存修整后的视频。保存完成后，修整后的视频就出现在素材库的视频中，如图 6-48 所示。按照同样的方法，将剩下两个剪辑出来的视频文件分别保存到素材库中。

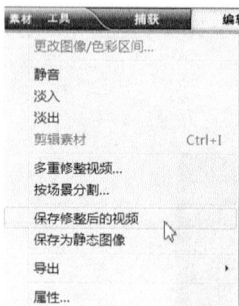

图 6-47  保存视频

图 6-48  素材库中保存的视频

（2）将剪辑视频渲染输出：选择"文件"→"保存"命令，将刚才的项目保存。然后选择"文件"→"新建项目"命令，新建一个项目文件。按照步骤 2 中添加视频素材的方法，将刚才剪辑出来的第一个视频从素材库中拖动至故事板中。

（3）分割音频：单击"时间轴视图"按钮，将视图改为时间轴视图，如图 6-49 所示。选中该素材，在视频面板（如图 6-50 所示）中单击"分割音频"按钮，将该段素材中的音频与视频分开，如图 6-51 所示。选中"分割出的音频"，按 Delete 键，将音频从影片中删除。

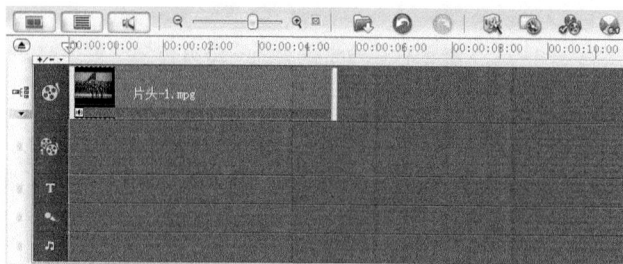

图 6-49  时间轴视图

图 6-50  视频面板

图 6-51  分割音频

（4）输出视频：选择"分享"选项卡，进入视频分享界面，选择"创建视频文件"→"与第一个视频素材相同"命令，在弹出的保存对话框中的"文件名"一栏填入视频的文件名"三军仪仗队"，然后单击"保存"按钮，将视频文件保存到本地硬盘当中。

**提 示**

> 如果想将分割出来的音频文件保存，可以在删除音频之前选择"分享"选项卡，然后选择"创建声音文件"，来将分割出来的音频文件保存起来。

重复制作步骤（4），可将余下的两段剪辑视频分别以文件名"武器装备"、"遨游太空"

保存到硬盘当中。

# 6.5　视频效果处理

## 任务 3　添加转场效果

### 任务描述

插入给定的三个视频片段，并在片段之间添加适当的转场效果，如图 6-52 所示。具体要求如下所示。

（1）在第一和第二片段之间加入转场效果：相册—翻转 1。

（2）在第二和第三片段之间加入转场效果：三维—对开门。

（3）分别对两种转场效果的属性进行适当修改。

图 6-52　加入转场效果

### 学习要点

（1）添加/删除/替换转场效果。

（2）转场属性设置。

（3）影片保存输出。

### 操作实战

**1. 启动会声会影**

在启动窗口中选择第一项"会声会影编辑器"，打开"会声会影编辑器"界面。

**2. 添加素材**

选择"文件"→"将媒体文件插入到素材库"→"插入视频"命令，将素材文件夹下的视频文件三军仪仗队.mpg、武器装备.mpg、遨游太空.mpg 添加至媒体库，并拖动到故事板中，如图 6-53 所示。

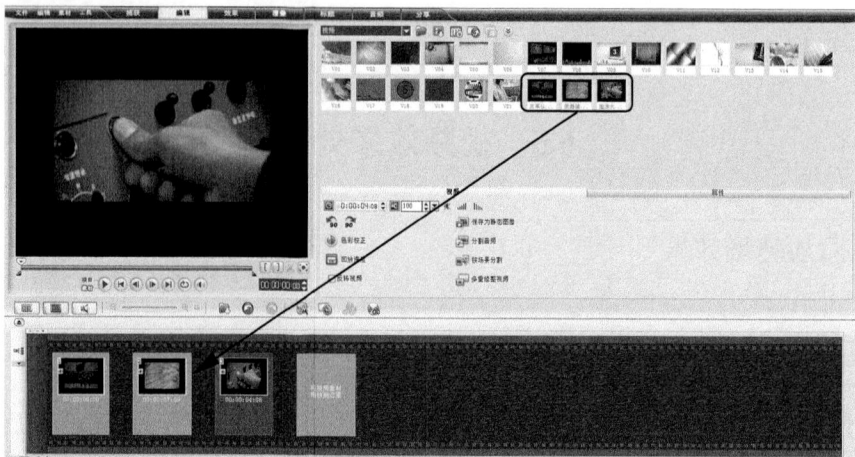

图 6-53　添加视频文件

### 3. 添加转场效果

（1）单击"会声会影编辑器"中的"效果"选项卡，进入效果选项界面，如图 6-54 所示。

图 6-54　"效果"选项卡

（2）单击"收藏夹"后的下拉菜框，选择"相册"，如图 6-55 所示，进入"相册"转场效果素材库。在"相册"转场效果中，找到"翻转 1"，用鼠标将"翻转 1"效果拖动到故事板中第一段视频和第二段视频之间，为第一段和第二段之间添加"相册翻转"转场效果，如图 6-56 所示。

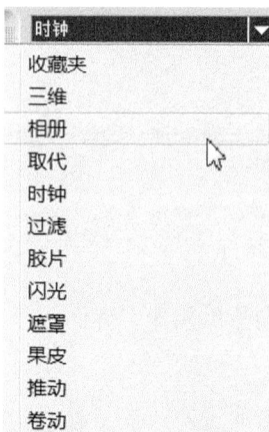

图 6-55　选择"相册"

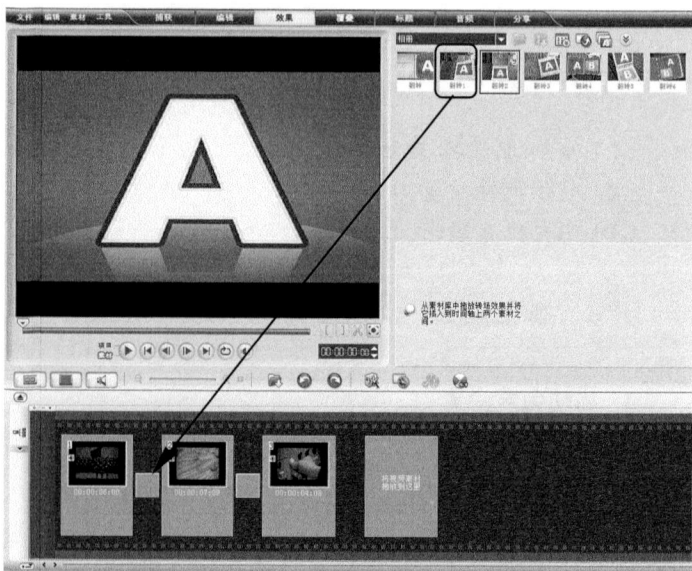

图 6-56　添加转场效果

（3）使用同样方法，在第二段视频与第三段视频之间添加"三维"→"对开门"效果。

**提 示**

在转场效果缩略图上右击选择"删除"即可将该转场效果删除，用鼠标将其他转场效果直接拖动到要替换的转场效果处，即可完成替换。

### 4. 转场属性设置

（1）延长转场效果持续时间：在故事板中单击"相册—翻转 1"效果。在属性栏中将原先默认的 1s 持续时间改为 3s，如图 6-57 所示。

（2）自定义相册效果：单击属性栏中的"自定义"按钮，打开转场效果时间自定义面板，如图 6-58 所示。转场属性的自定义面板提供了很多对转场效果的修改，例如，可以修改相册封面，可以通过布局设置修改相册的翻转布局，可以通过"背景和隐形"选项卡修改相册背后的背景和阴影效果，可以通过"页面 A"或者"页面 B"选项卡修改两个页面的纸张材料或者字体、图形的大小等。读者可以根据自己的喜好自行修改这些设置。所有属性修改完毕之后，单击"确定"按钮，完成修改。

图 6-57　修改持续时间

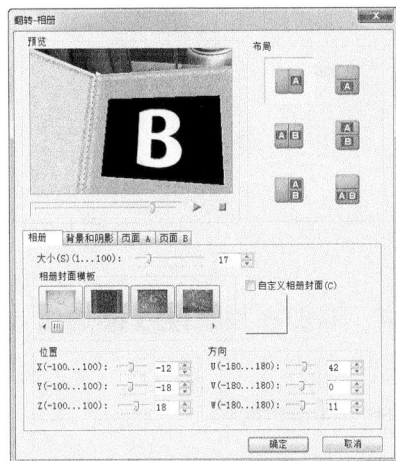

图 6-58　自定义相册效果

### 5. 影片保存输出

所有转场效果设置完之后，选择"分享"选项卡下的"创建视频文件"→"与第一个视频素材相同"格式作为视频文件的格式。

**拓展提高**

**转场效果应用于整个项目**

会声会影提供了默认转场功能，当用户将素材添加到时间轴面板的时候，会声会影将会自动在各段素材之间添加转场效果，使用预设的转场效果虽然方便，但是约束太多，而且不能很好地控制效果。在会声会影中可以快速地按照自己的意愿添加或删除预设的转场效果，从而优化影片的艺术效果。

选择"文件"→"参数选择"命令，在弹出的"参数选择"对话框中选择"编辑"选项卡，勾选"使用默认转场效果"复选框，在"默认转场效果"选项的下拉列表中选择"随机"选项或者其他选项，如图 6-59 所示。

完成设置后，单击"确定"按钮。这样在时间轴面板中添加素材时，程序就会自动在素材之间添加转场效果。

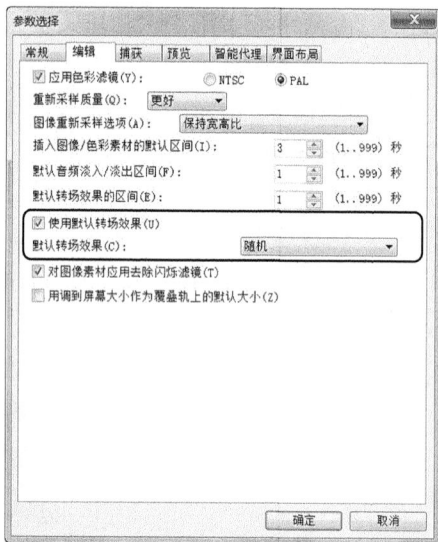

图 6-59　转场效果应用于整个项目

## 任务 4　添加视频滤镜效果

### 任务描述

插入给定的三个视频片段，分别对片段添加适当的视频滤镜效果，如图 6-60 所示。具体要求如下所示。

（1）第一段视频添加"老电影"滤镜。

（2）第二段视频添加"雨点"滤镜。

（3）第三段视频添加"肖像画"滤镜。

（4）利用自定义滤镜功能分别对滤镜效果进行适当修改。

图 6-60　加入视频滤镜效果

### 学习要点

（1）添加/删除/替换视频滤镜效果。

（2）自定义视频滤镜。

（3）影片保存输出。

### 操作实战

#### 1. 启动会声会影

在启动窗口中选择第一项"会声会影编辑器"，打开"会声会影编辑器"界面。

#### 2. 添加视频素材

选择"文件"→"将媒体文件插入到素材库"→"插入视频"命令，将素材文件夹下的视频文件三军仪仗队.mpg、武器装备.mpg、遨游太空.mpg 添加至媒体库，并拖动到故事板中，如图 6-61 所示。

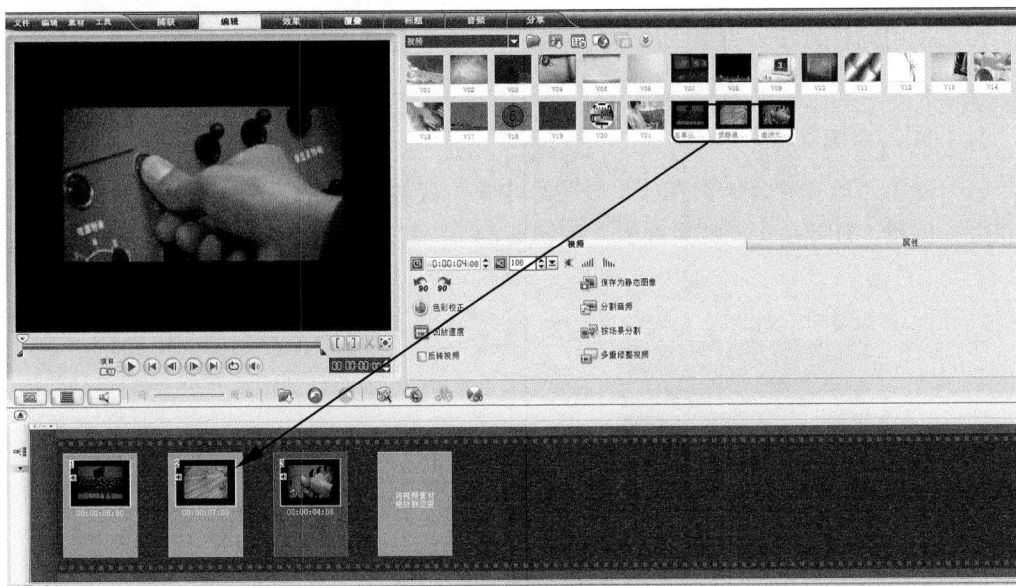

图 6-61　添加视频文件

#### 3. 添加滤镜效果

（1）在"编辑"选项卡下，单击"视频"后的下拉菜单，选择"视频滤镜"打开滤镜效果素材库，如图 6-62 所示。

（2）在滤镜素材库中找到"老电影"，用鼠标将其拖动到第一段视频上并松开鼠标，为第一段视频添加"老电影"滤镜效果。此时，故事板中第一段视频的缩略图上会出现一个标记表示该视频已经应用了一个滤镜效果，同时，视频的属性面板中也会显示该视频被添加了"老电影"滤镜，如图 6-63 所示。

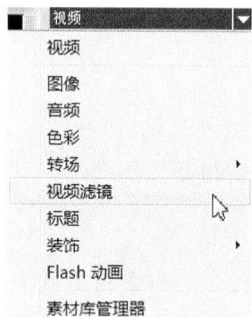

图 6-62　进入滤镜素材库

图 6-63　添加滤镜效果

（3）使用同样方法，为第二段视频添加"雨点"滤镜，为第三段视频添加"肖像画"滤镜。

### 4. 自定义滤镜效果

（1）以第二段视频为例，在故事板中选中第二段视频，然后单击属性面板中的"自定义滤镜"按钮，打开自定义滤镜面板，如图 6-64 所示。

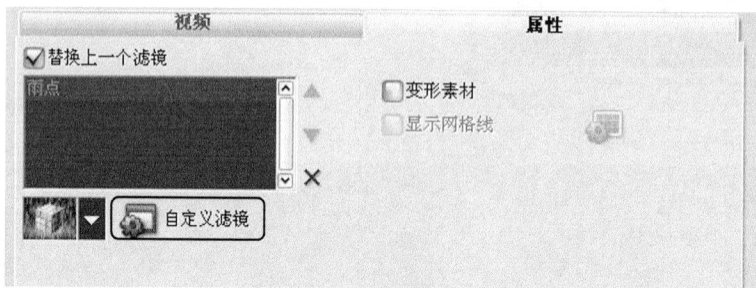

图 6-64　打开自定义滤镜

（2）在"雨点"的自定义滤镜面板中的"基本选项卡"下，将雨点的"密度"改为 500，"长度"改为 5，"宽度"改为 15，"背景模糊"改为 20，"变化"改为 50，"主体"改为 60，"阻光度"改为 40，每修改一个数值都在"预览窗口"中观察，修改之后与修改之前的对比效果，如图 6-65 所示。

（3）选择"高级"选项卡，在此选项卡下，将雨点的"速度"改为 60；"风向"改为 270，使雨点倾斜；"湍流"改为 5，稍微打乱雨点秩序；"变化"改为 10。同样每修改一个属性就在预览窗口中观察修改前与修改后的对比，如图 6-66 所示。所有属性修改完之后，单击"确定"按钮，关闭自定义滤镜面板并保存修改。

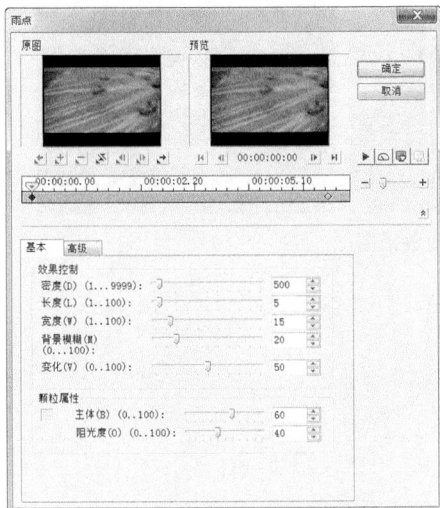

图 6-65　基本属性修改图

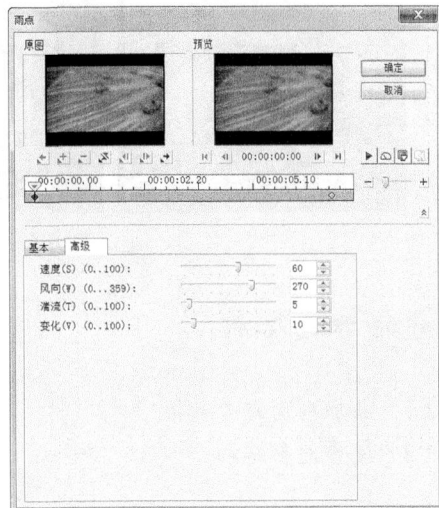

图 6-66　高级属性修改图

（4）仿照此方法，请将第一段视频和第三段视频的滤镜效果做适当修改。注意在修改时多观察效果的变化。

**提　示**

　　针对不同的滤镜，自定义滤镜面板中的选项也不尽相同。读者在修改"老电影"效果的时候就会发现，在该效果的自定义面板中只有一个选项卡而没有"高级"、"基本"之分，而"肖像画"效果中的修改选项只有一个"柔和度"调整。

### 5. 影片保存输出

所有转场效果设置完之后，选择"分享"选项卡下的"创建视频文件"→"与第一个视频素材相同"格式作为视频文件的格式。

## 6.6　应用画面覆叠功能

### 任务 5　制作动态画中画效果

**任务描述**

插入给定的视频素材，并利用画面覆叠功能制作动态画中画效果，如图 6-67 所示。具体要求如下所示。

（1）插入视频"三军仪仗队"、"武器装备"、"遨游太空"制作三段画中画效果。

（2）视频"三军仪仗队"从左上角加入、右下角退出。

（3）视频"武器装备"从右下角加入、左上角退出。

（4）视频"遨游太空"从左边加入、右边退出。

图 6-67　动态画中画效果图

### 学习要点

（1）添加画面覆叠效果。

（2）覆叠对象运动。

### 操作实战

**1. 启动会声会影**

在启动窗口中选择第一项"会声会影编辑器"，打开"会声会影编辑器"界面。

**2. 添加素材**

选择"文件"→"将媒体文件插入到素材库"→"插入视频"命令，将素材文件夹下的视频文件三军仪仗队.mpg、武器装备.mpg、遨游太空.mpg、片头.mpg 添加至媒体库，并拖动到故事板中，如图 6-68 所示。

图 6-68　添加素材

**3. 添加覆叠视频**

（1）单击"会声会影编辑器"中的"覆叠"选项卡，进入覆叠选项界面，如图 6-69 所示。

图 6-69  选择"覆叠"选项卡

（2）将上一步中添加到媒体库的三军仪仗队.mpg 拖动到"时间轴"中的第二个轨道"覆叠轨"上，并使之从覆叠轨的最开始播放。添加之后预览窗口中会出现一个覆叠窗口，此窗口显示的就是添加到覆叠轨上的视频文件，如图 6-70 所示。

图 6-70  添加覆叠视频

（3）使用同样方法将武器装备.mpg、遨游太空.mpg 添加到覆叠轨中，武器装备.mpg 紧接在三军仪仗队.mpg 之后，遨游太空.mpg 紧接在武器装备.mpg 之后。

**提 示**

在覆叠轨中的文件同其他文件一样可以删除，删除的方法与故事板中视频删除方法相同，选中该文件按 Delete 键或者右击要删除的视频文件，然后选择"删除视频"即可。

**4. 为覆叠视频添加边框效果**

（1）在覆叠视频上应用边框，可以使覆叠素材与背景更加清晰地区分开来。选中覆叠轨中添加的第一段视频，单击视频属性面板中的"遮罩和色度键"，打开覆叠选项面板，如图 6-71 所示。

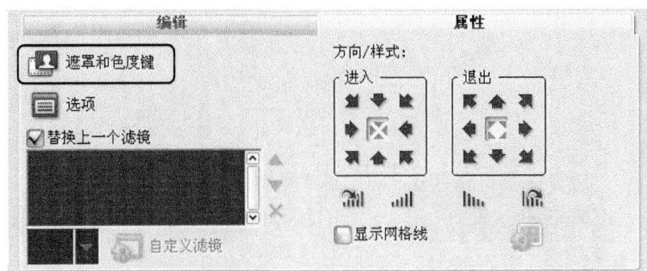

图 6-71  打开"遮罩和色度键"

（2）在"边框"一栏中修改边框大小为 2，然后单击边框后面的颜色窗口，将边框的颜色改为黄色（或任意颜色），如图 6-72 所示。

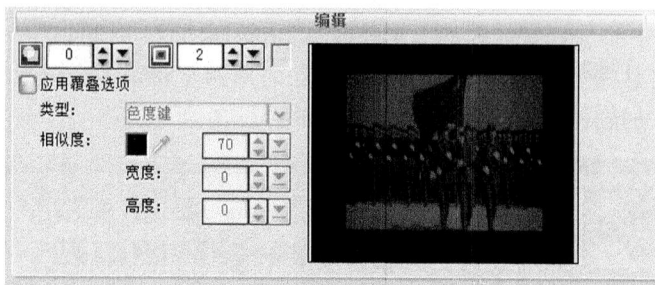

图 6-72　修改覆叠边框属性

（3）此时在视频预览窗口就可以看到，覆叠视频被添加了边框，并且边框的颜色是黄色的。属性设置好之后单击 ⊗ 按钮将覆叠选项面板隐藏即可。按照上述方法，将另外两段视频都添加上边框并且修改边框的颜色。

**5. 给覆叠视频添加动画效果**

（1）在覆叠轨中选中三军仪仗队.mpg，添加进出画面的动画效果。在属性面板中找到"方向/样式"选项，在"进入"中选中"从左上方进入"和"暂停区间前旋转"两个选项，然后在"退出"中选择"从右下方退出"和"暂停区间后旋转"两个选项，使覆叠视频在播放前和播放后能从指定位置旋转进入和退出画面，如图 6-73 所示。

（2）选中武器装备.mpg，将其进入方式修改为"从右下方进入"和"暂停区间前旋转"，退出方式为"从左上方退出"和"暂停区间后旋转"，如图 6-74 所示。

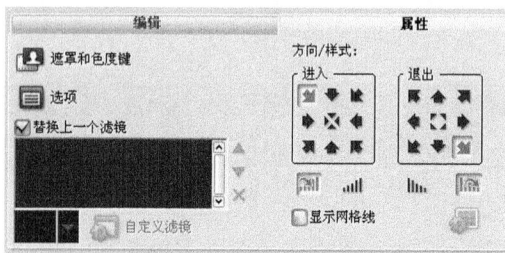

图 6-73　覆叠视频动画设置

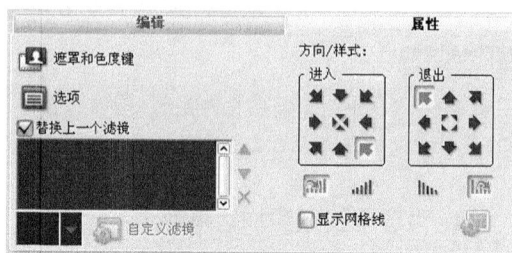

图 6-74　覆叠视频动画设置

（3）将遨游太空.mpg 修改为"从左边进入"和"从右边退出"，进入退出都选择"淡入动画效果"，如图 6-75 所示。

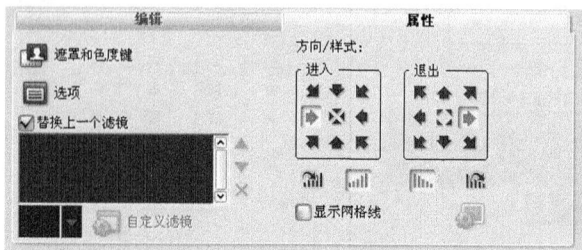

图 6-75　覆叠视频动画设置

### 6. 影片保存输出

所有转场效果设置完之后，选择"分享"选项卡下的"创建视频文件"→"与第一个视频素材相同"格式作为视频文件的保存格式。

### 拓展提高

**多覆叠轨**

会声会影 11 提供了一个视频轨和 6 个覆叠轨，增强了换面叠加与运动的方便性，使用覆叠轨管理器也可以创建和管理多个覆叠轨，制作多轨叠加效果。

将"会声会影编辑器"切换到"覆叠"选项卡。在时间轴上方单击"覆叠轨管理器"按钮 ，弹出"覆叠轨管理器"对话框，如图 6-76 所示。

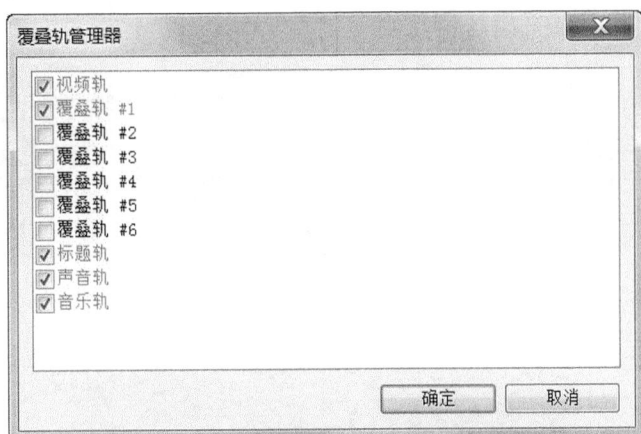

图 6-76　"覆叠轨管理器"对话框

在对话框中勾选"覆叠轨#2"、"覆叠轨#3"、"覆叠轨#4"、"覆叠轨#5"、"覆叠轨#6"复选框，可以在预设的"覆叠轨#1"下方添加新的覆叠轨，进行多视频叠加效果，如图 6-77 所示。

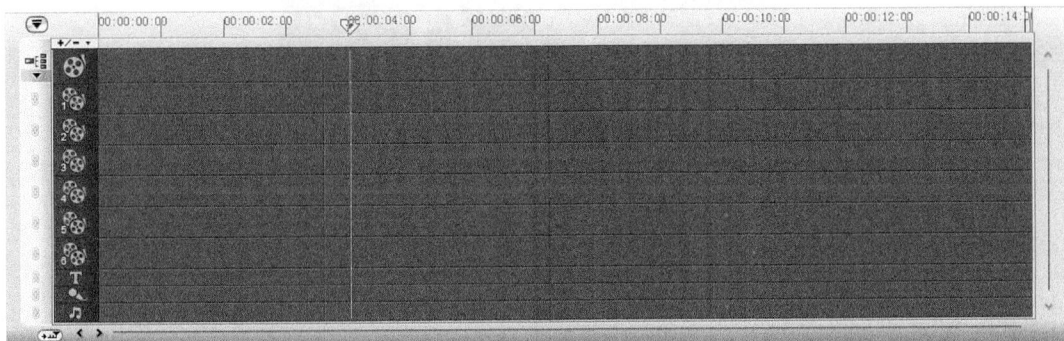

图 6-77　多覆叠轨时间轴视图

# 6.7　遮罩和色度键

## 任务6　制作视频抠像效果

### 任务描述

插入给定的视频素材，如图6-78～图6-80所示，并利用画面覆叠功能实现虚拟演播室效果，如图6-81所示。具体要求如下所示。

（1）将背景视频、前景视频、Flash动画分别拖入视频轨和覆叠轨。

（2）将前景视频和Flash动画叠加到背景视频上，并去掉前景视频的背景。

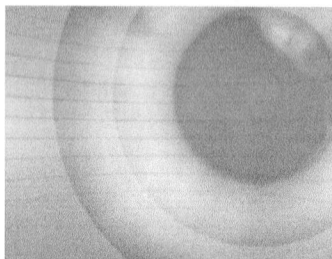

图6-78　背景视频

图6-79　前景视频

图6-80　Flash动画

图6-81　覆叠视频效果

### 学习要点

（1）添加画面覆叠效果。

（2）覆叠对象运动。

### 操作实战

**1. 启动会声会影**

在启动窗口中选择第一项"会声会影编辑器",打开"会声会影编辑器"界面。

**2. 添加素材**

选择"文件"→"将媒体文件插入到素材库"→"插入视频"命令,将素材文件夹下的文件新闻背景.mpg、新闻播音员.avi、新闻标识.swf 添加至媒体库,并将新闻背景.mpg 拖动到故事板中,如图 6-82 所示。

图 6-82　添加素材

**3. 添加覆叠视频**

(1)单击"会声会影编辑器"中的"覆叠"选项卡,如图 6-83 所示,进入效果选项界面。

图 6-83　选择"覆叠"选项卡

(2)将媒体库的新闻播音员.avi 拖动到"时间轴"中的第二个轨道"覆叠轨"上。添加之后预览窗口中会出现一个覆叠窗口,此窗口显示的就是添加到覆叠轨上的视频文件,如图 6-84 所示。用鼠标拖动覆叠视频周围的控制点,将其调整到完全覆盖住背景视频。

图 6-84　添加覆叠视频

### 4. 对覆叠视频进行抠像

选中覆叠轨中添加的新闻播音员视频，单击视频属性面板中的"遮罩和色度键"按钮，如图 6-85 所示，打开"遮罩色度键"面板，单击"应用覆叠选项"复选框，选中该项，如图 6-86 所示。此时在视频预览窗口就可以看到，覆叠视频的绿色背景就被抠掉了，如图 6-87 所示。

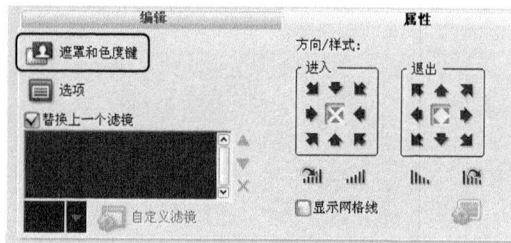

图 6-85　打开"遮罩和色度键"

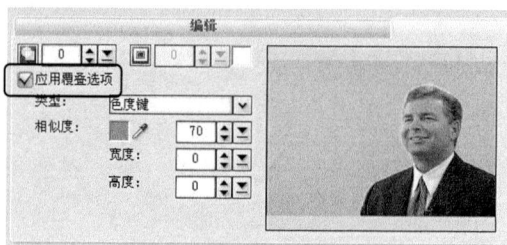

图 6-86　修改覆叠边框属性

图 6-87　修改覆叠边框属性

**5. 添加其他覆叠视频**

在时间轴上方单击"覆叠轨管理器"按钮 ![button]，弹出"覆叠轨管理器"对话框，如图 6-88 所示，勾选"覆叠轨 #2"，则在时间轴视图中增加了一个覆叠轨，在该覆叠轨上添加第二个覆叠视频新闻标识.swf，如图 6-89 所示。

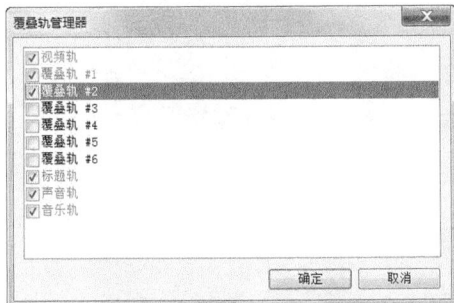

图 6-88　"覆叠轨管理器"对话框

图 6-89　在覆叠轨上添加素材

**6. 影片保存输出**

所有转场效果设置完之后，选择"分享"选项卡下的"创建视频文件"→WMV→Zune WMV（640×480，30fps）格式作为视频文件的保存格式。

![拓展提高 icon] **拓展提高**

**1. 覆叠视频变形**

在覆叠轨上的视频或图像不仅可以调整大小（通过调整视频边沿的 8 个黄色控制柄），还可以对其进行扭曲变形（通过调整视频边沿的 8 个绿色控制柄），从而产生扭曲和透视效果，如图 6-90 所示。

图 6-90　视频变形效果

## 2. 遮罩和色度键

会声会影提供"遮罩和色度键"功能，还可以实现对毛发和半透明物体的抠像效果，如图 6-91 所示显示了对头发的抠像效果，如图 6-92 所示显示了对婚纱的抠像效果。

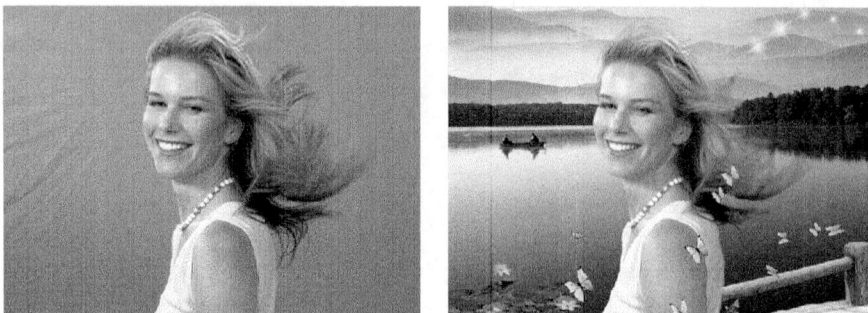

图 6-91　对头发抠像前后对比

图 6-92　对半透明物体抠像前后对比

# 6.8　综合应用

## 任务 7　制作微机组装教学片

### 任务描述

利用给定素材制作一个微机组装教学片，包括片头和片尾，并添加字幕、解说词和背景音乐，如图 6-93 所示为完成影片部分截图。具体要求如下所示。

（1）片头标题为"微机组装"。

（2）在不同视频片段和图像之间添加适当的转场效果。

（3）为不同视频片段添加字幕。

（4）添加解说词和背景音乐。

（5）片尾制作滚动字幕。

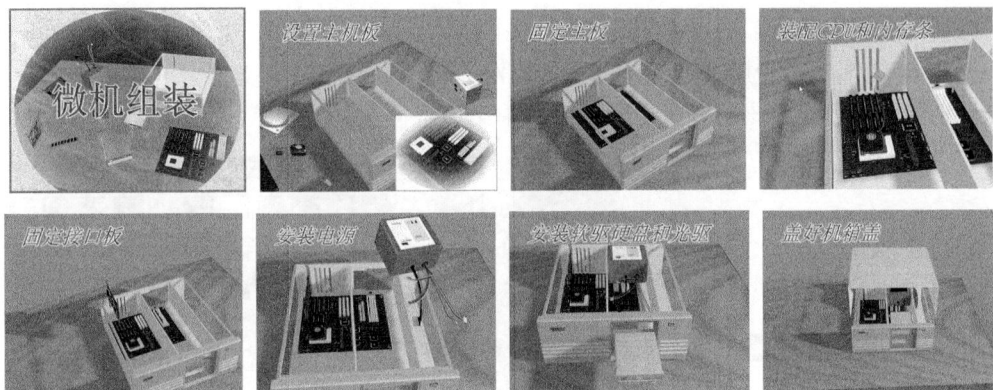

图 6-93　影片部分截图

## 学习要点

（1）片头、片尾制作。

（2）添加字幕、解说词、背景音乐。

（3）转场效果、视频滤镜、覆叠效果应用。

（4）影片保存输出。

## 操作实战

**1. 启动会声会影**

在启动窗口中选择第一项"会声会影编辑器"，打开"会声会影编辑器"界面。

**2. 添加素材**

（1）添加视频素材：将"微机组装"文件夹下的 7 段视频素材添加到视频素材库中，并将这 7 段视频拖动到故事板中，如图 6-94 所示。

图 6-94　添加视频素材

（2）添加图片素材：在编辑界面下，单击视频后的下拉菜单，将视图切换到图片素材库，如图 6-95 所示，使用添加视频同样的方法，将"微机组装"文件夹下的片头图片添加到图片素材库中，并将该图片拖动到故事板中第一张位置，作为片头背景，如图 6-96 所示。

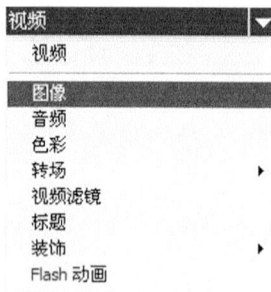

图 6-95　切换到图像素材库

图 6-96　添加图片素材

### 3. 添加转场效果

切换界面至"效果"选项卡，为故事板中的每段视频添加合适的转场效果（转场效果任意自选），如图 6-97 所示。

图 6-97　添加转场效果

### 4. 制作片头

（1）添加片头标题：选择"标题"选项卡，将视图切换至标题素材库。双击预览窗口，然后在预览窗口中输入"微机组装"，如图 6-98 所示。在标题"编辑"选项卡当中，将文字的"标题样式预设值"改为绿色带边框文字，并将其对齐方式选为"居中"，如图 6-99 所示。

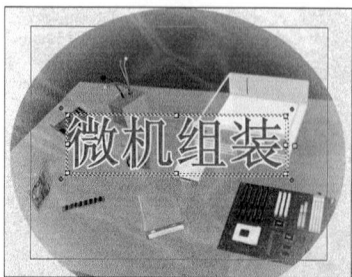

图 6-98　为视频添加标题

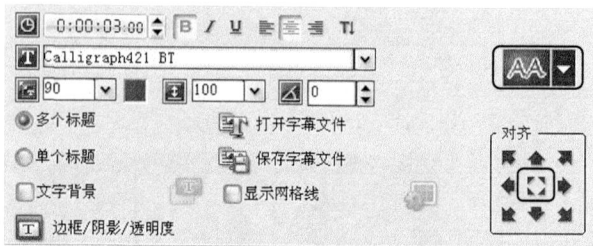

图 6-99　改变文字样式

（2）设置标题动画：将选项卡切换至"动画"，勾选"动画"选项卡下的"应用动画"，"类型"选择"淡化"，样式使用"淡化"类型的第二个样式，如图 6-100 所示。

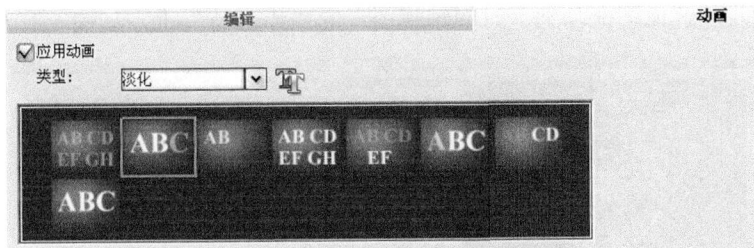

图 6-100　修改文字动画效果

（3）设置标题播放时间：在"时间轴"上用鼠标左键拖动的方式，将标题框的播放时间调整为与主视频相同，如图 6-101 所示。

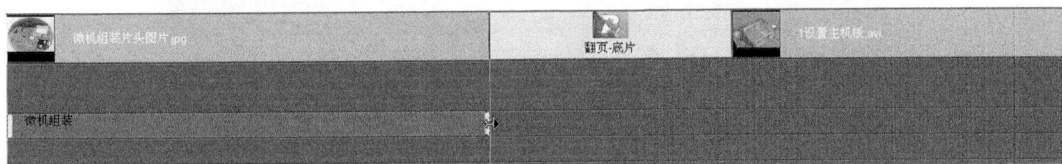

图 6-101　调整文字播放时间

### 5. 添加字幕

（1）添加文本并设置：将标题框置于屏幕左上角，标题框中文字为各段视频的说明文字（对应字幕分别为设置主机板、固定主板、装配 CPU 和内存条、固定接口板、安装电源、安装软驱硬盘和光驱、盖好机箱盖），如图 6-102 所示，文字属性设置如图 6-103 所示。

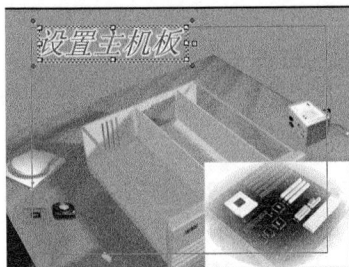

图 6-102　为视频添加字幕

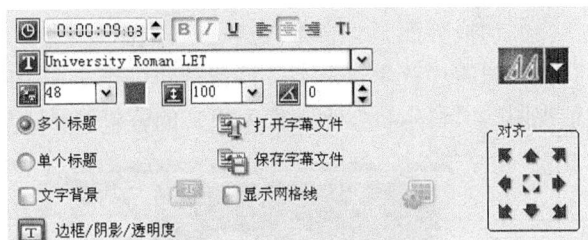

图 6-103　字幕文字属性设置

（2）调整字幕与视频一致：调整各段字幕的播放时间与对应视频长度相同，如图 6-104 所示。

图 6-104　字幕与视频片段对应关系

**6. 添加解说词**

将视图切换到音频素材库，将"微机组装"文件夹下的解说词添加到声音素材库中，然后依次将这几段解说词拖动到"时间轴视图"的"声音轨"上，如图 6-105 所示。

图 6-105　添加解说词

**7. 添加背景音乐**

（1）切换界面至"音频"选项卡，在音频媒体库中，找到声音文件 A03，将其拖动到时间轴视图的"音乐轨"上，该音频即可作为片头的背景音乐；将声音文件 A10 拖动到时间轴视图的"音乐轨"上，作为正文的背景音乐，如图 6-106 所示。

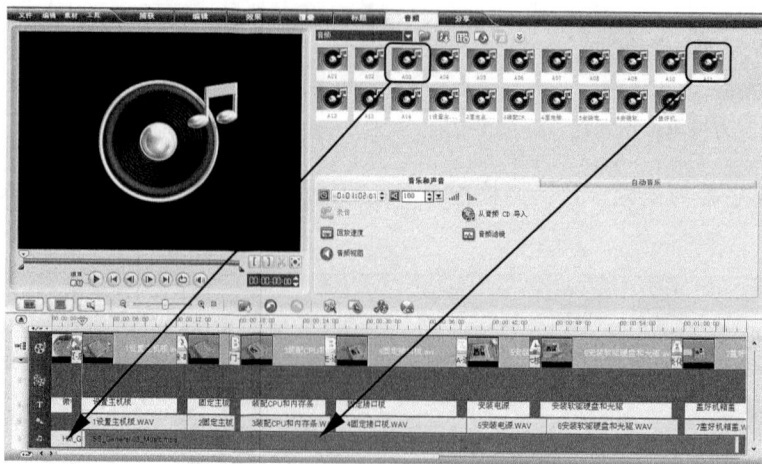

图 6-106　为片头添加背景音乐

（2）调整背景音乐：为了使背景音乐不致太大而干扰解说词，往往将其音量调低，首先单击选中正文背景音乐，在"音乐和声音"面板上单击"音频滤镜"按钮，弹出音频滤镜对话框，选择滤镜"声音降低"，单击"添加"按钮将其添加到"已用滤镜"列表中，如图 6-107 所示；单击"选项"按钮，弹出声音降低对话框，将强度值设为 1，如图 6-108 所示。

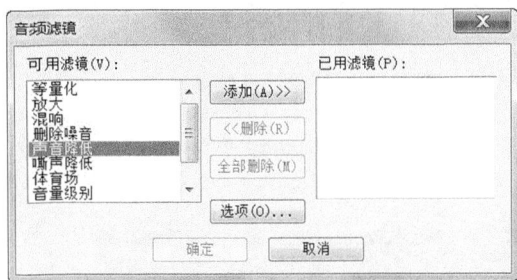

图 6-107　"音频滤镜"对话框

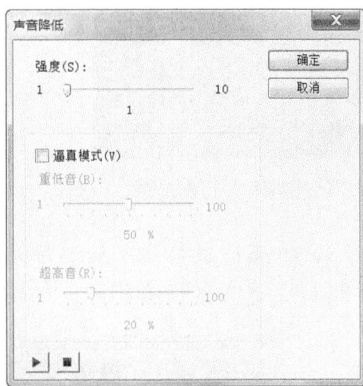

图 6-108　"声音降低"对话框

**提　示**

　　和录制声音文件一样，音乐文件不能随意调整回放速度，这样会影响音乐的播放效果和音质。因此在插入背景音乐时可以采用多个音乐连续播放或者单个音乐循环播放的方法配合视频的播放时间。若要缩短音频播放时间可以选择使用音频切割软件调整音频的播放时间，切记不要调整音频的回放速度。音乐文件也可以使用硬盘中的音频，只要将硬盘中的音频添加到音频媒体库中，然后拖动到音乐轨上即可。

**8. 制作片尾**

（1）添加背景：切换界面至"编辑"选项卡，从色彩库中拖动蓝色背景到故事板的最后作为片尾背景图，如图 6-109 所示。

图 6-109　从色彩库中添加背景

（2）添加滚动字幕：切换界面至"标题"选项卡，为片尾添加一个标题，标题内容和样式如图 6-110 所示。在"动画"选项卡下勾选"应用动画"并将动画类型设置为"飞行"中的第一个类型，使其能够从屏幕下端进入上端退出，如图 6-111 所示。

图 6-110　片尾字幕

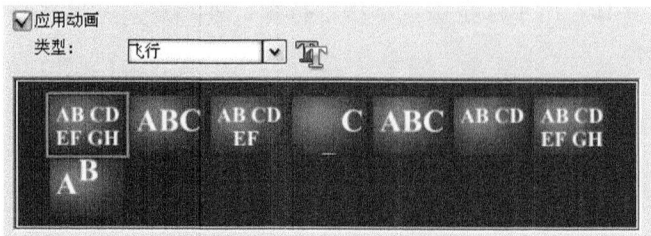

图 6-111　字幕动画效果

（3）添加背景音乐：从"音频库"中选择音频文件 A04 拖动到"音乐轨"，并调整其播放时间与片尾背景长度相同，如图 6-112 所示。

图 6-112　调整片尾字幕播放时间和滑块

（4）调整背景音乐效果：单击  切换到"音频视图"，用鼠标拖动声音控制线（红色水平线）右端到音乐轨右下角，使该控制线呈现逐渐向下趋势，如图 6-113 所示，这样声音播放时就会产生越来越小的效果。

图 6-113　调整背景音乐效果

**9. 影片保存输出**

设置完之后，选择"分享"选项卡下的"创建视频文件"→DVD/VCD/SVCD/MPEG→
PLA MPEG2（720×576，25fps）格式作为视频文件的保存格式。

# 实 践 练 习

1. 设计与制作《校园活动剪影》电子相册或者视频短片。
2. 以环境保护为主题或自选主题，制作一个公益宣传片，包含片头、片尾。
3. 自选题材，设计制作一个 MTV。
4. 自选主题，制作一个视频专题片。
5. 利用 DV 自拍视频，借助虚拟演播室功能，制作特效电影短片。

# 参 考 文 献

[1] Lentine, M., Aanjaneya, M. and Fedkiw, R., "Mass and Momentum Conservation for Fluid Simulation", ACM SIGGRAPH/Eurographics Symposium on Computer Animation (SCA), edited by A. Bargteil and M. van de Panne, pp. 91-100 (2011).

[2] Kwatra, N., Grétarsson, J. and Fedkiw, R., "Practical Animation of Compressible Flow for Shock Waves and Related Phenomena", ACM SIGGRAPH/Eurographics Symposium on Computer Animation (SCA), edited by M. Otaduy and Z. Popovic, pp. 207-215 (2010).

[3] Lentine, M., Zheng, W. and Fedkiw, R., "A Novel Algorithm for Incompressible Flow Using Only a Coarse Grid Projection", SIGGRAPH 2010, ACM TOG (2010).

[4] Losasso, F., Talton, J., Kwatra, N. and Fedkiw, R., "Two-way Coupled SPH and Particle Level Set Fluid Simulation", IEEE TVCG 14, 797-804 (2008).

[5] Bao, Z., Hong, J.-M., Teran, J. and Fedkiw, R., "Fracturing Rigid Materials", IEEE TVCG 13, 370-378 (2007).

[6] Losasso, F., Irving, G., Guendelman, E. and Fedkiw, R., "Melting and Burning Solids into Liquids and Gases", IEEE TVCG 12, 343-352 (2006).

[7] 贺小霞, 张仕禹等. Flash CS4 中文版标准教程[M]. 北京: 清华大学出版社, 2010.

[8] 九州书源. Flash CS5 动画制作[M]. 北京: 清华大学出版社, 2011.

[9] 李如超, 袁云华等. Flash CS5 基础教程[M]. 北京: 人民邮电出版社, 2011.

[10] 赵经成. 网络教学课件制作[M]. 北京: 人民邮电出版社, 2004.